普通高等学校"十二五"省级规划教材

ASP.NET程序设计项目教程

主　审　张成叔
主　编　胡配祥
副主编　侯海平　陈良敏
　　　　唐云龙　张　健
参　编　司福明　耿　涛　梁中义
　　　　周沭玲　万家华

中国科学技术大学出版社

内容简介

本书结合网上购物系统的设计与开发,系统地讲解了 Web 应用程序的设计与开发。全书共 9 章,详细地介绍了 Web 应用程序开发概述、ADO.NET 数据访问技术、ASP.NET 的常用对象、CSS+DIV 页面布局方法、用户控件和母版的设计与应用、第三方控件的使用方法以及如何应用三层架构方式搭建 ASP.NET 应用程序框架;详细地讲解了 ASP.NET 常用服务器控件和数据绑定技术,阐述了 Ajax 异步刷新技术,全面综述了网上购物系统的设计与开发过程,最后介绍了利用 Ajax 异步刷新技术重构网上购物系统的方法。

本书内容实用,讲解透彻,将理论知识完全融于示例之中,特别适合作为高职高专院校的教材,也可作为培训班的培训教材,或供从事 ASP.NET 开发的相关人员学习与参考。吃透本书内容,完全可以胜任开发小型 Web 应用程序的工作。为了满足课堂学习与教学需要,本书配有电子课件和完整的源代码,请发送电子邮件至 ustcp@163.com 索取。

图书在版编目(CIP)数据

ASP.NET 程序设计项目教程/胡配祥主编. —合肥:中国科学技术大学出版社,2016.7
ISBN 978-7-312-03911-9

Ⅰ.A… Ⅱ.胡… Ⅲ.网页制作工具—程序设计—教材 Ⅳ.TP393.092

中国版本图书馆 CIP 数据核字(2016)第 021344 号

出版	中国科学技术大学出版社
	安徽省合肥市金寨路 96 号,230026
	网址:http://press.ustc.edu.cn
印刷	合肥华星印务有限责任公司
发行	中国科学技术大学出版社
经销	全国新华书店
开本	787 mm×1092 mm 1/16
印张	19.75
字数	531 千
版次	2016 年 7 月第 1 版
印次	2016 年 7 月第 1 次印刷
定价	38.00 元

前　言

本书是安徽省高等学校"十二五"省级规划教材,安徽省省级特色专业"软件技术"的建设成果,也是安徽财贸职业学院"12315"教学质量提升计划建设项目的建设成果。

本书采用以能力培养为本位的"大项目引导,小任务驱动"模式编写,以用定学、学以致用,以能力为本位,以应用为主旨,构建、优选课程教学内容,力图反映 ASP.NET 的最新实用技术,并把编者的开发经验反映到教材中。为突出实践能力培养,避免空洞的理论教学,本书以我们熟悉的应用系统——"网上购物系统"的开发为主线,采用"项目展示＋分步开发"的编写模式,逐章探讨如何应用 ASP.NET 技术开发 Web 应用系统。

书中所有项目都基于 VS 2010/VS 2013＋SQL Server 2008 平台开发,分别提供了基于 VS 2010 和 VS 2013 平台的源代码,把知识点与设计思路融会于项目中,通过编程训练,达到学以致用,融会贯通。

本书以 Web 应用程序开发能力的培养为导向,采用知识讲解与项目演练相结合的方式组织内容。全书共 9 章:第 1 章介绍 Web 应用程序开发概述;第 2 章介绍 ADO.NET 数据访问技术;第 3 章介绍 ASP.NET 的常用对象;第 4 章介绍用三层架构搭建 Web 应用系统的框架;第 5 章介绍页面布局方法、用户控件和母版的设计与应用;第 6 章介绍 ASP.NET 常用的服务器控件;第 7 章介绍数据绑定技术;第 8 章介绍网上购物系统其他页面的实例设计;第 9 章介绍 Ajax 异步刷新技术及对网上购物系统的重构。各章附有习题,便于检查学习效果。

本书由胡配祥(安徽财贸职业学院)主编,他还设计了书中的贯穿项目。陈良敏(安徽财贸职业学院)编写了第 1 章和第 2 章;胡配祥编写了第 3 章;周沭玲(合肥财经职业学院)编写了第 4 章;侯海平(安徽财贸职业学院)编写了第 5 章的 5.1～5.6;唐云龙(安徽商贸职业技术学院)编写了第 5 章的 5.7～5.9 和第 6 章的 6.1、6.2;司福明(安徽机电职业技术学院)编写了第 6 章的 6.3～6.7;梁中义(安徽广播影视职业技术学院)编写了第 7 章的 7.1～7.4;耿涛(亳州学院)编写了第 7 章的 7.5、7.6;张健(安徽三联学院)编写了第 8 章;万家华(安徽新华学院)编写了第 9 章。全书由胡配祥统稿,张成叔(安徽财贸职业学院)主审。

学习本书,须先行学习过 C#面向对象程序设计、SQL Server 数据库技术和静态网页制作等课程,本书内容是建立在以上 3 门课程内容基础之上的。

本书内容实用,讲解透彻,示例丰富,所有理论知识都融于示例之中,对于贯穿项目中的综合示例,标题前以"应用×"明确示出,非常适合作为高职高专院校计算机类专业软件开发方面的教材,也可作为培训班的培训教材,还可供从事 ASP.NET 开发和应用的相关人员学习与参考。

为了满足课堂教学和教师备课的需要，本教材配有电子课件、教学项目与分章节案例，各章节都有一定数量的习题与练习，帮助读者对所学内容进行总结和消化。若需要本书配套的电子课件和教学资源，可发送电子邮件至 ustcp@163.com 索取。本书中出现的人名及其信息皆为虚构。

由于编者水平有限，书中不足之处在所难免，请广大读者批评指正。

编 者

2015 年 12 月

目　　录

前言 ……………………………………………………………………………………（Ⅰ）

第1章　Web应用程序开发概述 ……………………………………………………（1）
　1.1　Web开发的相关概念 …………………………………………………………（1）
　1.2　Web开发背景知识 ……………………………………………………………（2）
　1.3　应用1：搭建ASP.NET开发环境 ……………………………………………（4）
　1.4　ASP.NET应用程序的构成 ……………………………………………………（6）
　1.5　应用2：创建第一个ASP.NET程序 …………………………………………（7）
　1.6　应用3：实战练习 ……………………………………………………………（9）
　1.7　ASP.NET应用程序的调试 ……………………………………………………（10）
　思考练习 ……………………………………………………………………………（13）

第2章　ADO.NET数据访问技术 …………………………………………………（14）
　2.1　ADO.NET概述 …………………………………………………………………（14）
　2.2　在线工作模式和离线工作模式 ………………………………………………（15）
　2.3　SqlConnection数据库连接对象 ………………………………………………（16）
　2.4　使用SqlCommand及SqlDataReader进行在线数据访问 …………………（18）
　2.5　应用1：第三方日期控件的使用及在线添加和读取记录 …………………（20）
　2.6　应用2：基于连接的数据库事务处理的实现 ………………………………（25）
　2.7　DataSet数据集 …………………………………………………………………（27）
　2.8　数据适配器SqlDataAdapter …………………………………………………（29）
　2.9　应用3：用SqlDataAdapter和DataSet对顾客表进行离线数据访问 ……（31）
　2.10　应用4：利用参数化SQL语句防范SQL注入式攻击 ……………………（32）
　思考练习 ……………………………………………………………………………（34）

第3章　ASP.NET常用对象 …………………………………………………………（35）
　3.1　Page对象 ………………………………………………………………………（36）
　3.2　Request对象 ……………………………………………………………………（39）
　3.3　Response对象 …………………………………………………………………（42）
　3.4　Session对象 ……………………………………………………………………（43）
　3.5　Cookie对象 ……………………………………………………………………（48）
　3.6　应用1：网上购物系统后台登录页面设计 …………………………………（53）
　3.7　Application对象 ………………………………………………………………（56）

3.8　Global.asax 文件 …………………………………………………………………（58）
3.9　应用2：网上购物系统总访问量和在线人数统计 …………………………………（58）
3.10　Server 对象 ………………………………………………………………………（60）
3.11　应用3：简单聊天室设计 …………………………………………………………（62）
思考练习 …………………………………………………………………………………（64）

第4章　网上购物系统三层架构框架搭建 …………………………………………………（66）
4.1　三层架构概述 ………………………………………………………………………（66）
4.2　应用1：系统需求分析和功能模块设计 ……………………………………………（68）
4.3　应用2：网上购物系统数据库设计 …………………………………………………（70）
4.4　应用3：实体类子层设计 ……………………………………………………………（75）
4.5　应用4：数据访问层设计与实现 ……………………………………………………（80）
4.6　应用5：业务逻辑层设计 ……………………………………………………………（89）
4.7　表示层设计 …………………………………………………………………………（90）
思考练习 …………………………………………………………………………………（91）

第5章　网上购物系统表示层框架搭建 ……………………………………………………（92）
5.1　CSS 样式及 DIV 布局 ………………………………………………………………（92）
5.2　应用1：CSS+DIV 进行页面布局 …………………………………………………（105）
5.3　用户控件 ……………………………………………………………………………（110）
5.4　应用2：设计网上购物系统中的用户控件 …………………………………………（111）
5.5　导航控件 ……………………………………………………………………………（115）
5.6　应用3：网上购物后台菜单及站点导航设计 ………………………………………（117）
5.7　母版页 ………………………………………………………………………………（122）
5.8　应用4：创建网上购物系统前台母版页 ……………………………………………（125）
思考练习 …………………………………………………………………………………（128）

第6章　ASP.NET 常用服务器控件 …………………………………………………………（130）
6.1　服务器控件概述 ……………………………………………………………………（130）
6.2　标准服务器控件 ……………………………………………………………………（137）
6.3　应用1：标准服务器控件综合应用 …………………………………………………（150）
6.4　数据验证控件 ………………………………………………………………………（164）
6.5　应用2：网上购物系统顾客信息验证注册 …………………………………………（168）
6.6　第三方控件的应用——FCKEditor 富文本框 ………………………………………（173）
6.7　应用3：网上购物后台子系统图书更新页面设计 …………………………………（177）
思考练习 …………………………………………………………………………………（181）

第7章　ASP.NET 数据绑定技术 ……………………………………………………………（183）
7.1　数据绑定概述 ………………………………………………………………………（183）
7.2　Repeater 控件 ………………………………………………………………………（186）

7.3　DataList 控件 ………………………………………………………………… (191)
7.4　应用 1：DataList 控件的综合应用 …………………………………………… (195)
7.5　GridView 控件 ………………………………………………………………… (206)
7.6　应用 2：GridView 控件的综合应用 …………………………………………… (210)
思考练习 ……………………………………………………………………………… (227)

第 8 章　网上购物系统其他页面实例设计 ……………………………………… (230)
8.1　前台购物子系统部分网页设计 ………………………………………………… (230)
8.2　后台管理子系统部分网页设计 ………………………………………………… (260)
8.3　网上购物系统的发布 …………………………………………………………… (272)
思考练习 ……………………………………………………………………………… (274)

第 9 章　利用 Ajax 异步技术对页面进行重构 …………………………………… (275)
9.1　Ajax 概述 ……………………………………………………………………… (275)
9.2　ASP.NET Ajax 框架 …………………………………………………………… (278)
9.3　Ajax 脚本管理器控件(ScriptManager) ……………………………………… (280)
9.4　脚本管理器代理控件(ScriptManagerProxy) ………………………………… (282)
9.5　更新面板控件(UpdatePanel) ………………………………………………… (283)
9.6　更新进度控件(UpdateProgress) ……………………………………………… (293)
9.7　定时器控件(Timer) …………………………………………………………… (295)
9.8　应用 1：利用 Ajax 异步技术重构前台母版 …………………………………… (297)
9.9　应用 2：Ajax 异步环境下顾客信息的注册 …………………………………… (299)
9.10　应用 3：Ajax 异步环境下购物车页面设计 ………………………………… (305)
思考练习 ……………………………………………………………………………… (307)

第1章　Web 应用程序开发概述

随着互联网的快速发展和商业应用在互联网上的普及,越来越多的企业和机构在网络上搭建自己的官方平台,许多善用互联网的企业得以迅速壮大。在这个过程中,动态网站设计与开发技术的作用至关重要。微软推出的 ASP.NET 是一种主流的动态网站开发技术,让我们一起走进 ASP.NET 的世界吧!

1.1　Web 开发的相关概念

（1）网页:即我们在浏览器中看到的页面,它是单个文件。网页里可以有文字、表格、图像、声音、视频等。网站中的第一个页面称为首页或主页。网页分为静态网页和动态网页。

（2）网站:也称为站点,英文名为 Web Site,它是存放在网络服务器上的完整信息的集合体,包含一个或多个网页。这些网页按照一定的组织结构,以链接等方式连接在一起。

（3）主页:又称首页,是进入站点看到的第一个页面,是一个单独的网页,也是站点的出发点和各网页的汇总点,主页总是与一个网址(URL)相对应,引导用户进入一个网站。

（4）静态网页:静态网页在网页中不包含需要在服务器端执行的代码。含有 JavaScript 客户端代码的 HTML 网页也是静态页面,虽然它们在网页中呈现的效果会"动",甚至还有运行代码,但是这些代码都是在客户端执行的,因而算不上动态页面,网页文件编写完成后,其内容不再发生变化。

静态网页文件里只有 HTML 标记或 JS 等客户端代码,客户端代码是在浏览器上运行的,这种网页后缀名一般为".html"、".htm"、".shtml"等。

静态网页的优点是速度快,页面已提前创建好并存放在服务器上,浏览器访问它时,服务器直接把它发送给浏览器就行了,如图 1.1 所示。缺点是维护起来困难,需要创建大量静态页面。

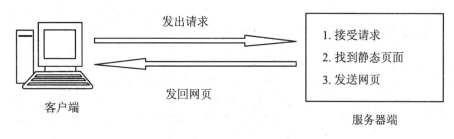

图 1.1　静态网页工作原理

（5）动态网页:网页中包含需要在服务器端执行的脚本代码。当我们向 Web 服务器端请求一个动态网页时,将运行 Web 服务器端代码,并把执行结果与页面的 HTML 标记部分动态组装成一个网页,发回客户端浏览器,所以浏览器接收到的仍是 HTML 代码,如图 1.2 所示。

脚本是指嵌入到网页文件中的程序代码。按照执行方式和位置的不同,脚本分为客户端脚本(JavaScript)和服务器端脚本(C#)。脚本所使用的编程语言称为脚本语言。

动态网页的扩展名根据程序设计语言的不同而不同,常见的有".jsp"、".php"及".aspx"等。向 Web 服务器请求动态网页时,要运行其中的服务器端代码,并把运行结果与页面的 HTML 标记动态组装成一个网页,再传送到客户端浏览器,所以静态网页的运行速度是远远快于动态网页的。

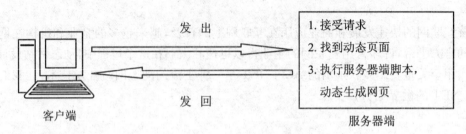

图 1.2 动态网页工作原理

(6) B/S(Browser/Server)架构:即浏览器和服务器架构,是随着 Internet 技术的兴起而出现的,在这种架构下,用户工作界面就是客户端浏览器,部分代码逻辑在前端(Browser)实现,主要代码逻辑在服务器端(Server)实现。Web 应用程序的访问不需要安装客户端程序,可以通过任意浏览器来访问 Web 应用程序,当服务器端 Web 应用程序进行升级时,并不需要在客户端做任何更改。

1.2 Web 开发背景知识

下面介绍 Web 应用程序所涉及的 Web 开发的相关背景知识,包括基本访问原理、HTTP 协议、Web 浏览器以及 Web 服务器。

1.2.1 Web 访问基本原理

浏览网页过程中浏览器和服务器端都发生了什么变化?网站是怎么实现请求和响应功能的?图 1.3 清晰地显示了浏览器访问 Web 服务器的整个过程。

(1) 用户打开浏览器(如 IE、Firefox 等),输入网站的 URL 地址,也就是通常所说的网址,这个地址告诉浏览器要访问互联网中的哪台服务器。

图 1.3 浏览器访问 Web 应用程序的过程

(2) 浏览器寻找到指定的服务器之后,向 Web 服务器发出请求(request)。

(3) Web 服务器接受请求并做出相应的处理，生成 HTML 格式的结果。
(4) 服务器把结果返回给浏览器。
(5) 浏览器接收到对应的结果后，在浏览器中显示 Web 页面。

1.2.2　HTTP 超文本传输协议

了解了浏览器与 Web 服务器之间的交互关系之后，再来认识一下负责浏览器与 Web 服务器之间交互的协议——HTTP 超文本传输协议。

HTTP 协议是浏览器和服务器之间的应用层通信协议，它是基于 TCP/IP 之上的，不仅保证正确传输超文本文档，还确保如何解析超文本文档。HTTP 协议有两个特点：第一个特点，它是无状态的，即请求完成后，服务器不会记住客户端的状态信息，第二次请求时，服务器需要重新读取客户的信息；第二个特点，它是基于请求与应答的模式，浏览器向服务器发出请求，服务器根据浏览器的请求作出不同的回答。

基于 HTTP 协议的客户/服务器模式的信息交换分四个过程：建立连接、发送请求信息、发送响应、关闭连接。

1.2.3　Web 浏览器

目前，有很多 Web 浏览器，但是常用的有 Microsoft 公司的 IE、Mozilla 基金会的 Firefox、Google 公司的 Chrome、360 公司的 360 浏览器等，这些浏览器都能很好地支持最新的 HTML 标准以及各种 HTML 扩展功能。

1.2.4　Web 服务器

Web 服务器接受客户端浏览器请求，根据浏览器请求查找静态网页或动态网页，并返回给浏览器。

目前常用的 Web 服务器是 IIS(Internet Information Server)，它是微软开发的，运行在 Windows 操作系统环境中，ASP.NET 是运行于 IIS 环境下的。当然，在开发阶段，可以不安装 IIS，因为 Visual Studio 开发环境中已内置了一个轻量级的 Web 服务器。

在安装 Windows 时，默认安装没有安装 IIS，需要手动安装。具体步骤如下：
(1) 打开控制面板，找到"添加/删除 Windows 组件"并打开，出现如图 1.4 所示界面。
(2) 选中"Internet 信息服务(IIS)"选项，放入系统安装盘，点"下一步"就开始安装了。

在服务器上部署发布 ASP.NET 网站的时候，除了安装 Internet 信息服务(IIS)组件，还需要安装.NET 的运行环境(.NET Framework)。.NET Framework 类似于 Java 的 JDK，如果服务器上没有安装.NET Framework，需要从微软网站下载安装，这样用 ASP.NET 开发出来的 Web 应用程序就可以部署并运行了。

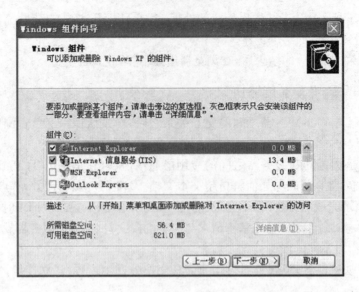

图 1.4　IIS(Internet Information Server)组件的安装

1.3　应用 1：搭建 ASP.NET 开发环境

微软的 Visual Studio(简称 VS)被认为是最好的开发环境之一，使用 VS 2013 能快速构建 ASP.NET 应用程序，并为 ASP.NET 应用程序提供所需的类库、控件和智能提示，下面介绍 VS 2013的安装及 VS 2013 开发环境中各窗口的功能。

1.3.1　安装 Visual Studio 2013

（1）上网下载 Visual Studio Ultimate 2013 安装包并解压，找到其中的 vs_ultimate.exe 文件，双击进入安装程序，如图 1.5 所示。

图 1.5　Visual Studio 2013 的安装界面

（2）在弹出的界面中，选中"我同意许可条款和隐私策略"，进入下一步后，弹出要安装的可选功能,一般默认即可。在 VS 2013 安装界面中,不会出现 VS 2010 安装界面中所出现的自定义安装,比如将不用的 VB.NET、VC++.NET 等勾取消掉不安装,因此略显不足。

(3) VS 2013 的注册。最后要对 VS 2013 进行注册,否则软件只有 30 天的试用期。打开 VS 2013,在菜单栏中找到"帮助"菜单,点击"注册产品",弹出对话框,里面会显示软件的注册状态。点击"更改我的产品许可证",弹出对话框,输入产品密钥即可。

注册成功后,所有的安装操作基本完成,VS 2013 可以正常使用了。

1.3.2 Visual Studio 2013 集成开发环境介绍

VS 2013 集成开发环境主窗口界面如图 1.6 所示。主窗口包括多个子窗口,最左侧的是工具箱,用于存放各类服务器控件,系统为开发人员提供了数十种服务器控件,并按照控件的类别进行归类。集成开发环境中间是网页设计的文档窗口,用于应用程序代码的编写和样式控制,其下方有错误列表窗口。右侧是解决方案资源管理器窗口和属性窗口,每个服务器控件都有自己的属性,通过属性窗口可以设置控件的相应属性。

开发人员还能够在工具箱中添加第三方控件,添加后,第三方控件就出现在相应的工具类别选项中,第三方控件的使用方法与 VS 自带工具的使用类似。

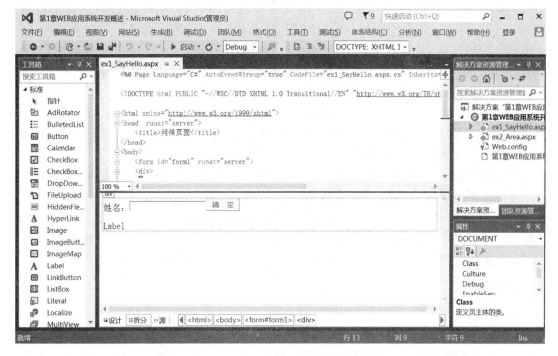

图 1.6 Visual Studio 2013 集成开发环境主窗口

解决方案资源管理器对解决方案中的文件进行管理,是一个文件与项目的管理器,包括项目的管理、类库的管理和组件的管理。在解决方案资源管理器中可以进行项目添加、项目删除和项目间的引用等。

在应用程序开发中,通常需要进行不同组件的开发,例如一个人负责用户界面开发,而另一个人负责后台开发,解决方案管理器就能够解决这个问题,每个组件就是一个项目,不同的项目在一个解决方案中可以进行相互的调用,构成一个整体。

有时在解决方案资源管理器中没有显示"解决方案'1-1'"这个名称,可以在"工具"菜单栏的"选项"下的"项目和解决方案"中勾选"总是显式解决方案"。

1.4 ASP.NET 应用程序的构成

一个已经发布的 ASP.NET 应用程序通常包括如下几个部分:
(1) ASP.NET 应用程序在 Web 服务器 IIS 中建立的虚拟目录。
(2) Web.config 应用程序配置文件和 Global.asax 全局文件(它们并非都是必需的)。
(3) Bin 文件夹,里面包含应用程序发布时生成的若干程序集(.dll 文件)。
(4) 保留文件夹,用于存放系统特定类型的文件。
(5) 若干网页文件、用户控件文件和母版文件等。
(6) 用户自己定义的文件夹。

1.4.1 虚拟目录

所有的 Web 站点都有一个主目录,在默认情况下,IIS 将 Web 站点的主目录设定到 C:\Inetpub\wwwroot 文件夹中,也可以使用 IIS 管理来更改站点的主目录。

什么是虚拟目录?一般说来,Web 站点的内容应当维持在一个单独的目录结构内,以免引起访问请求混乱。但在实际应用中,可能因为某种需要,把 Web 站点的部分内容或某个子频道的内容放在站点主目录以外的其他目录,或者其他计算机上的某个目录中。为了实现访问时 URL 的统一性,就需要使用虚拟目录,即将站点子频道实际存放的文件夹设为当前 Web 站点主目录下的一个虚拟目录,用户通过虚拟目录访问子频道的实际文件夹中内容。虚拟目录实现了 Web 应用程序发布位置的灵活性。

例如,如果建立了一个 Web 应用程序,把它存放在默认网站主目录下的 myWeb 文件夹下,即 C:\Inetpub\wwwroot\myWeb 文件夹下,要访问其中的 default.aspx,对应的 URL 为 http://localhost/myWeb/default.aspx。如果将此 Web 应用程序存放在 D:\newdir 文件夹下,并在默认网站中建立一个 myWeb 的虚拟目录指向 D:\newdir 文件夹,则访问其中的 default.aspx 网页,对应的 URL 仍为 http://localhost/myWeb/default.aspx。

虚拟目录还有一个功能就是提高了 Web 站点的安全性,因为存放网页的真实目录位置不明确,有助于避免远程攻击。

1.4.2 网站配置文件(Web.config)

Web.config 文件是一个 XML 文本文件,用来储存 ASP.NET Web 应用程序的配置信息,可以出现在应用程序的每一个目录中。默认情况下,会在根目录下自动创建一个默认的 Web.config 文件,下面对 Web.config 中部分常用的节进行介绍。
(1) "〈configuration〉"节,根元素,其他节都是在它的内部。
(2) "〈connectionStrings〉"节,此节用于定义连接字符串,如:
〈connectionStrings〉
　　〈add name="strConn" connectionString="Data Source=.;Initial Catalog=mydb;Integrated Security=True;"/〉

〈connectionStrings〉节中定义了连接字符串键/值对,连接信息变化时,只需在这里修改连接字符串,不用修改程序。

(3)〈compilation〉节,如:
〈compilation defaultLanguage="C#" debug="True"/〉
〈/compilation〉

defaultLanguage:定义后台代码语言,可以选择C#和VB.net两种语言。

debug:为"True"时,启动调试;为"False"不启动调试。一般在开发时设置为"True",发布时设置为"False"。

1.4.3 网站全局文件(Global.asax)

Global.asax文件也是一个可选的文件,如果没有Global.asax文件,应用程序将使用Http Application类对所有事件提供的默认行为。一个应用程序最多只能建立一个Global.asax文件,而且必须放在应用程序的根目录下。这是一个全局性的文件,用来处理应用程序(Application)级别的事件、会话(Session)事件、方法和静态变量。Application_Start、Application_End、Application_Error、Session_Start和Session_End这几个常用的事件处理程序就存放于此。

Global.asax文件的创建:右击"Web站点"/"添加新项"/"全局应用程序类",即可添加Global.asax文件。

1.4.4 Bin文件夹

Bin文件夹包含应用程序发布时生成的若干程序集(.dll文件)、第三方控件、组件或者需要引用的其他代码的程序集(.dll文件)。应用程序将自动引用此文件夹中程序集所包含的任何类或控件。此文件夹位于Web应用程序的根目录下。

1.4.5 保留文件夹

(1) App_Code文件夹。该文件夹在Web应用程序根目录下,存储开发人员编写的类文件。当然,建立三层架构应用程序时,此文件夹下的类文件会放入其他的类库项目中。

(2) App_Data文件夹。该文件夹用来存储数据文件,如数据库文件,此文件夹下的文件不参加项目的编译。

(3) App_Themes文件夹。该文件夹包含用于定义ASP.NET网页和控件外观的主题文件集合。

1.5 应用2:创建第一个ASP.NET程序

ASP.NET网站的创建过程一般为:创建网站→编写页面→调试运行。

1.5.1 创建ASP.NET应用程序

打开VS 2013,单击菜单栏上的"文件"按钮,选择"新建"/"网站",选择"ASP.NET空网站",在界面下方的"Web位置"中,设置网站的存储位置和网站的性质,单击"确定"后即可创建ASP.NET应用程序。

【例1.1】 在页面上放置一个文本框、一个按钮和两个标签,效果如图1.7所示,在文本框中输入姓名,单击"确定"按钮,将根据时间段,在下方的标签中显示相应的问候信息及具体时间。具体情况是:8点~11点,显示上午好;12点~13点,显示中午好;14点~17点,显示下午好;18点~20点,显示晚上好;21点~22点,显示晚安;其他时间提醒休息。

图1.7 根据时间段显示问候信息的页面

新建一个空网站后,向网站中添加一个网页,从工具箱中将文本框、按钮、标签控件拖放到设计视图中,把显示信息的标签的ID改为"lblMessage","确定"按钮事件代码如下:

```csharp
protected void btnSubmit_Click(object sender, EventArgs e)
{
    string msg = "";
    switch (DateTime.Now.Hour)
    {
        case 8:
        case 9:
        case 10:
        case 11:
            msg = string.Format("嘿,{0}同志,上午好,现在时间是{1}点{2}分", txtName.Text, DateTime.Now.Hour, DateTime.Now.Minute);
            break;
        case 12:
        case 13:
            msg = string.Format("嘿,{0}同志,中午好,现在时间是{1}点{2}分", txtName.Text, DateTime.Now.Hour, DateTime.Now.Minute);
            break;
        case 14:
        case 15:
        case 16:
        case 17:
            msg = string.Format("嘿,{0}同志,下午好,现在时间是{1}点{2}分", txtName.Text, DateTime.Now.Hour, DateTime.Now.Minute);
            break;
```

```
            case 18：
            case 19：
            case 20：
                msg = string.Format("嘿,{0}同志,晚上好,现在时间是{1}点{2}分",
            txtName.Text,DateTime.Now.Hour,DateTime.Now.Minute);
                break;
            case 21：
            case 22：
                msg = string.Format("嘿,{0}同志,晚安,现在时间是{1}点{2}分",txtName.
            Text,DateTime.Now.Hour,DateTime.Now.Minute);
                break;
            default：
                msg = string.Format("嘿,{0}同志,怎么还不睡,现在时间是{1}点{2}分",
            txtName.Text,DateTime.Now.Hour,DateTime.Now.Minute);
                break;
        }
        this.lblMessage.Text = msg;
}
```

说明：在网站中添加一个网页后,默认会自动出现两个文件,这里出现了 Default.aspx 文件和 Default.aspx.cs 文件。这是代码分离后置技术,即把一个网页分成两个文件,一个是设计网页界面的文件,另一个是网页的后置代码文件。Default.aspx.cs 文件是与 Default.aspx 文件相对应的,Default.aspx.cs 文件是 Default.aspx 的后置代码文件。采用这种代码技术,将 Web 界面元素和程序逻辑分开显示,可以使代码更清晰,有利于阅读和维护。

1.5.2 运行 ASP.NET 应用程序

程序编写完成后,右击"解决方案资源管理器"中的"网站项目"名,选择"生成网站",对该 Web 应用程序进行编译,编译过程中可以发现程序中的语法错误。单击工具栏中"运行"按钮,或按 F5 键,即可运行 Web 应用程序。

Visual Studio 2013 中包含了虚拟服务器,开发人员无需安装 IIS 就可以运行应用程序。注意：虽然 Visual Studio 2013 提供虚拟服务器,开发人员可以直接进行应用程序的调试并运行,但是为了更好地测试 ASP.NET 网站应用程序,建议在发布网站前使用 IIS 进行测试。

1.6 应用 3：实战练习

(1) 设计如图 1.8 所示利用海伦公式计算三角形面积的页面。输入三角形的三个边的边长,计算三角形的面积,并把结果显示在"面积为"右侧的标签中。海伦公式为：$S=\sqrt{p(p-a)(p-b)(p-c)}$,公式中 S 为三角形面积,a、b、c 分别为三角形边长,p 为 $(a+b+c)/2$。在计算时要对数据进行判断,如果有负数或 0,显示"边长必须为正数",如果三个边不能构成三角形,显示"数据不能构成三角形",在设计时控件的命名要规范,见名知义。

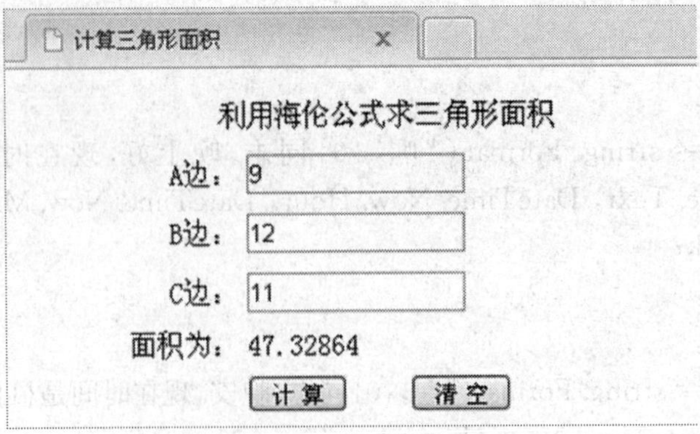

图 1.8 利用海伦公式计算三角形面积

(2) 创建一个简单的 ASP.NET 应用程序,在网页上添加用于输入姓名和年龄的两个文本框、三个标签和一个按钮,其中两个标签作为文本框相应说明,第三个标签显示结果,单击按钮后,根据输入的年龄,判断该人可能处在什么阶段。假定婴儿(0～3 岁)、幼儿园(4～5 岁)、小学(6～11 岁)、初中(12～14 岁)、高中(15～17 岁)、大学(18～21 岁)以及工作阶段(22 岁以上),如果输入小于 0 或大于 120,提示年龄输错了,显示的结果信息格式为:"×××,你现在××岁,你可能是在××阶段。"

1.7 ASP.NET 应用程序的调试

1.7.1 语法错误、语义错误与逻辑错误

ASP.NET 程序错误分为语法错误、语义错误和逻辑错误。

(1) 语法错误是比较简单的错误,它会影响编译器工作,所有的语法错误都能被编译器发现,并将错误信息显示出来。在解决方案中,右击站点或项目,选择"生成网站"或"生成",将进行编译,若有语法错误,错误信息将显示在"错误列表"窗口中,双击这些错误信息,光标会自动跳到语法错误的位置。

(2) 程序源代码的语法正确而语义与程序开发人员本意不同,就是语义错误。此类错误比较难以察觉,通常在程序运行过程中才能出现,语义错误会导致程序非正常终止。例如,在将数据信息显示到控件中时,经常会出现"未将对象引用设置到对象的实例中"错误,语义错误在程序运行时,会被调试器以异常的形式显示给开发人员。

(3) 不是所有的语义错误都容易被发现,它们可能隐藏得很深。有些语义错误,程序仍可以继续执行,但执行结果却不是程序开发人员想要的,此类错误就是逻辑错误。例如,在程序中,需要计算表达式 $c=a+b$ 的值,但在编程的过程中,将表达式中的"+"写成了"-",像这样的错误,调试器不能以异常的形式告诉程序开发人员,程序开发人员只有通过调试才能消除此类错误。

语义错误和逻辑错误很难看出来,编译器不能帮助我们发现它们,必须利用调试器。VS 集成开发环境提供了功能强大的调试器,可以帮助我们发现这类错误。

1.7.2 程序调试

应用程序在某行代码上暂停执行,我们称之为中断。发生中断时,称程序处于中断模式,在中断模式我们可以利用调试器观察程序的状态,发现其中的语义或逻辑错误。

插入断点有三种方式:在要设置断点行左边的灰色空白处单击;右击设置断点的代码行,在弹出的快捷菜单中选择"断点"/"插入断点"命令;单击要设置断点的代码行,选择菜单中的"调试"/"切换断点(G)"命令。

插入断点后,就会在断点行左边出现一个红色圆点,同时该行代码也以红色背景方式高亮显示。

删除断点也有三种方式:单击断点行的红色圆点;右击断点行,在弹出的快捷菜单中选择"断点"/"删除断点"命令;单击断点行,选择菜单中的"调试"/"切换断点(G)"命令。

在程序运行时,如果出现了语义错误或逻辑错误,在不能很快找到错误的情况下,我们就需要启用调试。首先估计出错的位置,在其上方的代码行中插入断点,当然,如果错误比较复杂,可以在估计的出错误位置的周围插入一个或若干个断点,当启用调试后,程序运行到断点处会停下来,借助监视窗口或其他调试窗口,可以观察各变量或对象的数据值,以便进行分析,发现错误。

当程序进入调试模式后,一般情况下,"调试"工具栏会自动出现,"调试"工具栏如图 1.9 所示。

图 1.9 "调试"工具栏

下面介绍"调试"工具栏中一些命令的用法。

1. 启用调试

可以通过在"调试"菜单中选择"启动调试",或单击工具栏中的"启动调试"按钮,或者直接按 F5 键,程序进入调试运行状态,执行到断点处,运行暂停。当程序进入调试状态后,"启动调试"按钮变成"继续"按钮。程序调试运行进入暂停状态后,可以利用"调试"/"窗口"/"监视"命令打开监视窗口,在监视窗口中观测跟踪对象的状态数据。

在"监视窗口"中添加被观测跟踪对象有多种方法,最直接的方法是:选中代码中需要观测跟踪的变量、表达式、对象或对象的某个属性,右击选择"添加监视",即可把它送入"监视窗口"进行跟踪;如果要观察的对象或表达式在代码窗口中没有,可以直接在"监视窗口"的名称中输入。

2. "逐语句"调试和"逐过程"调试

单步执行是最常见的调试过程之一,即每次执行一行代码,单步执行又分为"逐语句"执行和"逐过程"执行。

"逐语句"和"逐过程"的差异在于它们处理函数调用的方式不同,这两个命令都指示调试器执行下一行的代码。如果某一行代码包含函数调用,"逐语句"执行不仅单步执行调用行本身,而且会进入被调用函数内部进行单步执行;而"逐过程"仅单步执行调用行本身,不会进入被调用函数内部进行单步执行。如果要监视被调用函数的内部执行过程,则使用"逐语句";如果仅监视函数调用的结果而不关心函数的内部,则使用"逐过程"。

3. "跳出"调试

根据调试所处的当前行位置,"跳出"的功能不同,当光标位于被调用函数的内部并想返回到调用处时,可以使用"跳出","跳出"将一直执行完该函数的代码,直到函数返回,然后在函数调用处中断。

当光标位于事件代码的主程序时,使用"跳出","跳出"将执行完该事件的所有代码,结束该事件代码的调试。

4. "继续"运行

如果在程序代码中,插入了两个断点,单击"继续"运行按钮,则程序从当前光标直接运行到下一个断点处暂停下来。这对加速调试、略过确定没有错误的代码非常实用,可以大大提高调试的效率。

【例1.2】 以1.6节中利用海伦公式计算三角形面积的页面为例,介绍程序调试在实际过程中的应用。

我们假定输入的数据都是数值类型,不考虑输入非数值的情况。所有可能的情况是:输入负数、输入的三个数值不能构成三角形、输入的三个数值可以构成三角形。在编程时,把表示周长一半的p用l表示,如果在输入时,把字母"l"误写成了数字"1",是很难发现的错误,必须用单步调试,通过监视变量值的方式才能发现。

"计算"按钮的单击事件代码为:

```
float a, b, c;
a = Convert.ToSingle(this.txtEdge1.Text);
b = Convert.ToSingle(this.txtEdge2.Text);
c = Convert.ToSingle(this.txtEdge3.Text);
if (a <= 0 || b <= 0 || c <= 0)
{
    this.lblResult.Text = "数据可能有负数或零!";
}
else if ((a + b) > c && (a + c) > b && (b + c) > a)
{
    float s, l;
    l = (a + b + c) / 2;
    s = Convert.ToSingle(Math.Sqrt(1 * (l - a) * (l - b) * (1 - c)));
    //此行把l错写为数字1
    this.lblResult.Text = s.ToString();
}
else
{
    this.lblResult.Text = "数据都是正数,但不能构成三角形!";
}
```

上述的程序,是没有问题的,可以计算出三角形面积,如果输入异常也会在标签中显示信息。但是,假定程序中,把海伦公式中第一个表示周长一半的字母"l"错误输入成数字"1",当分别输入边长"3"、"4"、"5"时,出现的结果是"2.44949",明显是错误的。但是这两个字符非常相似,很难通过查看代码直接找出,这时就需要启用调试。

我们首先估计可能出错的行,在其前面插入"断点",当"启用调试"运行到断点时,选中待观察的"1*(l—a)*(l—b)*(l—c)"行,右击选"添加监视"把它加入监视观察窗口中,并在监视窗口中再输入"a"、"b"、"c"、"l"等变量,调试跟踪观察,最终发现是误输入。调试界面如图1.10所示。

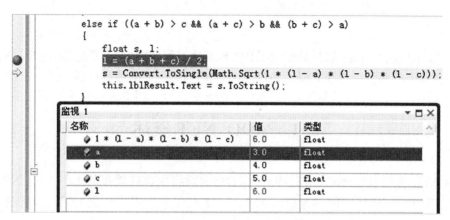

图 1.10 调试界面

思 考 练 习

(1) 概念解释:网页、主页、网站。

(2) 简述动态网页和静态网页的工作原理。

(3) 在 VS 2013 开发环境中,代码段中出现红色波浪线和蓝色波浪线分别表示什么意义?如何解决程序的语法错误和逻辑错误,调试应用程序?请用插入断点的方式,练习使用"逐语句"和"逐过程"两种方式跟踪代码的执行,观测变量值的变化。

第 2 章　ADO.NET 数据访问技术

ASP.NET 应用程序是通过 ADO.NET 实现对数据库访问的,本章将结合访问 SQL Server 介绍 ADO.NET 的两种工作模式以及 ADO.NET 访问数据库的编程步骤。

2.1　ADO.NET 概述

ADO.NET 提供了在.NET 开发中,应用程序对数据库进行操作的类。ADO.NET 可以看作介于数据库和应用程序之间的通道。ADO.NET 接受应用程序传来的对数据库进行增、删、改、查的 SQL 命令,然后在数据库中执行这些命令。

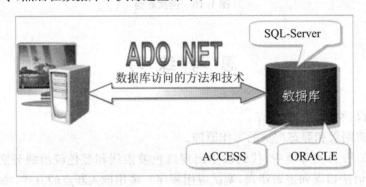

图 2.1　ADO.NET 工作模型

ADO.NET 有两种工作模式:在线模式和离线模式。通常把 ADO.NET 的各种对象分为在线对象和离线对象,在线对象在和数据库进行交互时要求保持与数据库的持久连接;离线对象通常是一个数据容器,通过在本地对远程数据库的内存副本进行数据库的脱机操作。

1. 常用的在线对象(连接对象)

(1) SqlConnection:用来与数据库服务器建立连接。
(2) SqlCommand:表示要执行的 SQL 命令。
(3) SqlParameter:表示 SQL 数据操作命令中的参数。
(4) SqlDadaReader:以只读只进方式读取数据库中数据。
(5) SqlTransaction:用来实现事务处理。
(6) SqlDataAdapter:用来从数据源中加载数据填充 DataSet 和把更新后的数据传回数据库。

以上对象位于 System.Data.SqlClient 命名空间,使用时要导入此命名空间。

2. 常用的离线对象(非连接对象)

(1) DataSet:数据集,是存在于内存中的临时数据库,可容纳多个 DataTable 及其联系。

(2) DataTable:内存中的数据表,由 DataRow 和 DataColumn 构成。
(3) DataRow:代表 DataTable 中的一行记录。
(4) DataColumn:代表 DataTable 中的列,相当于数据库中的字段。
(5) DataView:数据视图,可以为一个 DataTable 建立多种 DataView。

以上对象位于 System.Data 命名空间,使用时要导入此命名空间。

通过使用上述的对象,可以轻松地连接数据库并对数据库中的数据进行操作。对开发人员而言,可以使用 ADO.NET 对数据库进行操作。在 ASP.NET 中,还提供了高效的控件,这些控件同样使用了 ADO.NET 让开发人员能够连接、绑定数据集并进行相应的数据操作。

2.2 在线工作模式和离线工作模式

ADO.NET 有两种工作模式:在线工作模式和离线工作模式。在线工作模式下,应用程序和数据库进行交互操作时,对数据库的连接处于打开状态,操作结束后连接才能关闭;离线工作模式,要借助 DataSet 数据集,DataSet 存在于内存中,是数据库中数据在内存中的一个副本,DataSet 中的数据与数据库是断开连接的。一旦使用 DataAdapter 对象提取查询结果,存储到 DataSet 中之后,DataSet 便不再与数据库有连接,对 DataSet 中内容所做的修改不会立即反应到数据库,当其他用户修改了数据库中数据时,也不会在 DataSet 中看到被修改的数据。

图 2.2 中①和②所指示的访问途径就是在线工作模式,③所指示的访问途径就是离线工作模式。

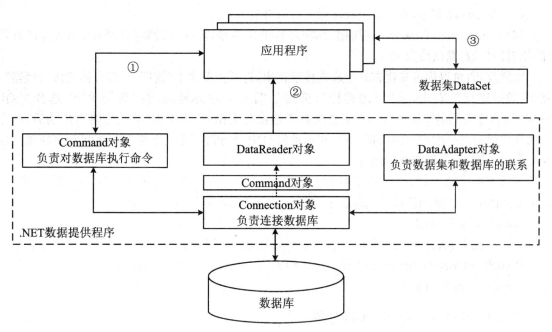

图 2.2 在线模式与离线模式工作示意图

离线工作模式的好处是在提取查询结果并将其存储到 DataSet 中之后,便不需要与数据库处于连接状态,只需对 DataSet 中数据进行访问,从而提高系统的吞吐量。

2.3 SqlConnection 数据库连接对象

与底层的数据库进行交互,第一步就是连接数据库,为此,需要使用数据库连接字符串,连接各数据库所使用的连接字符串是不尽相同的。

2.3.1 连接字符串

连接字符串通常由一组用分号隔开的"键/值"组成,连接字符串中包含的信息有:服务器地址、数据库名、认证方式、账号和密码等各种参数。下面就是一个连接字符串:

String cnstr =" Data Source='.'; Initial Catalog='pubs';uid='sa';pwd='123456';"

连接 SQL Server 数据库所使用的连接字符串的常用参数及含义说明如下:

(1) Data Source:数据库服务器名或 IP 地址,若数据库服务器与开发者使用的计算机是同一台机器,则可以用"."、"localhost"、"(local)"或"127.0.0.1"来表示本机。若数据库服务器是其他机器,则要使用此机器的 IP 地址或域名,如:"220.170.20.15"。

(2) Initial Catalog 或 Database:要连接的数据库名称。

(3) Integrated Security:连接是否使用集成验证,取值有:True、False 和 SSPI(SSPI 是 True 的同义词)。集成验证是使用 Windows 验证的方式去连接数据库服务器,这样就不需要在连接字符串中编写用户名和密码。

(4) User ID 或 uid:SQL Server 的登录用户名。

(5) Password 或 pwd:SQL Server 的登录密码。

(6) Connection Timeout:连接超时的时间,单位为秒,若在所设置的时间内无法连接数据库,则返回失败,默认值为 15 s。

实践技巧:可以用可视化方式生成连接字符串,打开主菜单下"视图"/"服务器资源管理器",找到"数据连接",右击,选"添加连接",弹出如图 2.3 左侧界面,在"数据源"中选择"SQL Server",在服务器名中输入".",在下方选择要连接的数据库,再单击"测试连接",成功后,确定并关闭。最后选中刚产生的数据连接,在属性窗口中,找到其"连接字符串",复制其值即得到连接字符串,粘贴到我们需要的地方。

连接字符串的存储:为了提高代码的复用性和可维护性,一般把连接字符串放在 Web.config 文件中,以"键/值"对形式存放于"〈connectionStrings〉"节点下。如:

〈connectionStrings〉

　〈add name = "strConn" connectionString =" Data Source =.; Initial Catalog = BookShopOnNet; Integrated Security=True; Connection Timeout =10" /〉

〈/connectionStrings〉

2.3.2 SqlConnection 连接对象

连接 SQL Server 数据库要使用 SqlConnection 连接对象,SqlConnection 对象是 Connection 的子类,下面介绍 SqlConnection 的属性与方法,如表 2.1、表 2.2 所示。

第 2 章 ADO.NET 数据访问技术

图 2.3 利用数据连接可视化生成连接字符串

表 2.1 SqlConnection 对象的常用属性

属 性	说 明
ConnectionString	连接字符串
State	连接状态,值为枚举值 Closed(关闭)、Open(打开)、Broken(中断)等

表 2.2 Connection 对象的常用方法

方 法	说 明
Open()	打开数据库连接
Closed()	关闭数据库连接
Dispose()	调用 Closed()方法关闭连接,并释放连接对象
BeginTransaction()	开始一个数据库事务

【例 2.1】 在窗体中添加一个"连接"按钮,单击它,连接数据库 BookShopOnNet,若连接成功,在标签中显示"连接成功,当前连接状态为:××",否则显示"连接失败",效果如图 2.4 所示。要求连接字符串保存在 Web.config 文件中"<connectionStrings>"节点下的"strConn"节点中。

图 2.4 测试连接运行效果图

"连接"按钮的单击事件代码为：
string connstr = ConfigurationManager.ConnectionStrings["strConn"].ConnectionString;
SqlConnection conn = new SqlConnection(connstr);//建立数据库连接对象
conn.Open();//打开连接
if(conn.State == ConnectionState.Open)
　　Label1.Text = "连接成功,当前连接状态为:"+conn.State.ToString();
else
　　Label1.Text = "连接失败";
if (conn.State != ConnectionState.Closed) //关闭连接
　　conn.Close();
conn.Dispose();//释放连接

注意：数据库的连接是非常宝贵的,一个活动连接只能为一个客户端服务。若不断占用活动连接而不关闭的话,一旦活动连接达到数据库所支持的最大连接数,以后的连接就会失败。因此,对于连接的使用原则是越晚打开连接越好,越早关闭连接越好。特别是在出现异常的时候,要确保连接也能够关闭,可以利用异常处理 try 的 finally 部分来关闭连接。

2.4 使用 SqlCommand 及 SqlDataReader 进行在线数据访问

2.4.1 SqlCommand 命令对象

SqlCommand 对象是用来执行数据库操作命令的,比如对数据库中数据表记录的查询、增加、删除和修改等都是通过 SqlCommand 对象来实现的,如表 2.3、表 2.4 所示。SqlCommand 对象执行的既可以是 SQL 语句,也可以是数据库的存储过程。

表 2.3　SqlCommand 对象的常用属性

属性	说明
CommandText	对数据源所执行的 SQL 命令文本、可存储过程名
CommandTimeout	SqlCommand 对象超时时间,默认为 10 s,超过这个时间命令执行失败
CommandType	命令类别,默认值为 CommandType.Text,表示执行的是 SQL 语句,若执行的是存储过程,值为 CommandType.StoreProcedure
Connect	SqlCommand 对象所使用的连接
SqlParameters	SqlCommand 对象的参数集,SQL Server 命令中的参数名是以"@"开头的,当参数较多时,一般构建为参数数组
Transaction	SqlCommand 对象所对应的事务

表 2.4　Command 对象的常用方法

方　　法	说　　明
ExecuteNonQuery()	执行 CommandText 指定的增加、删除、修改 SQL 命令,返回命令影响的行数
ExecuteReader()	执行 CommandText 指定的 Select 命令,返回 SqlDataReader 对象
ExecuteScalar()	执行 CommandText 指定的 Select 命令,返回结果集的第一行第一列,当涉及数据库的集函数(如 Sum、Average、Count 等)时多用此方法

使用 SqlCommand 对象的步骤一般如下:
(1) 创建 SqlConnection 对象。
(2) 创建 SqlCommand 对象。
(3) 为 SqlCommand 对象设定使用的连接,并指定其所执行的 SQL 语句或存储过程,如果 SQL 语句或存储过程中有参数,还需要定义参数(数组)并指定参数的值。
(4) 打开 SqlConnection 对象。
(5) 执行 SqlCommand 命令。
(6) 关闭 SqlConnection 对象。

2.4.2　SqlDataReader 数据读取器

SqlDataReader 可以实现对数据源中的数据进行只读、只进、在线高速数据访问,它的访问速度是最快的。所谓只读,就是只能读取数据,而不能修改数据。所谓只进,就是读取数据时只能向前进,不能向后退,比如读取第 10 条记录后,不能再返回读取第 5 条记录。所谓在线,就是读取数据期间连接不能关闭。

DataReader 常与循环语句配合来读取数据,因为 SqlDataReader 对象读取数据时需要与数据库保持连接,所以在使用 SqlDataReader 对象读完数据之后应立即调用 Close()方法将其关闭。读取器 SqlDataReader 关闭后才能关闭与之相关的 SqlConnection 对象,顺序不能反,如表 2.5、表 2.6 所示。

在.NET 类库中提供了一种方法,在关闭 SqlDataReader 对象的同时自动关闭与之相关的 SqlConnection 对象,类似于出门后随手关门一样,通过为 ExecuteReader()方法指定一个参数 CommandBehavior.CloseConnection 来实现,语句如下:

SqlDataReader reader = command.ExecuteReader(CommandBehavior.CloseConnection);

CommandBehavior 是一个枚举,上面使用了 CommandBehavior 枚举的 CloseConnection 值,它能在关闭 SqlDataReader 时自动关闭相应的 SqlConnection 对象,这样做的好处是在 SqlDataReader 关闭时,及时关闭相应的连接,提高系统效率。

表 2.5　SqlDataReader 对象的常用属性

属　　性	说　　明
FieldCount	获取 DataReader 对象的列数
IsClosed	获取 DataReader 对象的状态,为 True 表示已关闭
HasRows	获取 DataReader 对象中是否包含记录行,有记录则返回 True

表 2.6 SqlDataReader 对象的常用方法

方　　法	说　　明
Close()	关闭 SqlDataReader 对象
GetFieldType(int i)	获取列序号是 i 的列数据类型
GetName(int i)	获取列序号是 i 的列的字段名
GetValue(int i)	获取列序号是 i 的列的值，更为常用的获取某一列值的方法，是用 SqlDataReader ["列名"] 或 SqlDataReader [列序号] 来引用列值
IsDBNull(int i)	获取列序号是 i 的列是否是空值，若为空值，返回 True。这在数据类型转换时经常遇到，空值不能转其他类型，要先判断，以免出现异常
Read()	记录指针指向下一条记录，返回 True 表示成功指向下一条记录，返回 False 表示已经没有下一条记录了，刚读取的 SqlDataReader，其记录指针是指向读取器头部，即第一条记录的前面，而不是第一条

2.4.3　利用 using{} 自动释放对象语句重写程序代码

由于使用在线对象时，要尽早关闭活动连接，可以使用 using{} 语句块来自动释放某些对象。在一些源代码中，经常见到 using{} 语句。

using{} 语句的格式为：

using(类 A 对象 a ＝ new 类 A(　))
{
　　…………
}

说明：using{} 语句的特点是在语句块结束时自动调用"对象 a"的 Dispose() 方法来释放该对象，而对于 SqlConnection 和 SqlDataReader 对象，其 Dispose() 方法执行前，会自动关闭相应对象。另外要注意：使用 using{} 语句块的前提是其中的"类 A"必须具有 Dispose() 方法，否则异常。

using{} 语句块的实质：在程序编译阶段，编译器会自动将 using{} 语句生成为 try-finally 语句，并在 finally 块中调用对象的 Dispose() 方法，来释放对象。using 语句等效于 try-finally 语句。所以在这个用 using{} 重写的代码中，原程序中 finally 部分的对象关闭和释放的代码都不再需要了。

2.5　应用 1：第三方日期控件的使用及在线添加和读取记录

下面介绍本书中用到的数据库表。本书项目中使用的数据库的名称是 BookShopOnNet，其中表 ShopUser 是顾客表，表的结构如表 2.7 所示。

表 2.7 ShopUser 顾客表

字段名	字段类型	字段大小	是否主键	自增标识列	默认值	说明
UserId	int		是	是		用户编号
UserName	varchar	30	否	否		用户名
Passwords	varchar	30	否	否		口令
XingMing	nvarchar	5	否	否		姓名
Sex	bit		否	否		性别
Birthday	datetime		否	否		出生日期
Address	nvarchar	50	否	否		地址
Email	varchar	30	否	否		Email
Tel	varchar	12	否	否		电话
Nation	nvarchar	15	否	否		民族
Status	bit		否	否	1	1:正常 0:删除

【例 2.2】 如图 2.5 所示是用户注册网页,其中出生日期是一个第三方日期控件,编程实现使用 SqlCommand 对象向数据库 BookShopOnNet 中的顾客表 ShopUser 新增记录,如果注册成功,显示"用户注册成功!",否则显示"用户注册失败!"。

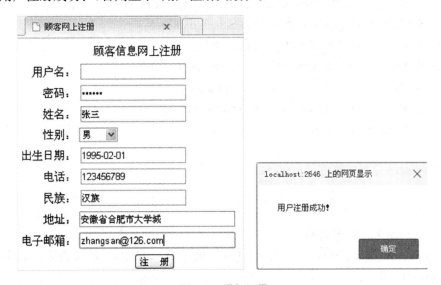

图 2.5 增加记录

这里,出生日期使用了第三方日期控件,没有使用 VS 自带的标准日历控件 Calendar,这个第三方日期控件,在操作时页面无刷新、美观,且对数据有验证。这个日期控件的使用方法按如下步骤进行:

(1) 到官方网站 www.my97.net 中下载该第三方日期控件。

(2) 下载文件解压后,把 My97DatePicker 文件夹放入应用程序同一个目录中(如根目录)。

（3）拖动该文件夹中 WdatePicker.js 文件到网页源文件的头部，即可在网页头部生成代码"〈script src="……/My97DatePicker/WdatePicker.js" type="text/javascript"〉〈/script〉"。

（4）在网页中加入一个普通文本框，在文本框代码中加入"onFocus="WdatePicker()""，此文本框就成为了日期文本框，代码为：

〈asp:TextBox ID="txtDate" runat="server" onFocus="WdatePicker()"〉
〈/asp:TextBox〉

设计好页面后，"注册"按钮的单击事件为：

```
string connstr = ConfigurationManager.ConnectionStrings["strConn"].ConnectionString;
SqlConnection conn = new SqlConnection(connstr);
StringBuilder sqlText = new StringBuilder();
sqlText.Append("Insert Into ShopUser(UserName, Passwords, Email, XingMing, Sex, Birthday, Address, Tel, Nation, Status)");
sqlText.Append("VALUES(@UserName, @Passwords, @Email, @XingMing, @Sex, @Birthday, @Address, @Tel, @Nation, @Status)");
SqlCommand com = new SqlCommand(sqlText.ToString(), conn);
SqlParameter[] paras = new SqlParameter[]
{
    new SqlParameter("@UserName", txUserName.Text),
    new SqlParameter("@Passwords", txtPasswords.Text),
    new SqlParameter("@Email", txtEmail.Text),
    new SqlParameter("@XingMing", txtXingMing.Text),
    new SqlParameter("@Sex", ddlSex.SelectedValue),
    new SqlParameter("@Birthday", txtBirthday.Text),
    new SqlParameter("@Address", txtAddress.Text),
    new SqlParameter("@Tel", txtTel.Text),
    new SqlParameter("@Nation", txtNation.Text),
    new SqlParameter("@Status", True)
};
com.Parameters.AddRange(paras);
try
{
    conn.Open();//打开连接
    int result = com.ExecuteNonQuery();//执行SQL命令，返回增加的记录数
    if (result > 0)
        Response.Write("〈script〉alert('用户注册成功！')〈/script〉");
    else
        Response.Write("〈script〉alert('用户注册失败！')〈/script〉");
}
catch (SqlException ex)
{
```

```
            Response.Write(string.Format("<script>alert('出错,原因:{0}')</script>", ex.
        Message));
        }
        catch (Exception ex)
        {
            Response.Write(string.Format("<script>alert('出错,原因:{0}')</script>", ex.
        Message));
        }
        finally
        {
            conn.Close();
        }
    }
```

利用Command对象对数据库记录进行删除和修改,只需把Command对象的CommandText替换成相应的SQL删除命令和修改命令,仍是执行Command对象的ExecuteNonQuery()方法来实现。

【例2.3】 如图2.6所示,在文本框中输入性别值,在顾客表ShopUser中,查找此性别的所有用户,并把他们的相应信息显示在一个表格中。

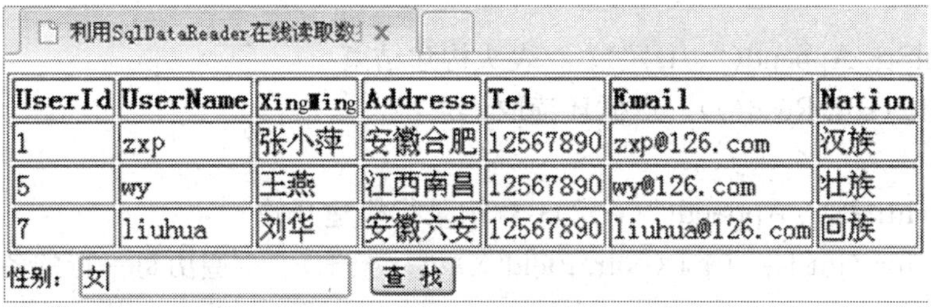

UserId	UserName	XingBing	Address	Tel	Email	Nation
1	zxp	张小萍	安徽合肥	12567890	zxp@126.com	汉族
5	wy	王燕	江西南昌	12567890	wy@126.com	壮族
7	liuhua	刘华	安徽六安	12567890	liuhua@126.com	回族

性别:女 查找

图2.6 用DataReader在线读取数据并显示

首先设计页面,页面中输入"性别",然后添加一个名为"txtSearch"的文本框,再添加一个"查找"按钮。"查找"按钮的单击事件为:

```
string connstr = ConfigurationManager.ConnectionStrings["strConn"].ConnectionString;
SqlConnection conn = new SqlConnection(connstr);
string search = "";
if (txtSearch.Text.Trim() == "男")
    search = "True";
else
{
    if (txtSearch.Text.Trim() == "女")
        search = "False";
    else
        Response.Write(string.Format("<script>alert('输入错误!')</script>"));
}
```

```csharp
            string sqltext = "Select UserId,UserName,XingMing,Address,Tel,Email,Nation From ShopUser Where Sex = '"+search+ "'";
            SqlCommand com = new SqlCommand(sqltext, conn);
            SqlDataReader sdr = null;
            try
            {
                conn.Open();
                sdr = com.ExecuteReader(CommandBehavior.CloseConnection);
                //关闭 sdr 时自动关闭连接
                if (sdr.HasRows) //读取器是否为空
                {
                    StringBuilder htmlStr = new StringBuilder(); //StringBuilder 构造字符串效率高
                    htmlStr.Append("<table border='1'>"); //表格构建开始
                    htmlStr.Append("<tr>"); //表头构建开始
                    for (int i = 0; i < sdr.FieldCount; i++)
                    {
                        htmlStr.Append(string.Format("<td><b>{0}</b></td>", sdr.GetName(i)));
                        //构造表头
                    }
                    htmlStr.Append("</tr>"); //表头构建结束
                    while (sdr.Read())    //循环读取记录
                    {
                        htmlStr.Append("<tr>"); //记录行构建开始
                        for (int i = 0; i < sdr.FieldCount; i++)   //遍历每一行的各列
                        {
                            htmlStr.Append(string.Format("<td>{0}</td>", sdr.GetValue(i)));
                            //构造记录行
                        }
                        htmlStr.Append("</tr>"); //记录行构建结束
                    }
                    htmlStr.Append("</table>"); //表格构建结束
                    Response.Write(htmlStr);
                }
            }
            catch
            {
                Response.Write(string.Format("<script>alert('运行出错!')</script>"));
            }
            finally
            {
```

sdr.Close(); // 放在 finally 中,确保有无异常情况下,SqlDataReader 都能关闭
//conn.Close(); 这个关闭连接的语句就不需要了,读取器关闭时它自动关闭
}

对这段代码,说明如下:

(1) 利用 DataReader 读取器读取数据,DataReader 对象是不能用 new 来实例化的,只能通过 Command 对象的 ExecuteReader() 来返回一个 DataReader 对象。

(2) DataReader 对象只能从前往后读取数据,且结果可能有若干行记录,所以常用 while(sdr.Read()) 来遍历所有行。

(3) 因为是构建字符串用 Response.Write() 输出,而 Response.Write() 在页面响应时是第一个运行,所以最终的运行结果显示在页面最上方,而不是在"查找"按钮的下方。

2.6 应用 2:基于连接的数据库事务处理的实现

事务(Transaction)是用户定义的一个数据库操作序列,这个操作序列要么全做,要么全不做,是一个不可分割的工作单位,具有原子性,单个的 SQL 命令本身就是一个事务。事务最经典的例子就是银行转账。事务又分为单数据源事务和多数据源分布事务,这里只讨论如何编程实现单数据源事务。

除了在存储过程中实现事务处理外,ADO.NET 中利用 SqlConnection 和 SqlTransaction 还可以构建基于连接的事务。一般步骤:在打开连接后,调用 SqlConnection 对象的 BeginTransaction 方法开启一个 SqlTransaction 事务,将这个 SqlTransaction 对象赋给 SqlCommand 对象的 Transaction 属性,执行 SqlCommand 对象,并用 try{…}、catch{…}、finally{…} 捕捉 SqlCommand 对象的执行有无异常,一旦有异常,回滚事务,没有任何异常,提交事务。

【例 2.4】 在数据库 BookShopOnNet 中,有现金账户表 PayAccount,含有序号、现金账户号、支付密码、账户余额、所属顾客号等五个字段,字段名和类型分别是:1、RecordId int,2、AccountId char(15),3、AccountPwd varchar(10),4、AccountBalance decimal(10,2),5、ShopUserId int。设计如图 2.7 所示页面,在相应文本框中输入两个现金账户号和金额,实现从一个账户向另一个账户转账,要求使用事务处理,要么同时完成,要么都不改动。

图 2.7 基于连接的事务处理

解决思路,添加一个网页,布局好相应界面,对各控件进行规范命名,然后编写"转账"按钮的单击事件,代码如下:

string connstr = ConfigurationManager.ConnectionStrings["strConn"].ConnectionString;

```csharp
SqlConnection conn = new SqlConnection(connstr);
conn.Open();   //连接打开后,才能开始事务
SqlTransaction tran=conn.BeginTransaction();   //开始事务
SqlCommand com = new SqlCommand();
com.Connection = conn;   //设定命令所使用的连接
com.Transaction = tran;   //事务与命令相关联
try
{
    string sqltext = "Update PayAccount Set AccountBalance = AccountBalance - @num Where AccountId = @AccountIdA;";
    sqltext += "Update PayAccount Set AccountBalance = AccountBalance + @num Where AccountId = @AccountIdB";
    com.CommandText = sqltext;   //含有两条 SQL 命令
    SqlParameter[] paras = new SqlParameter[]
    {
        new SqlParameter("@AccountIdA", txtAccountIdA.Text),
        new SqlParameter("@AccountIdB", txtAccountIdB.Text),
        new SqlParameter("@num", txtNum.Text)
    };
    com.Parameters.AddRange(paras);
    com.ExecuteNonQuery();
    tran.Commit();   //如果执行到这一步,说明前面两个命令执行正常,提交事务
    Response.Write("<script>alert('事务提交成功!')</script>");
}
catch
{
    tran.Rollback();   //try 中的两个命令,有任何一个异常都会捕捉到,回滚事务
    Response.Write("<script>alert('事务提交失败,回滚!')</script>");
}
finally
{
    conn.Close();
}
```

可以看出,基于连接的事务是在连接打开后,在连接上开始一个事务,并把创建的命令包含在事务之中,然后分别设置 SQL 语句并执行,利用异常捕捉语句,根据命令执行有无异常,来确定是提交事务还是回滚事务。

2.7 DataSet 数据集

DataReader 对象是用来快速高效地获取查询结果，它是为速度所生的，其中的数据是只读、只进的，一旦移到下一条记录之后就不能返回查看前面的行。大批量的查询、反复修改数据怎么办？不可能始终在线吧。为了提供更强大的功能，扩展系统的运行效率，必须创建新的对象，这就是离线对象数据集。

数据集是缓存，存储要在应用程序中使用的数据。数据集相当于内存中暂存的数据库，数据集不仅可以包含多张数据表、数据视图，还可以包括数据表之间的关系和约束。ADO.NET 数据集是以 XML 形式把数据存储在内存中，传递数据也是以 XML 格式，由于 XML 是一种通用数据格式，所以它可以把格式不同的异构数据库联系起来。

如图 2.8 所示对数据库与数据集进行比较，以便看得更明白，注意对应名称的区别。

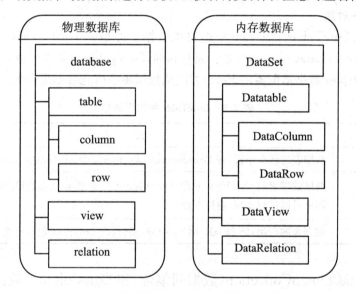

图 2.8 物理数据库与内存数据集的比较

DataSet 是 ADO.NET 中的核心概念，ADO.NET 提供了离线数据访问模式，就是它提供了 DataSet 数据集。

实际上，数据集从数据源中获取数据仍然利用 DataReader 对象，不过这些底层细节被封装，我们看不到，当数据集从数据源中获取数据以后就断开与数据源的连接。在完成了各项数据操作以后，还可以将数据集中修改后的数据更新到数据源。

这种非连接的离线工作模式，能为系统带来许多好处，最大的好处是不需要始终与数据库连接，从而减轻数据库服务器的负担和网络传输负担。

DataSet 对象最常用的属性是 Tables，通过该属性，可以获得或设置数据表行、列的值。例如："ds.Tables["student"].Rows[i][j]"表示访问数据集 ds 中 student 表的第 i 行第 j 列。

2.7.1 DataTableCollection(数据表集合)和 DataTable(数据表)

1. DataTableCollection 对象

DataSet 的所有数据表包含于数据表集合 DataTableCollection 中,通过 DataSet 的 Tables 属性访问 DataTableCollection。比如,"ds.Tables[0]"表示数据集 ds 中的第一个数据表,"ds.Tables["ShopUser"]"表示数据集 ds 中名为 ShopUser 的数据表。

表 2.8 DataTableCollection 的常用属性

属 性	说 明
Count	DataSet 对象所包含的 DataTable 个数
Tables[序号|"表名"]	按序号或表名来引用 DataSet 对象中的数据表。序号是向 DataSet 对象填充数据表的从零开始的顺序号

2. DataTable 对象

DataSet 对象 DataTableCollection 中的每张数据表都是一个 DataTable 对象。DataTable 主要包括 DataRow 和 DataColumn,分别代表行和列,DataTable 对象可以独立创建和使用,但主要是利用 DataAdapter 数据适配器的 Fill()方法从数据源中填充数据而产生。

表 2.9 DataTable 的常用属性

属 性	说 明
Columns	数据表的所有字段,即 DataColumnCollection 集合,由 DataColumn 数据列组成
DefaultView	获取数据表的 DataView 对象,DataView 可用来显示 DataTable 对象的部分数据,不能可以进行选择、排序等操作
Rows	数据表的行集,即 DataRowCollection 集合,由 DataRow 数据行组成

2.7.2 DataColumnCollection(数据列集合)和 DataColumn(数据列)

1. DataColumnCollection 对象

DataTable 的所有字段都包含于数据列集合 DataColumnCollection 中,通过 DataTable 的 Columns 属性访问 DataColumnCollection。比如,"ds.Tables["ShopUser"].Columns[2]"表示数据集 ds 中名为 ShopUser 的数据表的第 3 列,"ds.Tables[0].Columns["UserName"]"表示数据集 ds 的第一个数据表中字段名为 ShopUser 的列。

表 2.10 DataColumnCollection 的常用属性

属 性	说 明
Count	DataTable 对象所包含的字段个数
Columns[列号|"列名"]	按列号或列名来引用 DataTable 中的字段

2. DataColumn 对象

数据表中的每个字段就是一个 DataColumn 对象。可以用它确定字段的数据类型和大小。

2.7.3 DataRowCollection(数据行集合)和 DataRow(数据行)

1. DataRowCollection 对象

DataTable 的所有数据行都包含于数据行集合 DataRowCollection 中,通过 DataTable 的 Rows 属性访问 DataRowCollection。比如,"ds.Tables["ShopUser"].Rows[1][2]"表示访问数据集 ds 中名为 ShopUser 的数据表的第二行第三列。

表 2.11 DataRowCollection 的常用属性

属　性	说　明
Count	DataTable 对象所包含的数据行数
Rows[行号]	按行号来引用 DataTable 中的数据行,行号是从 0 开始的

2. DataRow 对象

数据行 DataRow 是数据表中的一条记录。

表 2.12 DataRow 的常用属性

属　性	说　明
Row["字段名" | 列号]	获取或设置 DataRow 中指定字段的值

2.8　数据适配器 SqlDataAdapter

离线工作模式要借助存在于内存中的 DataSet 数据集,由于 DataSet 提供了一个离线的数据源,这样减轻了数据库以及网络的负担,在程序设计时应用程序可以将 DataSet 对象作为程序的数据源,但是 DataSet 中数据从哪来? 然后往哪去? 内存数据不是永久性的。

现在把 SQL Server 或 Access 等数据库比喻成工厂里的一个大仓库,DataSet 比喻成工厂车间的一个小的临时仓库,怎样把大仓库里的东西搬运填充到小仓库,再把小仓库中的东西运回大仓库,这就需要运输车在两者之间来回运送。这个运输车就相当于 ADO.NET 中的数据适配器 DataAdapter。如图 2.9 所示。

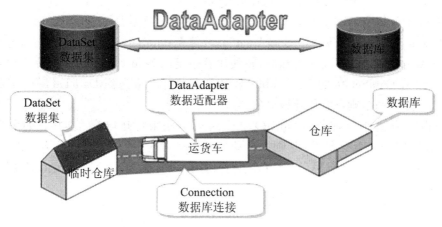

图 2.9　DataAdapter 功能示意图

SqlDataAdapter 对象利用 SqlConnection 对象连接数据库,使用 SqlCommand 对象指定的 Select 语句从数据库中检索出数据并送往数据集 DataSet(由 Fill()方法实现),之后,DataSet 便不再与数据库有连接,等到数据编辑后需要保存时才会再建立连接把 DataSet 中数据写回数据库永久保存(由 Update()方法实现)。如表 2.13、表 2.14 所示。

表 2.13 SqlDataAdapter 的常用属性

属 性	说 明
SelectCommand	从数据库中检索数据并填充到 DataSet 或 DataTable 中
InsertCommand	根据 DataTable 中增加的数据行,向数据库中插入新的数据
DeleteCommand	根据 DataTable 中删除的数据行,从数据库中删除数据
UpdateCommand	根据 DataTable 中更新的数据行,更新数据库中的数据

表 2.14 SqlDataAdapter 的常用方法

方 法	说 明
Fill( )	使用 DataAdapter 对象的 SelectCommand 从数据库提取数据填充或刷新 DataSet
Update( )	根据 DataSet 中的数据,用 DataAdapter 对象的 UpdateCommand、InsertCommand、DeleteCommand 来更新数据库中的数据

Fill()方法是把数据从数据源检索出来送到数据集,所以它实际上是执行 DataAdapter 对象的 SelectCommand 属性命令,而 Update()方法是把数据集的数据行写回数据库,包括增加、删除和更新操作,所以 DataAdapter 相应有三个属性命令,Update( )方法就是执行 InsertCommand、DeleteCommand 和 UpdateCommand 这三个属性命令。

定义 SqlDataAdapter 对象的语法格式有四种重载:

SqlDataAdapter 对象名 = new SqlDataAdapter( );
SqlDataAdapter 对象名 = new SqlDataAdapter(SqlCommand 对象);
SqlDataAdapter 对象名 = new SqlDataAdapter(SQL 命令文本,SqlConnection 对象);
SqlDataAdapter 对象名 = new SqlDataAdapter(SQL 命令文本,连接字符串);

数据适配器填充数据集 Fill( )方法有三种重载,格式如下:

dataAdapter1.Fill(dataTable);//直接填充表
dataAdapter1.Fill(dataSet1);//填充 dataSet1,填充后数据表用序号来引用
dataAdapter1.Fill(dataSet1,"ShopUser");//填充 dataSet1,填充后数据表名为 ShopUser

当 dataAdapter1 调用 Fill() 方法时,将使用其指定的 Select 语句从数据源中检索数据,然后将数据添加到 DataSet 中的 DataTable 对象中或者直接填充到 DataTable 的实例中,如果 DataTable 对象不存在,则自动创建该对象。

执行 Fill() 方法时,不需要用 Open()和 Close()方法来打开与关闭连接。如果调用 Fill() 方法之前与数据库的连接已经关闭,则将自动打开连接以检索数据,执行完毕后再自动将其关闭。如果调用 Fill()方法之前用 Open()方法打开连接,则执行 Fill()后连接将继续保持打开状态,必须用 Close()关闭连接。

2.9 应用3:用 SqlDataAdapter 和 DataSet 对顾客表进行离线数据访问

【例2.5】 利用 SqlDataAdapter 数据适配器,从 BookShopOnNet 数据库的 ShopUser 表中读取数据填充 DataSet,然后把 DataSet 中此数据表的内容以表格形式显示在网页中。

首先在站点中添加一个网页,在页面中添加一个名为"lblResult"的标签,然后在网页的 Page_Load 事件中编写代码如下:

```
protected void Page_Load(object sender, EventArgs e)
{
    string connstr = ConfigurationManager.ConnectionStrings["strConn"].ConnectionString;
    SqlConnection conn = new SqlConnection(connstr);
    DataSet ds = new DataSet();
    string sql="Select UserId,UserName,XingMing,Birthday,Address,Tel,Email,Nation From ShopUser";
    SqlDataAdapter sda = new SqlDataAdapter(sql, conn);
    sda.Fill(ds, "ShopUser");//用 Fill()方法填充 DataSet,数据表取名为 ShopUser
    DataTable dt = ds.Tables["ShopUser"];
    StringBuilder htmlStr = new StringBuilder();//StringBuilder 构造字符串效率高
    htmlStr.Append("<table border='1'>");//表格开始
    htmlStr.Append("<tr style='background-color=#f0f0f0'>");//表头开始
    for (int i = 0; i < dt.Columns.Count; i++)
    {   //构造表头
        htmlStr.Append(string.Format("<td><b>{0}</b></td>", dt.Columns[i].ColumnName));
    }
    htmlStr.Append("</tr>");//表头结束
    DataRowCollection drs = dt.Rows;//drs 指向 dt 的数据行集
    foreach (DataRow dr in drs)
    {
        htmlStr.Append("<tr>");//记录行开始
        for (int i = 0; i < dt.Columns.Count; i++) //遍历每一行的各列
        {   //构造记录行
            if(! dr.IsNull(i))    //判断第i列是否是空值
                htmlStr.Append(string.Format("<td>{0}</td>", dr[i]));
            else
                htmlStr.Append("<td> </td>");
        }
        htmlStr.Append("</tr>");//记录行结束
```

```
        }
        htmlStr.Append("</table>"); //表格结束
        this.lblResult.Text =htmlStr.ToString();
    }
```

运行结果如图 2.10 所示。实际应用中,可以直接在网页中添加一个 GridView 数据控件,SqlDataAdapter 提取数据填充 DataSet 后,直接把其中的数据表绑定到 GridView 控件上。

UserId	UserName	XingMing	Birthday	Address	Tel	Email	Nation
1	zxb	张小萍	1989-6-28 0:00:00	安徽合肥	12567890	zxb@126.com	汉族
2	lm	李明	1988-5-4 0:00:00	安徽安庆	12567890	lm@126.com	藏族
3	wb	王彬	1989-9-26 0:00:00	上海	12567890	wb@126.com	汉族
4	lql	李清林	1990-5-6 0:00:00	河南郑州	12567890	lql@126.com	满族
5	wy	王燕	1989-11-29 0:00:00	江西南昌	12567890	wy@126.com	壮族
6	cw	陈武	1987-7-21 0:00:00	安徽阜阳	12567890	cw@126.com	苗族
7	liuhua	刘华	1990-3-15 0:00:00	安徽六安	12567890	liuhua@126.com	回族
8	zheli	翟力	1989-6-11 0:00:00	浙江杭州	12567890	zheli@126.com	蒙族
9	liudaquan	刘大权	1989-6-1 0:00:00	江苏南京	12567890	aaa@126.com	汉族

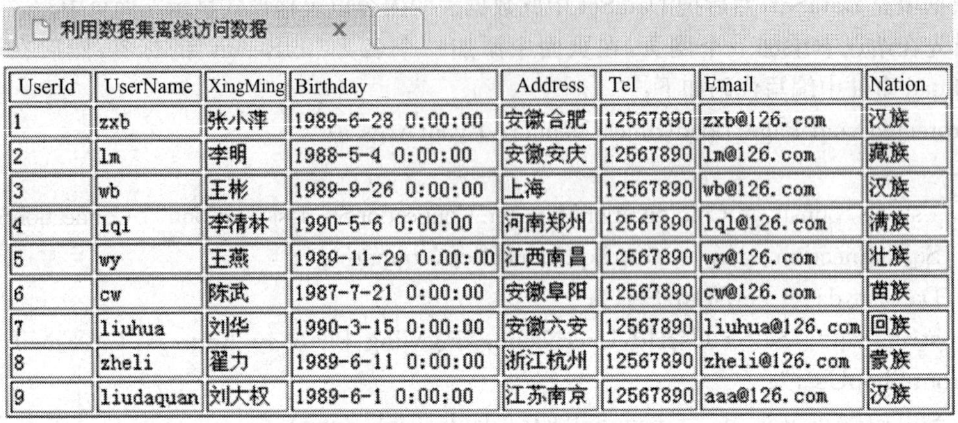

图 2.10 例 2.5 运行结果

2.10 应用 4:利用参数化 SQL 语句防范 SQL 注入式攻击

2.10.1 SQL 注入式攻击

在 ADO.NET 数据访问时,如果用字符串拼接方式构建 SQL 命令文本,虽然可以实现想要的效果,但这种方式是不安全的,会遭遇到"SQL 注入式攻击",下面举例说明。

【例 2.6】 设计如图 2.11 所示网页,在文本框中输入民族,在顾客表 ShopUser 中,查找此民族的人数,并显示在下方的标签中。此题中,如果正常输入民族,能够正确显示出人数,但稍加构造,可以出现窃取性甚至破坏性的 SQL 注入式攻击。

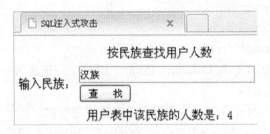

图 2.11 SQL 注入式攻击示例

"查找"按钮的单击事件为:

```
string connstr = ConfigurationManager.ConnectionStrings["strConn"].ConnectionString;
using (SqlConnection conn = new SqlConnection(connstr))
```

```
    {
        string sqltext = string.Format("Select count(1) From ShopUser Where Nation = '{0}'", txtSearch.Text);
        using (SqlCommand com = new SqlCommand(sqltext, conn))
        {
            conn.Open();
            int result = Convert.ToInt32(com.ExecuteScalar());
            lblResult.Text = result.ToString();
        }
    }
```

在文本框中输入正常的数据,没有任何问题,但如果文本框中输入如图2.12所示的内容:"汉族' OR '1' = '1 ",就可达到窃取信息的功能。因为这时构建出来的SQL命令的条件是:"Where Nation = '汉族' OR '1' = '1'",它不再是查出汉族人数,而是查出所有记录数。用这种方式可以获取密码等敏感数据。

图 2.12　窃取性 SQL 注入式攻击

如果文本框中输入如图2.13所示的内容:"汉族';delete from ShopUser ;-- ",就可达到删除信息的破坏功能。因为这时构建出来的SQL命令的条件变成为:"Where Nation = '汉族';delete from ShopUser ;-- ",其中分号表示两个SQL语句的分隔,两个SQL语句并列执行时用分号分隔开,最后的"--"表示把其后的字符注释掉,因为最后面还有一个单引号。命令执行后,ShopUser表中全部的记录都会被删除。

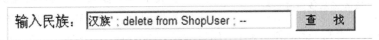

图 2.13　破坏性 SQL 注入式攻击

2.10.2　使用参数化 SQL 语句防止 SQL 注入式攻击

为了防止SQL注入式攻击,可以采用参数化SQL语句。ADO.NET用Parameter对象来表示SQL语句或存储过程中的参数,一个ADO.NET中参数的值只能对应一个SQL命令文本中参数的值,因此,在参数值中夹带任何SQL语句都是不起作用的。故以后对数据库访问时,不要用拼接字符串方式构建SQL命令文本,而应使用参数。

用参数化SQL语句改写例2.6中"查找"按钮的单击事件为:

```
string connstr = ConfigurationManager.ConnectionStrings["strConn"].ConnectionString;
using (SqlConnection conn = new SqlConnection(connstr))
{
    string sqltext = "Select count(1) From ShopUser Where Nation = @Nation";
    using (SqlCommand com = new SqlCommand(sqltext, conn))
```

```
    {
        com.Parameters.Add("@Nation", SqlDbType.NVarChar, 15);
        com.Parameters["@Nation"].Value = txtSearch.Text.Trim();
        //com.Parameters.AddWithValue("@Nation", txtSearch.Text.Trim());
        //此行与上两行等价,这时参数的类型和长度可自动检测出
        conn.Open();
        int result = Convert.ToInt32(com.ExecuteScalar());
        lblResult.Text = result.ToString();
    }
}
```

思 考 练 习

1. 什么是 ADO.NET 的在线工作模式和离线工作模式,各自有何特点? ADO.NET 中哪些是在线对象,哪些是离线对象?

2. 如何快速准确地产生连接字符串,连接字符串各字段的含义是什么? 请把它用"键/值"对方式存放在 Web.config 文件中,并创建一个页面,引用 Web.config 存放的连接字符串,对数据库进行连接,如果连接成功并已打开,显示"连接成功,连接状态为打开"。

3. 什么是 SQL 注入式攻击? 如何在编程时防范 SQL 注入式攻击?

4. 什么是事务处理? 如何采用基于连接的事务来实现事务处理功能并编程实现。

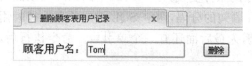

图 2.14 删除顾客信息表记录

5. 设计一个页面,效果如图 2.14 所示,在顾客用户名文本框中输入用户名,实现删除"ShopUser"表中相应记录,如果删除成功,弹出显示"记录删除成功!",否则弹出显示"记录删除失败!",如果在执行过程中出现异常,弹出显示"删除失败,原因:×××"。

6. 设计一个页面,效果如图 2.15 所示,在用户编号文本框中输入用户编号,单击"读取信息"按钮,把该用户的信息读取并显示到页面上相应的控件中,在控件中对用户信息进行修改后,点击"更新",存入数据库。要求读取信息时采用 SqlDataReader 访问数据。

7. 请设计一个查找图书的页面,在查找文本框中输入书名,实现按书名模糊查找图书,并利用 GridView 控件把书名、作者、价格、出版社等信息显示出来。要求用 SqlDataAdapter 数据适配器和 DataSet 数据集,离线方式操作。设计完成后,测试是否可以通过 SQL 注入式攻击删除某条记录,如何防止?

图 2.15 更新顾客信息

第 3 章　ASP.NET 常用对象

Web 应用程序设计与 Windows 桌面应用程序设计最大的差别就是客户端状态的维持与保存。HTTP 是一个无状态协议,当它接收到客户端数据后,即对数据进行处理,并把结果发送给客户端,同时在服务器端内存中删除接收到的客户端信息,当下次再接收到这个客户端同类型的数据时,并不知道曾经接收过这个客户端的信息。

Web 应用程序的无状态性与 Windows 应用程序的有状态性,可以做以下类比:

教师与学生第一次见面,教师不认识这个学生,不知道他的姓名,当教师认识这个学生后,下次见面,该教师已认识了这个学生,知道这个学生的姓名。

火车站服务员与顾客第一次见面,服务员不认识这个顾客,不知道他的姓名,当下次见面时,该服务员还不认识了这个顾客,不知道这个顾客的姓名,所以顾客要报上自己的名字。

产生以上现象的原因,是因为教师与学生之间范围小、数量少,而火车站服务员与顾客之间范围大、数量大,而记住状态是要消耗内存资源的。

在 ASP.NET 中,引入了很多内置对象,如 Page、Request、Response、Application、Session、Cookie、Server 等。这些对象不仅能够获取页面传递的参数,某些对象还可以保存用户的信息,如 Cookie、Session 等,这些对象无需用 new 创建,就可以直接使用。使用 Page、Request、Response、Application、Session、Cookie、Server 等对象,就可以在 Web 应用程序中克服 HTTP 无状态特性,进行状态维护。表 3.1 列出了常用对象。

3.1　ASP.NET 的常用对象

对 象 名	说　　明
Page	代表一个页面对象,在整个页面的执行期间,都可以使用该对象
Request	代表客户端发出的请求,通过它从客户端获取信息,此对象封装了由 Web 浏览器或其他客户端生成的 HTTP 请求的细节(参数、属性和数据)
Response	此对象封装了返回到 HTTP 客户端的输出,代表服务器对客户端的响应,通过它向客户端输出信息
Application	代表整个 Web 应用程序的整个运行过程,可以存储同一个应用程序中所有用户之间的共享信息
Session	代表一个用户访问网站的过程,可存储该用户信息
Cookie	用于在客户端保存用户信息,这些信息以 Cookie 形式保存在客户端磁盘上
Server	该对象提供了服务器端的一些属性和方法,如页面文件的绝对路径等

3.1 Page 对象

很多代码都通过 Page 对象与 ASP.NET 页面进行交互。Page 对象代表一个页面对象,在整个页面的执行期间,都可以使用该对象。

3.1.1 Page 对象的常用属性

表 3.2 列出了 Page 对象的常用属性。常使用 IsPostBack 属性来判断是首次加载还是回传请求,这个属性一定要深入理解,熟练应用,否则程序会出逻辑问题。

表 3.2 Page 对象的常用属性

属 性	说 明
IsPostBack	指示该页是为响应客户端请求,首次回发而加载,还是在页面中执行回传事件而再次回发而加载的
Controls	获取页面的 ControlCollection 控件集合,该对象表示 UI 层次结构中指定服务器控件的子控件
Request	客户端发出的请求,通过它从客户端获取信息
Response	封装了返回到客户端的输出,代表服务器对客户端的响应,通过它向客户端输出信息
IsValid	指示该页验证是否成功

当客户端请求一个页面时,服务器执行代码并把响应发到客户端显示,这是首次响应而加载,Page 的 IsPostBack 为"False";当用户在浏览器上的该页面中单击按钮等回传控件后,当前页面再次向服务器发送请求,服务器执行代码并再次把响应发到客户端并显示,这是回发后加载,Page 的 IsPostBack 为"True"。

也经常用 Page 对象的 IsValid 属性指示页面中对用户输入的数据验证是否成功,如果通过验证,请求才会发送到服务器,否则请求不会发送。

【例 3.1】 在网上书店程序中,我们需要输入用户名和密码进行登录,而当用户名为空时,不允许用户登录,并给出相应提示。进行验证时,Page 对象 IsValid 属性如果返回"True",则 lblOutput 控件的 Text 属性被设置为"页面验证通过!"。否则,它被设置为"不允许必要的字段为空!"。需要控件:二个文本框、一个按钮、一个自定义验证控件、一个标签。如图 3.1 所示为验证未通过的页面效果。

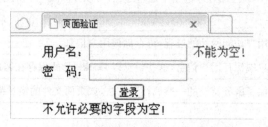

图 3.1 IsValid 返回"False"的效果图

"登录"按钮的 Click 事件代码如下：
```
protected void ValidateBtn_Click(Object Sender, EventArgs E) {
if (Page.IsValid == True)//判断页面验证是否有效
{
    lblOutput.Text = "页面验证通过！";
}
    else {
    lblOutput.Text = "不允许必要的字段为空！";
    }
}
```
CustomValidator1 验证控件的验证事件代码如下：
```
protected void CustomValidator1_ServerValidate(object source, ServerValidateEventArgs args)
{
    args.IsValid = (txtName.Text.Trim().Length > 0);
}
```

3.1.2 Page 的生命周期

ASP.NET 页面运行的时候将经历一个生命周期，整个生命周期中会进行一系列的操作，调用一系列的方法。了解 ASP.NET 页面的生命周期对于精确控制页面的控件呈现方式和行为非常重要。表 3.3 列举了 Page 类生命周期的几个阶段。

表 3.3　Page 类的生命周期

阶　　段	说　　明
页请求	页请求发生在页生命周期开始之前。用户请求页时，ASP.NET 将确定是否需要分析和编译页(从而开始页的生命周期)，或者是否可以在不运行页的情况下发送页的缓存版本进行响应
开始	在开始阶段，将设置页属性，如 Request 和 Response。在此阶段，页还将确定请求是回发请求还是新请求，并设置 IsPostBack 属性
页初始化	页初始化期间，可以使用页中的控件，并设置每个控件的 UniqueID 属性。此外，任何主题都将应用于页。如果当前请求是回发请求，则回发数据尚未加载，并且控件属性值尚未还原为视图状态中的值
加载	加载期间，如果当前请求是回发请求，则将使用从视图状态和控件状态恢复的信息加载控件属性
验证	在验证期间，将调用所有验证程序控件的 Validate 方法，此方法将设置各个验证程序控件和页的 IsValid 属性

对于每个阶段 Page 类又有相应事件对应，具体事件参见表 3.4。

表 3.4 Page 类生命周期对应事件列表

页 事 件	典型使用
Page_PreInit	在页初始化开始时发生
Page_Init	当服务器控件初始化时发生，初始化是控件生存期的第一步
Page_Load	当服务器控件加载到 Page 对象中时发生
Page_PreRender	在加载 Control 对象之后、呈现之前发生

【例 3.2】 网页上经常需要显示当前日期和时间，以提示用户当前的时间。页面刷新时，时间随即更新。我们添加一个页面，在页面上添加一个"累加"按钮，"累加"按钮的事件代码是给变量 n 自加 1，页面内有两个成员变量 datestring 和 n，n 的初值为"0"，页面的 Page_Load 事件及各按钮的单击事件代码如下：

```
string datestring;
int n = 0;
protected void Page_Load(object sender, EventArgs e)
{
    if (datestring == null)
        datestring = DateTime.Now.ToString();
        Response.Write("当前时间:" + datestring);
    if (! Page.IsPostBack)
    {
        Response.Write("第一次加载。");
        txtN.Text = n.ToString();
    }
    else
    {
        Response.Write("响应客户端回发而加载。");
        txtN.Text = n.ToString();
    }
}
```

"累加"按钮的单击事件代码如下：

```
protected void btnAdd_Click(object sender, EventArgs e)
{
    n++;
}
```

按照正常理解，第一次运行的时候 datestring 字符串为 null，应该显示当前时间，文本框中显示 n 的值，应该是"0"；单击"累加"按钮后，datestring 字符串不再为空，会依然输出刚才的时间字符串，文本框中显示 n 的值，应该是逐步增大的，但是结果却不是这样。

初次打开以及刷新时运行效果如图 3.2 所示，单击"累加"按钮后运行效果如图 3.3 所示。也就是当前时间是不断变化的，但文本框中始终显示"0"。

图 3.2　第一次打开时效果图　　　　　　图 3.3　点击按钮后效果图

这就证明了页面是无状态的,因为只有在生成页面新实例的情况下,datestring 字符串变量才为空,才会被重新设置值,也只有在生成新页面时,成员变量 n 才是初始值"0"。即使是页面回传,甚至刷新当前页,服务器都会重新生成一个当前页面的实例。每次服务器产生的页面实例,在发送到客户端后,就从服务器内存中清除,这就是无状态的本质,因为 Web 应用程序的客户端太多,都记住需要无穷的服务器端内存,这是不可能的。

刷新当前页以及响应客户端回发,都会重新生成一个当前页面的新实例,新实例与当前页的原实例是完全不同的两个实例对象,这就是无状态。就像火车站服务员一样,再次见到同一个人,他是没有印象的,因为接触的顾客太多,不可能记住的。

由此可见,每次打开一个页面和刷新一个页面效果都是一样的,只有响应客户端回发时,IsPostBack 属性才是"True"。

3.2　Request 对象

Request 对象是 HttpRequest 类的一个实例,Request 对象用于读取客户端在 Web 请求期间发送的 HTTP 值。利用 Request 可以读取客户端提交过来的数据。提交的数据有两种形式:一种是通过超级链接后面的参数提交过来,另一种是通过 Form 表单提交过来,这两种方式都可以利用 Request 对象读取。Request 对象常用的属性如下:

(1) QueryString:获取 HTTP 查询字符串变量的集合。
(2) Path:获取当前请求的虚拟路径。
(3) UserHostAddress:获取远程客户端 IP 主机的地址。
(4) Browser:获取有关正在请求的客户端的浏览器功能的信息。
(5) Cookies:设定或获取当前请求的 Cookie 集合。
(6) Url:获取当前请求完整的 URL。

1. QueryString:请求参数

QueryString 属性是用来获取 HTTP 查询字符串变量的集合,通过 QueryString 属性能够获取页面传递的参数。在超链接中,往往需要从一个页面跳转到另外一个页面,跳转的页面需要获取 HTTP 的值来进行相应的操作,例如显示图书信息页面"ShowBookDetail.aspx? BookId=28&type=2"。为了获取传递过来的 BookId 的值,则可以使用 Request 的 QueryString 属性,示例代码如下:

```
protected void Page_Load(object sender, EventArgs e)
{
    if (! String.IsNullOrEmpty(Request.QueryString["BookId "]))
    //如果传递的 ID 值不为空
```

```
            {
                Label1.Text = Request.QueryString["BookId"];//将传递的值赋予标签中
            }
            else
            {
                Label1.Text = "没有传递的值";
            }
            if(! String.IsNullOrEmpty(Request.QueryString["type"]))
            //如果传递的 type 值不为空
            {
                Label2.Text = Request.QueryString["type"];//获取传递的 type 值
            }
            else
            {
                Label2.Text = "没有传递的值";
            }
        }
```

使用 Request 的 QueryString 属性来接受传递的 HTTP 的值，当我们访问页面路径为"http://localhost:29867/ShowBookDetail.aspx"时无参数，而访问的页面路径为"http://localhost:29867/ShowBookDetail.aspx? BookId=1&type=2&action=get"时，从路径中看出该地址传递了三个参数，参数间用"&"分隔，这三个参数和值分别为"BookId=1"、"type=2"以及"action=get"。

2. Path：获取路径

通过使用 Path 的方法可以获取当前请求的虚拟路径。在应用程序开发中使用 Request.Path.ToString()时，就能够获取当前正在被请求的文件的虚拟路径的值，当需要对相应的文件进行操作时，可以使用 Request.Path 的信息进行操作。

3. UserHostAddress：获取客户端 IP 地址

通过使用 UserHostAddress 可以获取远程客户端主机的 IP 地址。在客户端主机 IP 地址统计和判断中，可以使用 Request.UserHostAddress 进行操作。在有些系统中，需要对来访的 IP 地址进行筛选，阻止外网访问等，这时也可以使用 Request.UserHostAddress 就能够轻松地实现。

4. Browser：获取浏览器信息

通过使用 Browser 可以判断正在浏览网站的客户端的浏览器的类型及版本等信息。

【例 3.3】 建立含有四个标签的 Web 页面，获取请求字符串中传递的参数值、请求端虚拟路径、客户端 IP 地址与浏览器信息以及被请求页面的完整的 URL，并显示在标签中，代码如下：

```
protected void Page_Load(object sender, EventArgs e)
{
    if(! IsPostBack)
    {
        lblIP.Text = Request.UserHostAddress;
        lblPath.Text = Request.Path;
```

```
        lblBrowse.Text = Request.Browser.Type;
        lblURL.Text = Request.Url.ToString();
    }
}
```
运行结果如图3.4所示。

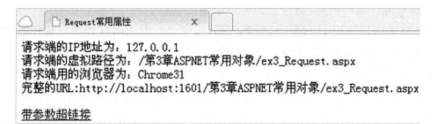

图3.4　Request对象常用属性

页面中,"带参数超链接"对应的HTML标记为:

〈a href="ex4_RequestWithPara.aspx?BookId=100&BookTypeId=2"〉带参数超链接〈/a〉

单击这个超链接后,跳转到ex4_RequestWithPara.aspx页面,运行效果如图3.5所示。

图3.5　通过URL中请求字符串传递参数

网面的Page_Load事件代码如下:

```
protected void Page_Load(object sender, EventArgs e)
{
    lblQueryString.Text = Request.QueryString.ToString();
    if(! string.IsNullOrEmpty(Request.QueryString["BookId"]))
    {
        lblBookId.Text = Request.QueryString["BookId"];
    }
    if(! string.IsNullOrEmpty(Request.QueryString["BookTypeId"]))
    {
        lblBookTypeId.Text = Request.QueryString["BookTypeId"];
    }
}
```

3.3 Response 对象

Response 对象是 HttpResponse 类的一个实例,此对象封装了返回到 HTTP 客户端的输出,代表服务器对客户端的响应,通过它向客户端输出信息。

Response 方法可以输出 HTML 流到客户端,其中包括发送信息到客户端和客户端 URL 重定向,不仅如此,Response 还可以设置 Cookie 的值以保存客户端信息。

1. Response 的常用属性

(1) Buffer:获取或设置一个值,该值指示是否缓冲输出,并在完成处理整个响应之后将其发送。

(2) Charset:设定或获取 HTTP 的输出字符编码。

(3) Cookies:设定或获取当前响应的 Cookie 集合。

2. Response 的常用方法

(1) Write():向客户端发送指定的 HTTP 流。

(2) BinaryWrite():向客户端发送二进制数据流。

(3) Redirect():客户端浏览器的 URL 地址重定向。

(4) End():停止页面的执行并输出相应的结果。

(5) Clear():清除页面缓冲区中的数据。

(6) Flush():将页面缓冲区中的数据立即显示。

在 Response 的常用方法中,Write()是最常用的方法,能够向客户端发送指定的 HTTP 流并呈现给客户端浏览器,如下面代码会向浏览器输出一串 HTML 流并被浏览器解析,呈现出特定效果。

Response.Write("<div style='font-size:18px;'>这是一串 ASP.NET 服务器端输出的HTML流</div>");

Redirect 方法通常用于页面跳转,代码"Response.Redirect("http://www.163.com");"执行时,将会跳转到相应的 URL。

【例 3.4】 设计一个网页,里面只含有两个按钮,按钮上文本分别为"跳转到网页 ex3"和"弹出消息框",编写页面 Page_Load 事件和两个按钮的单击事件,代码如下:

```
protected void Page_Load(object sender, EventArgs e)
{
    Response.Write("Hello World!");
    Response.Write("<h2>Hello World! </h2>");
    Response.Write("<p style='color:#0000ff'>Hello World! </p>");
    Response.Write("<div style='font-size:18px;'>这是一串 ASP.NET 服务器端输出的<span style='color:red'>HTML</span>流</div>");
}
protected void Button1_Click(object sender, EventArgs e)
{
    Response.Redirect("ex3_Request.aspx");
```

}
protected void Button2_Click(object sender，EventArgs e)
{
　　Response.Write("<script>alert('这是弹出的消息框！');</script>");
}

运行后，显示的网面效果如图 3.6 所示，单击"跳转到网页 ex3"，可以跳转到指定的页面，单击"弹出消息框"，弹出如图 3.6 右侧的消息框。

图 3.6　Response.Write()方法

Web 应用程序经常使用 Response.Write()这个方法，输出消息及弹出消息框。用 Response.Write()输出的信息，始终都是显示在页面的开始，即使在设计页面时，页面头部有其他控件占据位置。为了克服它始终输出显示在页面头部，不能控制输出位置，经常用 Literal 控件来代替，把被输出对象赋值给 Literal 控件。显示消息框，不用 Response.Write()也可以，直接把 JS 代码赋值给 Literal 控件即可。这是因为 Literal 控件在服务器端运行后，控件本身不产生任何 HTML 标记。

服务器对客户端的响应，ASP.NET 如果不指定字符集，默认的字符集为 UTF-8。另外，最常见的服务器响应类型 ContentType 为"Text/Html"，也是 Response 对象 ContentType 的默认值，表示以 HTML 形式传输数据。

3. Response 支持其他形式的 ContentType

（1）Image/Jpeg：响应对象是 Jpeg 图片。
（2）Text/Xml：相应对象是 Xml 文件。
（3）Text/JavaScript：响应对象是 JavaScript 脚本文件。

假如我们需要用 Jpeg 图片的格式响应客户端请求，则需要设置 ContentType 属性为"Image/Jpeg"，然后将图片内容输出到客户端，这样客户端就会看到 Jpeg 格式的图片而不是 HTML 文件，具体实例应用在网上购物系统后台登录页面的验证码部分有介绍。

3.4　Session 对象

Session 对象是 HttpSessionState 的一个实例，代表一个用户访问一个 Web 应用程序的过程，可存储供该用户在整个 Web 应用程序中使用的信息，不同用户进入 Web 应用程序后，产生不同的 Session 对象，特定用户的 Session 中保存的信息只能被本用户访问，其他用户不能访问。

当一个用户首次进入一个 Web 应用程序时，Web 应用程序就在服务端内存中创建一个 Session 对象，自动为其分配一个 SessionID，用以标识这个用户的唯一身份，对于不同的用户会话，SessionID 是唯一的、只读的。默认情况下，当此用户离开这个应用程序 20 分钟后，所对应 Session 对象被服务器端释放。

例如，用户 A 和用户 B，当用户 A 访问该 Web 应用程序时，应用程序可以为该用户创建一个 Session，与此同时用户 B 访问该 Web 应用程序，应用程序同样为用户 B 创建一个 Session。用户 A 无法存取用户 B 的 Session 值，用户 B 也无法存取用户 A 的 Session 值。但是 Session 对象变量终止于用户离线时，也就是说当网页使用者关闭浏览器或者网页使用者在页面进行的操作时间超过系统规定时间，Session 对象将会自动注销。

3.4.1 Session 对象的属性、方法与事件

1. Session 对象的常用属性

TimeOut：传回或设置 Session 对象的过期时间，如果在过期时间内没有任何客户端动作，则会自动注销其 Session 对象。如："Session.Timeout = 50;"这个代码设置 Session 过期时间为 50 分钟。一般不在代码中设置 Session 对象的过期时间，而是在 Web.config 文件中修改，这样后期容易控制。

注意：系统默认 Session 的过期时间为 20 分钟。

2. Session 对象常用的方法

（1）Add()：往 Session 对象中添加键/值对，但更常用："Session["变量名"]=变量值;"来添加键/值对，如"Session["UserName"]="admin";"。

（2）Remove()：从 Session 中以数据项名的方式移除一个数据项。

（3）Abandon()：结束当前会话并清除对话中的所有信息，即主动释放 Session 对象。

（4）Clear()：清空 Session 对象中保存的全部变量，但不释放 Session 对象。

3. Session 对象的常用事件

Session 对象常用的事件有 Session_OnStart()（开始一个新会话时引发）和 Session_OnEnd()（会话被放弃或过期时引发）。这两个事件是放在应用程序全局配置文件 Global.asax 文件中。

4. Session 对象的使用

Session 对象可以用于安全性较高的场合，例如后台登录。在登录成功后，管理员拥有一定的操作时间，如果管理员在这段时间不进行任何操作，为了保证安全性，后台将自动注销，如果管理员再次对后台进行操作，则需要重新登录。

【例 3.5】 设计如图 3.7(a)所示的简单用户登录页面，如果登录成功，则把用户名保存到 Session 对象中，以便其他页面中用到该用户名。登录成功后，跳转到如图 3.7(b)所示页面，把用户名显示在标签上；单击登录页面的"注销"按钮，可以把 Session 对象中保存的用户名信息注销，同时跳转到如图 3.7(c)所示页面，并显示尚未登录，Session 对象中保存的用户名信息不存在。这里假定用户名和密码分别为"abc"和"123"。

图 3.7(a)中，"登录"按钮的单击事件代码如下。

```
protected void btnLogin_Click(object sender, EventArgs e)
{
    if(this.txtUserName.Text.Trim().ToLower() == "abc" & this.txtPwd.Text.Trim() == "123")
```

```
            Session["UserName"] = this.txtUserName.Text.Trim();
            Response.Redirect("ex7_sessionLoginInfo.aspx");
        }
        else
        {
            Response.Write("<script>alert('输入用户名或密码错误！')</script>");
        }
    }
```

图 3.7　用户登录前后两个页面信息

图 3.7(a)中,"注销"按钮的单击事件代码如下。

```
protected void btnClear_Click(object sender, EventArgs e)
{
    Session.Remove("UserName");
    Response.Redirect("ex7_sessionLoginInfo.aspx");
}
```

在图 3.7(b)的 Page_Load 中,要判断的"Session["UserName"]"数据项是否已经存在,页面的 Page_Load 事件代码如下。

```
protected void Page_Load(object sender, EventArgs e)
{
    if (Session["UserName"] != null)
    {
        this.lblUserName.Text = "你已登录,用户名为:" + Session["UserName"].ToString();
    }
    else
    {
        this.lblUserName.Text = "你尚未登录,没有 Session['UserName']这个数据项";
```

}
}

当然,上面考虑问题是不完善的,完善的情形应当是,当用户没有登录时,会出现"登录"按钮,"注销"按钮隐藏;如果登录了,存在"Session["UserName"]"键/值对,则"登录"按钮被隐藏,只显示"注销"按钮。

完善上面情况很简单,只需要在图 3.7(a)所示登录页面的 Page_Load 事件中,添加如下代码即可。

```
protected void Page_Load(object sender, EventArgs e)
{
    if (Session["UserName"] == null)  //如果 Session["UserName"]不为空
    {
        btnLogin.Visible = True;       //显示登录控件
        btnClear.Visible = False;      //隐藏注销控件
    }
    else
    {
        btnLogin.Visible = False;
        btnClear.Visible = True;
    }
}
```

3.4.2 Session 对象过期时间的控制

默认情况下,ASP.NET 是假设用户 20 分钟不再请求页面,则认为他已经离开应用程序。但是在某些情况下,我们希望自己能修改这个默认的过期时间。

譬如用户经常在写邮件时,要花大量时间去写一封信,用户中间可能会休息一会再继续写,当休息时间超出 20 分钟,由于默认过期时间限制,可能导致之前未提交的邮件信息丢失,此时我们希望设置 Session 对象过期时间超过 20 分钟。增加会话过期时间唯一的坏处就是应用程序消耗服务器更多的内存,会话时间越长,消耗服务器的内存更多。

会话过期时间是在 Web.config 文件中修改,以下代码将会话过期时间修改成 60 分钟。

```
<? xml version="1.0"?>
<configuration>
  <system.Web>
    <sessionState timeout="60"/>
  </system.Web>
</configuration>
```

3.4.3 禁用 Cookie 情况下 Session 对象的使用

1. Cookie 情况下 Cookie 方式 Session 对象的使用

Session 可以采用 Cookie 和 Cookieless 两种方式传送,我们先介绍通常情况下使用 Cookie 方式的 Session 会话。

在客户端第一次请求一个 URL,服务器会给这个客户生成一个 SessionID,并以临时性会话 Cookie 方式发送到客户端。

浏览器再次请求这个 URL,浏览器会把会话性 Cookie 保存的这个 SessionID 回传到服务端,服务端根据 SessionID 来维持对应此客户的服务端的各种状态(就是 Session 中保存的各种值),用户就可以在 Web 应用程序中使用自己的 Session。每次请求都会导致服务端将此 SessioID 的过期时间延长一个设置的超时时间。

当服务端发现某个 SessionID 已经过期,即某客户已经在设置的超时时间内没有再次访问此站点,即将此 SessionID 连同跟此 SessionID 相关的所有 Session 变量删除

客户端的浏览器未关闭前,并不知道服务端已经将这个 SessionID 删除,客户端依旧发送含此 SessionID 的 Cookie 到服务端,此时服务端已经不认识此 SessionID 了,会将此用户当做一个新用户,再次分配一个新的 SessionID,开启新的会话。

2. 禁用 Cookie 情况下 Cookieless 方式 Session 对象的使用

通常情况下 Session 是依赖 Cookie 的。ASP.NET Framework 利用包含 SessionID 的 Cookie 来识别跨页面请求的用户,一旦用户在浏览器中禁用了 Cookie,Session 就不能工作了。

我们希望在 Cookie 被禁用的情况下 Session 依然能够工作,就应使用 Cookieless 方式的会话状态。Cookieless 方式是将 SessionID 放在 URL 中在客户端和服务端中来回传递,不需要用到 Cookie。当启用了无 Cookie 的会话状态时,用户的会话 ID(SessionID)就会添加到页面的 URL 中。以下就是一个无 Cookie 会话状态时的 URL:

http://localhost:2772/(X(1)S(nqyyonnddkq1k155qhomjjyz))/%e4%be%8b3-11.aspx?AspxAutoDetectCookieSupport=1

对比以前 URL:

http://localhost:2772/%e4%be%8b3-11.aspx

我们发现在无 Cookie 会话状态时的页面 URL 中有一些奇怪的字符,这些奇怪的字符"(nqyyonnddkq1k155qhomjjyz)"和 Session.SessionID 属性获得的值是一致的。

当浏览器不支持 Cookie 时,我们可以通过修改 Web.config 配置文件的 SessionState 元素,启动无 Cookie 会话。在 SessionState 元素中包含一个 Cookieless 属性,它的值有以下几种:

AutoDetect:当浏览器启用 Cookie 时,会话 ID 保存在 Cookie 中,否则,会话 ID 保存在 URL 中。

UseCookies:会话 ID 总是被保存在 Cookie 中(默认值)。

UseUrl:会话 ID 总是添加到 URL 中。

可以修改 Web.config 文件,添加 SessionState 元素如下:

〈? xml version="1.0"?〉
〈configuration〉
　〈system.Web〉
　　〈sessionState cookieless="AutoDetect" regenerateExpiredSessionId="True"/〉
　〈/system.Web〉
〈/configuration〉

可以使用 IE 之外的浏览器,譬如启动 Firefox 浏览器,禁止使用 Cookie,再访问页面,可以清晰看到有一串怪字符的 SessionID 在用户浏览器的 URL 中。

在目前这个配置文件中我们还添加了 regenerateExpiredSessionId 属性,并设置为"True",

其原因主要是防止用户意外地共享了相同 SessionID 的会话状态。这种情况通常发生在有人向某某论坛中发送了一个启用无 Cookie 会话状态的 URL，其中包含了会话 ID。如果有人在此会话过期的情况下点击了该链接，并且是很多人都去点击这个 URL 时，就发生了所有用户共享同一 SessionID 的会话，这会导致很严重的网站安全问题。这时，需要启用 regenerateExpiredSessionId 属性，即使无 Cookie 会话过期，有人请求该 URL，网站也会重新生成新的 SessionID，即使链接被发布到各大论坛或通过邮件发送给很多用户，每个用户点击此链接也会得到自己的会话，而不会共享同一个会话，从而避免出现安全问题。

3.5 Cookie 对象

Cookies、Session 和 Application 对象都是一种集合对象，都采用"键/值"对散列表方式存储数据。但 Cookies 和后两者最大的不同是将数据存放于客户端的磁盘上，而 Application 和 Session 对象是将数据存放于服务器端。

Cookie 是在 Web 服务器和浏览器之间传递的一小段文本信息，并且采用 base-64 编码方式保存信息，而不是直接保存明文信息。Cookie 最根本的用途是帮助网站把浏览者的信息保存在其本机的硬盘上，所以当用户上网以后，可以在其机器硬盘的缓冲区临时文件夹下找到一些 base-64 编码 Cookie 文本文件。

Cookie 有两种形式：会话性 Cookie 和永久性 Cookie。会话性 Cookie 是临时性的，只有浏览器打开时才存在，一旦会话结束或超时，这个 Cookie 就不存在了。永久性 Cookie 则是永久性地存储在用户的硬盘上，并在指定的日期之前一直可用。

3.5.1 Cookie 对象的属性与方法

1. Cookie 对象的常用属性

（1）Name：获取或设置 Cookie 的名称。
（2）Value：获取或设置 Cookie 的 Value。
（3）Expires：获取或设置 Cookie 的过期的日期和时间。

2. Cookie 对象的常用方法

（1）Add()：向 Cookies 集合中添加 Cookie 对象。
（2）Remove()：通过 Cookie 键名称或索引删除 Cookies 集合中某个 Cookie。
（3）Clear()：清除 Cookies 集合内的所有 Cookie。
（4）Get()：通过键名称或索引得到 Cookies 集合的 Cookie 对象。

3.5.2 Cookie 对象的创建、读取、生命期与删除

Cookie 在客户端和服务器端来回传输，它附着在请求流和响应流上，所以可以通过 Request 和 Response 对象的 Cookies 集合来访问它。

服务器使用 Response 对象的 Cookies 属性向客户端写入 Cookie 信息，再通过 Request 对象的 Cookies 属性来读取 Cookie 信息。

1. 创建 Cookie 对象

Cookies 对象的创建有两种方法：

(1) 在 Response 的 Cookies 对象中直接创建 Cookie,并设置其属性值,如:
Response.Cookies["cookiekey"].Value = "Cookie 值";
(2) 先创建 Cookie 对象,然后把它加入到 Response 的 Cookies 集合中,如:
HttpCookie Cookie = new HttpCookie("cookiekey","Cookie 值");
Cookie.Expires = DateTime.Now.AddDays(5);//通过 Expires 设置 Cookie 过期时间
Response.Cookies.Add(Cookie);

注意:Cookies 目录在 Windows 下是隐藏目录,并不能直接对 Cookies 文件夹进行访问,在该文件夹中可能存在多个 Cookie 文本文件,这是由于在一些网站中进行登录保存了 Cookies 的原因。

2. Cookie 对象的生命期

通过设置 Cookie 对象的 Expires 属性可以设置过期时间,超过过期时间自动释放。语法如下所示:
Response.Cookies[CookieName].Expires = DateTime 对象名;
"Response.Cookies["myCookie"].Expires = new DateTime(2013,1,1);"设置 Cookie 变量在 2013 年 1 月 1 日失效。

如果没有设置 Cookie 的过期时间,默认值为 30 分钟,这时的 Cookie 不会保存到用户的硬盘上,只存储于客户端的内存中,成为用户会话信息的一部分,关闭浏览器或会话超时这个 Cookie 即会消失,这种 Cookie 称作临时性的会话 Cookie。存放 SessionID 的 Cookie 就是这样的一种 Cookie,它不存放在硬盘上,只存在内存之中。一旦设定过期时间后,Cookie 就将在客户端机器的硬盘上以文件形式保存下来。

3. 读取 Cookie 对象

Cookie 中存储的数据是从 Request 的 Cookies 集合中读取的,格式为:
变量 = Request.Cookies["cookiekey"].Value;
如果希望把 Cookie 中键/值对的名、值、过期时间取出来,可以用下面代码实现:
HttpCookie getCookie = Request.Cookies["cookiekey "];//获取 Cookie
Response.Write("Cookie 的键名:" + getCookie..Name + "〈br/〉");
//显示 Cookie 键名
Response.Write("Cookie 的值:" + getCookie.Value + "〈br/〉");
//显示 Cookie 保存的值
Response.Write("Cookie 的过期时间:" + getCookie.Expires.ToString() + "〈br/〉");

4. Cookie 对象在登录页面中的应用

【例 3.6】 在一些网站或论坛中,经常使用到 Cookie,当用户成功登录网站后,Web 应用程序通过 Cookie 把用户信息保存起来。当用户再次登录时,可以直接获取客户端 Cookie 中保存的用户名,而无需用户再次输入,效果如图 3.8 所示。

"登录"按钮的单击事件代码为:
protected void btnLogin_Click(object sender, EventArgs e)
{
　if (this.ckbRemember.Checked)
　{
　　　HttpCookie userCookie = new HttpCookie("myUserName", this.txtUserName.

```
        Text);
        userCookie.Expires = DateTime.Now.AddDays(7); //设置 Cookie 过期时间
        Response.Cookies.Add(userCookie); //创建好 Cookie 后,加入响应流
    }
}
```

窗体的 Page_Load 事件代码为:

```
protected void Page_Load(object sender, EventArgs e)
{
    if (! IsPostBack)
    {
        if (Request.Cookies["myUserName"] != null) //有可能已过期释放,故要判断
        {
            this.txtUserName.Text = Request.Cookies["myUserName"].Value;
        }
    }
}
```

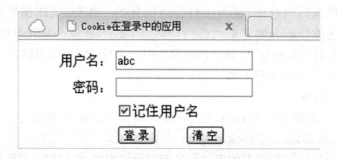

图 3.8 Cookie 对象在登录中的应用

利用 Cookie 实现用户登录时,限制尝试登录次数。有些网站,要限制用户尝试登录的次数,如果超过一定次数,仍然没有登录成功,则登录被禁用,一天后被解禁。利用 Cookie 就可统计用户尝试登录的次数。

先判断用户是否第一次登录站点,如果是第一次登录站点,"Cookies["lastVisitCounter"]"将为空。如果不是第一次登录站点,我们取出"Cookies["lastVisitCounter"]"的值。无论是否为空,我们都需要增加一次访问次数,并重新写到"Cookies["lastVisitCounter"]"中去。"登录"按钮的部分代码如下:

```
protected void btnLogin_Click(object sender, EventArgs e)
{
    int visitCount;
    if (Request.Cookies["lastVisitCounter"] == null)
        visitCount = 0;
    else
        visitCount = int.Parse(Request.Cookies["lastVisitCounter"].Value);
    visitCount++;
```

```
HttpCookie newCookie = new HttpCookie("lastVisitCounter");
newCookie.Value = visitCount.ToString();
newCookie.Expires = DateTime.Now.AddDays(1); //一天后该 Cookie 自动释放
Response.Cookies.Add(newCookie);
if (visitCount>5)
    btnLogin.Enabled = False; //超过 5 次仍未成功,禁用登录按钮
}
```

5. 删除 Cookies 集合内的 Cookie 对象

删除 Cookie 对象,可以用 Remove()方法通过 Cookie 键名称或索引删除 Cookies 集合中特定 Cookie 对象,或者用 Clear()方法清除 Cookies 集合内的所有 Cookie 对象。

除了上述删除 Cookie 对象的方法外,还有一种并不直观的方法,也可以删除 Cookie,即设置这个 Cookie 过期时间为一个过去的时间。比如,下面这行代码就是删除名称为"myCook"的 Cookie。

```
Response.Cookies["myCook"].Expires = DateTime.Now.AddDays(-1);
```

如何使用设置过期时间为过去时间的方式删除本站点下所有的 Cookie 呢?可以有两种方法实现。

第一种方式,通过 Cookies 对象的 Count 属性获取 Cookie 数量,通过索引来引用 Cookie,设置过期时间为过去的时间,代码如下:

```
for (i = 0; i <= Request.Cookies.Count - 1; i++)
{
    Response.Cookies[i].Expires = DateTime.Now.AddDays(-1);
    //Response.Cookies.Get(i).Expires = DateTime.Now.AddDays(-1);
    //与上一行等价
}
```

第二种方式,通过 Cookies 对象的 Allkeys 属性获取所有 Cookie 的名称集合,通过名称引用 Cookie,设置过期时间为过去的时间,代码如下:

```
string[] cookies = Request.Cookies.AllKeys;
foreach (string cookie in cookies)
{
    Response.Cookies[cookie].Expires = DateTime.Now.AddDays(-1);
}
```

通过遍历 Cookies 集合取得每一个 Cookie 元素,然后针对每一个 Cookie 元素进行过期设置。

3.5.3 Cookie 的局限性

Cookie 中只能保存字符串信息,并且一个 Cookie 中包含的信息量不能多于 4kB。复杂对象不能存储在 Cookie 中,如果想在 Cookie 中存储数值型数据,需要将其转换为字符串。

虽然 Cookie 在应用程序中非常有用,但应用程序不应只依赖 Cookie,不要使用 Cookie 存储密码等关键信息,因为永久 Cookie 中信息保存在硬盘上,有外泄的可能性,特别是网吧等公共场合。

3.5.4 多值 Cookie 的应用

由于 Cookie 使用规范的限制,对于单个域名站点,浏览器不能存储超过 20 个 Cookie。如何解决这个问题呢?可以通过创建多值 Cookie 来超越限制。

多值 Cookie 是一个包含子键的 Cookie,用户在使用时可以根据实际情况创建任意个数的子键。下例中学习多值 Cookie 的创建和读取。

【例 3.7】 创建如图 3.9 左侧所示页面,用来收集用户的个人信息,并保存到多值 Cookie 中,收集的信息包括姓名、年龄、爱好等。再创建如图 3.9 右侧所示页面,用来把保存到多值 Cookie 中的用户个人信息提取出来,显示到相应的标签中。

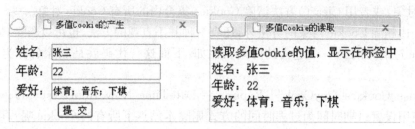

图 3.9 多值 Cookie 的产生和读取

左侧所示页面中"提交"按钮的单击事件代码如下:

```
protected void Button1_Click(object sender, EventArgs e)
{
    Response.Cookies["UserInfo"]["UserName"] = txtName.Text;
    Response.Cookies["UserInfo"]["Age"] = txtAge.Text;
    Response.Cookies["UserInfo"]["Like"] = txtLike.Text;
    Response.Cookies["UserInfo"].Expires = DateTime.MaxValue;   //永不过期
    Response.Redirect("ex8_MultiCookieRead.aspx");
}
```

右侧所示页面的 Page_Load 事件代码如下:

```
protected void Page_Load(object sender, EventArgs e)
{
    if (Request.Cookies["Info"] != null)
    {
        lblName.Text = Request.Cookies["UserInfo"]["UserName"].ToString();
        lblAge.Text = Request.Cookies["UserInfo"]["Age"].ToString();
        lblLike.Text = Request.Cookies["UserInfo"]["Like"].ToString();
    }
}
```

可以使用 HttpCookie.HasKey 属性来判断当前 Cookie 是一个普通的 Cookie 还是一个多值 Cookie。

3.6 应用1：网上购物系统后台登录页面设计

任何一个 Web 应用程序，都需要设计一个后台管理员登录页面，后台管理员登录页面的设计思路和方法一般都是相同的，仅在布局和美观方面有所变化。设计如图 3.10 所示页面，含有三个文本框和一个复选框，当登录成功后，把用户 ID 保存到 Session 对象中，以便于其他页面中用到管理员的 ID。

为了防止有黑客通过编程序，遍历用户名和密码尝试登录，引入验证码。验证码是随机生成的字符串，当提交一次登录信息时，验证码都会在服务器端重新生成并发送过来，不仅用户名和密码要输入正确，验证码也要输入正确，登录才会成功。所以引用验证码可以避免黑客程序遍历尝试性攻击登录系统。

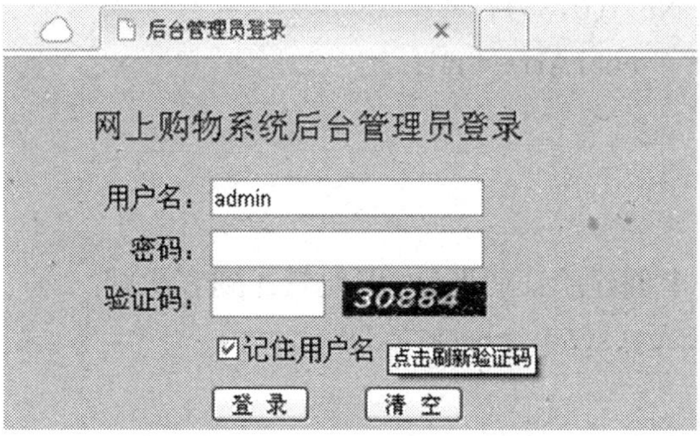

图 3.10 后台管理员登录页面

我们经常在网站会员注册、会员登录等地方，使用验证码功能，验证码是应用程序服务器端随机产生的由数字或字母组成的字符串，并经图形化处理后变成图片传到客户端显示出来，图形化处理的原因是因为字符串形式验证码在网上传输时可被窃取。

验证码具体的使用流程是：页面加载（或刷新页面），以及用户提交请求时，得到一张由验证码图形化的随机图片，并显示在登录页面上，这是以图片形式返回的 Response 数据流，所以将 Response 对象的 ContentType 属性设置为"Image/Jpeg"。

3.6.1 验证码的生成

在站点中，添加一个新页面文件，我们把它命名为"CheckCode.aspx"，这个文件就是服务器用来产生验证码的，把这个文件只保留下面这一行，其他全部删除。

〈%@ Page Language="C#" AutoEventWireup="True" CodeFile="CheckCode.aspx.cs" Inherits="CheckCode" %〉

打开后面文件，用"using System.Drawing;"导入画图命名空间。

```
protected void Page_Load(object sender, EventArgs e)
{
    string checkCode = GenerateCheckCode();//得到随机验证码
    Session["VerifyCode"] = checkCode;//保存到 Session,以便登录页面用到
    CreateImage(checkCode);//输出验证码图片
```

}

产生随机验证码字符串。
```
private string GenerateCheckCode()
{
    string strChar = "0,1,2,3,4,5,6,7,8,9,A,B,C,D,E,F,G,H,I,J,K,M,N,P,Q,R,S,T,U,W,X,Y,Z";
    string[] charArray = strChar.Split(',');
    int n;
    string checkCode = "";
    Random random = new Random();
    for (int i = 0; i < 5; i++)
    {
        n = random.Next(0,35);
        checkCode += charArray[n];
    }
    return checkCode;
}
```

利用随机验证码字符串创建验证码图片,以便发送到客户端。
```
private void CreateImage(string checkCode)
{
    int Gheight = (int)(checkCode.Length * 20);
    //Gheight 为图片宽度,根据字符长度自动更改图片宽度
    System.Drawing.Bitmap Img = new System.Drawing.Bitmap(Gheight, 20);
    Graphics g = Graphics.FromImage(Img);
    g.DrawString(checkCode, new System.Drawing.Font("Calibri", 12), new System.Drawing.SolidBrush(Color.Black), 5, 5);
    //在矩形内绘制字串(字串,字体,画笔颜色,左上 x,左上 y)
    System.IO.MemoryStream ms = new System.IO.MemoryStream();
    Img.Save(ms, System.Drawing.Imaging.ImageFormat.Png);
    Response.ClearContent();
    Response.ContentType = "Image/Jpeg";//指定返回形式为图片
    Response.BinaryWrite(ms.ToArray());//将二进制字符串写入 HTTP 输出流
    g.Dispose();//释放资源
    Img.Dispose();//释放资源
    Response.End();
}
```

3.6.2 "登录"按钮相关事件编程

页面的布局不再叙述,输入验证码的地方是一个文本框,其后显示验证码的是一个 Image 图片框控件,与此图片框控件对应的 HTML 标记如下:

〈asp:Image ID="CodeImg" runat="server" ImageUrl="CheckCode.aspx" style="width:89px;height:22px" OnClick="this.src=this.src+'?'" title="点击刷新验证码"/〉ImageUrl 表示图片数据来自 CheckCode.aspx,"OnClick="this.src=this.src+'?'""设置了通过 OnClick 事件点击刷新图片。

CheckCode.aspx 文件产生验证码并图形化,这里需要命名空间 System.Drawing。为了向客户端输出图片,必须设定 Response 对象的 ContentType 属性值为"Image/Jpeg"。

输入验证码提交后与服务器上原来生成的验证码进行对比,并用"Session["VerifyCode"] = CheckCode;"代码来保存。

登录页面的 Page_Load 事件代码如下,用来恢复用户名及上次复选框状态。

```
protected void Page_Load(object sender, EventArgs e)
{
    if (! IsPostBack)
    {
        if (Request.Cookies["myUName"] != null) //有可能已过期释放,故要判断
        {
            this.txtUser.Text = Request.Cookies["myUName"].Value;
        }
        if (Request.Cookies["myCheck"] != null) //根据上次复选框状态设置当前复选状态
        {
            this.ckbRem.Checked = Convert.ToBoolean(Request.Cookies["myCheck"].Value);
        }
    }
}
```

"登录"按钮的单击事件代码如下:

```
protected void btnLogin_Click(object sender, EventArgs e)
{
    if (this.txtUser.Text == "" || this.txtPwd.Text == "")
    {
        Response.Write("〈script〉alert('用户名和密码不能为空!')〈/script〉");
    }
    else
    {
        if (this.txtCheckCode.Text != Session["VerifyCode"].ToString())
        {
            Response.Write("〈script〉alert('验证码错误!')〈/script〉");
        }
        else
        {
            int result = UserLogin(this.txtUser.Text, this.txtPwd.Text);
```

```
//登录返回用户 ID
if (result > 0)
{
    Session.Add("manageUserId", result);
    if (this.ckbRem.Checked)
    {
        HttpCookie userCookie = new HttpCookie("myUName", this.txtUser.Text);
        userCookie.Expires = DateTime.Now.AddDays(10);
        //设置 Cookie 过期时间
        Response.Cookies.Add(userCookie); //创建好 Cookie 后,加入响应流
        HttpCookie checkedCookie = new HttpCookie("myCheck", "True");
        //记录复选框状态的 Cookie
        checkedCookie.Expires = DateTime.Now.AddDays(10);
        Response.Cookies.Add(checkedCookie);
    }
    Response.Write("<script>alert('登录成功!')</script>");
}
else
{
    Response.Write("<script>alert('用户名、密码错误,请重新输入!')</script>");
}
```

3.7 Application 对象

Application 对象代表整个 Web 应用程序的运行过程,存储在 Application 对象中的数据可以被这个应用程序的所有用户所共享。Application 对象是保存整个 Web 应用程序的全局变量,无论有多少浏览者同时访问网页,Application 对象都只有一个,对应着这个 Web 应用程序。Application 对象的生命周期起始于 Web 应用程序的运行开始,终止于 Web 应用程序运行终止或服务器关机。

与 Session 对象和 Cookies 对象一样,Application 对象也是以"键/值"对方式存储数据,存储的数据都是 Object 类型。

3.7.1 Application 对象的常用属性、方法与事件

1. Application 对象的常用属性

(1) AllKey:获取 HttpApplicationState 集合中的键名集合。

(2) Count：获取 HttpApplicationState 集合中的对象数量。

2. Application 对象的常用方法

(1) Add()：向 Application 对象新增一个成员。
(2) Clear()：清除 Application 对象全部的成员。
(3) Lock()：锁定 Application 对象以防多用户同时对它进行写操作时的并发冲突。
(4) UnLock()：解锁 Application 对象锁定。
(5) Remove()：使用名称移除 Application 对象的一个成员。
(6) RemoveAll()：移除 Application 对象的所有成员。

由于 Application 为访问应用程序的所有用户共享，所以在进行写操作时会存在并发冲突问题。为了防止并发冲突，在对 Application 中存储的数据进行修改时，要用 Application.Lock()先加锁，加锁后其他客户就不能更改数据了，修改完成再用 Application.Unlock()解锁。当然，读取操作不用加解锁。

3. Application 对象的常用事件

(1) Application_Start()：在 Web 应用程序启动，Application 对象被创建时触发。
(2) Application_End()：在 Web 应用程序结束时触发，这时 Application 对象也将被释放。
(3) BeginRequest()：在 Web 应用程序每一次被请求时都会发生，即客户每访问一次 ASP.NET 页面，就触发一次该事件，在这个事件中，可以编写日志。
(4) Application_EndRequest()：在 Web 应用程序每一次被请求时都会发生，即客户每访问一次 ASP.NET 页面时，就触发一次该事件，并且该事件将在页面代码被执行之后触发。
(5) Application_Error()：当 Web 应用程序中发生了错误，但是对这些错误并未使用错误处理机制进行处理时，将触发该事件。

这些事件都写在应用程序配置文件 Global.asax 中。

3.7.2 Application 对象的使用

Application 对象采用"名/值"对的方式来存储数据。

1. 保存数据对象到 Application 中

格式一：Application["关键字名称"]= 表达式；
格式二：Application.Add("关键字名称",表达式)；

2. 删除 Application 中数据对象

格式：Application.Remove("关键字名称")；

3. 引用 Application 中存储的数据对象

格式：Application["关键字名称"]；

除了通过使用关键字名称获取 Application 对象的值，还可以通过 Application 对象的 Get()方法能够获取 Application 对象的值，代码如下所示：

for (int i = 0; i < Application.Count; i++) //遍历 Application 对象
{
　　Response.Write(Application.Get(i).ToString()); //输出 Application 对象
}

3.8 Global.asax 文件

在 ASP.NET 中,还要用到服务器控件事件外的另一类事件——应用程序事件。在应用程序事件中,我们可以执行一些特别的处理任务。例如,使用应用程序事件,可以编写日志代码,每次接收一个页面请求时,无论请求的是哪个页面,编写日志代码的任务都将被运行。

在 Web 窗体的代码后置文件中,无法对应用程序事件进行处理,这就需要另一个重要的文件——Global.asax。

应用程序事件都是放在 Global.asax 文件中,通过右键网站,选择"添加新项"/"全局应用程序类",添加 Global.asax 文件。Global.asax 文件看上去与普通的".aspx"文件很类似,但是 Global.asax 文件中不能包含任何 HTML 标记或 ASP.NET 标记,实际上 Global.asax 文件中仅包含事件处理的方法。

每一个 ASP.NET 应用程序只能包含一个 Global.asax 文件。一旦在网站的目录中创建了 Global.asax 文件,ASP.NET 将自动识别并使用该文件。

3.9 应用 2:网上购物系统总访问量和在线人数统计

很多系统中,会在页面上显示出系统当前的在线访问人数,以及总访问量。在网上购物系统中,设计如图 3.11 所示的系统总访问量和在线人数统计界面,每当来一个用户访问网站时,在线人数加 1,总访问量加 1,一个用户离开网站时,在线人数减 1。同时要求,当服务器重启后,再次统计的总访问量是在重启前的总访问量基础上继续累加。

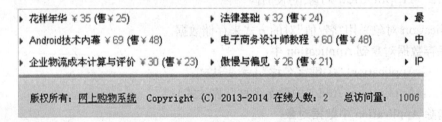

图 3.11 系统总访问量和在线人数统计

设计思路:因为要求服务器重启后,再次统计的总访问量是在重启前的总访问量基础上继续累加,所以应该把重启时的总访问量保存到数据库或文件中。否则,重启后原来的信息会丢失。为此,在数据库中设计了名为 VisitInfo 的数据库表,仅含一个名为 VisitCount 整型字段,记录也只有一条,初值为 0。

页面底部用来显示在线人数和总访问量的是两个标签,对应的 HTML 标记为:
〈div style="width:990px; height:58px; background-image:url(images/bottombg.jpg);"〉
  版权所有:〈a href="#"〉网上购物系统〈/a〉Copyright (C) 2013-2014
  在线人数:〈asp:Label ID="lblOnLine" runat="server" Text="Label"〉〈/asp:Label〉
  总访问量:〈asp:Label ID="lblCounter" runat="server" Text="Label"〉〈/asp:Label〉

</div>

在页面的 Page_Load 事件中，把保存在 Application 中的数据在相应标签中显示出来，对应的代码如下：

```
protected void Page_Load(object sender, EventArgs e)
{
    if (! Page.IsPostBack)
    {
        this.lblOnLine.Text = Application["OnLineCounter"].ToString();
        this.lblCounter.Text = Application["Counter"].ToString();
    }
}
```

Application 中的数据又从哪得来的呢？原来是在应用程序刚启动时，在 Application 对象中创建相应"名/值"对，赋给初始值，这个初始值，在线人数是 0，总访问量的初始值是到数据库中读取原来保存的总访问量的值，而不能简单赋为 0。在 Application_Start() 事件中完成相应操作，代码如下：

```
void Application_Start(object sender, EventArgs e)
{    // 在应用程序启动时运行的代码
    VisitInfoDAL visitInfoDAL = new VisitInfoDAL();
    //实例化访问 VisitInfo 表的类
    int Count = visitInfoDAL.GetVisitCount();
    //读取数据库中保存的原来的总访问量
    Application.Lock();    //锁定以防多用户同时写操作时并发冲突
    Application["Counter"] = Count;
    Application["OnLineCounter"] = 0;
    Application.UnLock();
}
```

当服务器重启或关机时，要把这时的总访问量写入数据库，以便下次启动应用程序时，读取这个访问量，实现总访问量的累加，相应的操作是在 Application_End() 事件中完成的，代码如下：

```
void Application_End(object sender, EventArgs e)
{    //  在应用程序关闭时运行的代码
    VisitInfoDAL VisitInfoDAL = new VisitInfoDAL();
    VisitInfoDAL.UpdateVisitInfo(Application["Counter"].ToString());
    //上行代码功能是在应用程序结束时把总访问量写入数据库
}
```

每当一个用户访问网站时，在线人数加 1，总访问量加 1，在 Session_Start() 事件中完成，代码如下：

```
void Session_Start(object sender, EventArgs e)
{    // 在新会话启动时运行的代码
    Application.Lock();
```

```
Application["Counter"] = (int)Application["Counter"] + 1;
Application["OnLineCounter"] = (int)Application["OnLineCounter"] + 1;
Application.UnLock();
}
```
当一个用户离开网站时,在线人数减1,总访问量不变,在 Session_End()事件中完成,代码如下:
```
void Session_End(object sender, EventArgs e)
{   // 在会话结束时运行的代码
    Application.Lock();
    Application["OnLineCounter"] = (int)Application["OnLineCounter"] - 1;
    Application.UnLock();
}
```
这里 VisitInfoDAL 是对表 VisitInfo 进行操作的数据访问类,它提供了两个方法。第一个方法的函数原型是:public int GetVisitCount(),其功能是读取 VisitInfo 数据库表中保存的总访问量。另一个方法的原型是:public void UpdateVisitInfo(int count),其功能是把当前的总访问量写入数据库表 VisitInfo 中。

3.10　Server 对象

Server 对象是用于获取服务器的相关信息的。它是 HttpServerUtility 的一个实例,该对象提供的属性和方法能对服务器的相关信息进行访问。

3.10.1　Server 对象的常用属性和方法

1. Server 对象的常用属性

(1) MachineName:获取远程服务器的名称。

(2) ScriptTimeout:获取和设置请求超时时长,单位为秒。

通过 Server 对象的 MachineName 属性能够获取远程服务器名称,通过 Server 对象的 ScriptTimeout 属性能够获取或设置脚本文件执行的最长时间,默认为 90 秒,代码如下:

Response.Write(Server.MachineName);//输出服务器的名称

Response.Write(Server.ScriptTimeout);//输出服务器代码最长时间

2. Server 对象的常用方法

(1) HtmlEncode():对要在浏览器中原样显示的 HTML 标记字符进行编码。

(2) HtmlDecode():对已被编码的 HTML 标记字符进行解码。

(3) MapPath():返回 Web 服务器上文件虚拟路径的物理路径。

(4) UrlEncode():编码字符串,以便通过 URL 传递特殊字符。

(5) UrlDecode():对编码后的字符串进行解码,该字符串是为了进行 HTTP 传输而进行编码并在 URL 中传递的。

3.10.2　Server 对象 HtmlEncode()方法和 HtmlDecode()方法的应用

在 Web 应用程序中,响应流中的 HTML 标记字符,是不会原样显示在页面上的,会被浏览器进行解析。比如,想在页面上原样显示"
",却显示为一个换行。但经常需要原样显示,这时可以使用 HtmlEncode()方法来编码其中的 HTML 标记字符串,将字符串中的 HTML 标记转换为字符实体。如将"<"转换为"<","〉"转换为">"。

HtmlDecode()方法与 HtmlEncode()方法相反,用来把转化后的字符串恢复原状,将字符串中的字符实体再转换为 HTML 标记。如将"<" 转换为"<",">"转换为">"。

【例 3.8】 使用 HtmlEncode()和 HtmlDecode()方法对字符串中 HTML 标记进行编码和解码,并用 Server 对象的 MapPath()方法,获取文件的物理路径。添加一个页面,设计时页面布局效果如图 3.12 所示,右边是四个标签。

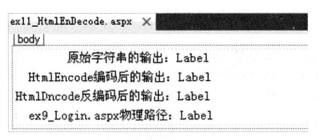

图 3.12　测试 HtmlEncode( )和 HtmlDecode( )时页面布局

页面的 Page_Load 事件代码如下:
protected void Page_Load(object sender, EventArgs e)
{
　　string oldString = "<p>这是<font color='red'>购物系统</font>! </p>";
　　string EncodedString = Server.HtmlEncode(oldString);　　//编码
　　string DecodedString = Server.HtmlDecode(EncodedString);//解码
　　Label1.Text = oldString;　　//原始字符串的输出效果
　　Label2.Text = EncodedString;//编码转换后的输出效果
　　Label3.Text = DecodedString;//反编码恢复后的输出效果
　　Label4.Text = Server.MapPath("ex1_PageIsValid.aspx");//映射文件物理路径
}
运行后效果如图 3.13 所示。

图 3.13　HtmlEncode( )和 HtmlDecode( )对 HTML 标记编码和解码

可以看出,没有进行编码前,响应流字符串中 HTML 标记字符串,会被浏览器按 HTML 规则进行解析,如果不想被解析,原样显示,必须用 HtmlEncode()方法进行编码。在 HtmlDecode()

方法进行解码后,相应的字符又会被转换回原始状态。

通过 Server 对象的 MapPath()方法,获取文件的物理路径,这就为 Web 应用程序中对文件进行管理提供了可能,因为对文件进行管理,必须知道文件的物理路径,而不是虚拟路径。

3.10.3　Server 对象 UrlEncode()方法和 UrlDecode()方法的应用

浏览器的 URL 地址栏中对页面的参数的传递不能够包括空格、换行等特殊符号,如果需要使用这些特殊符号,可以使用 UrlEncode()方法和 UrlDecode()方法对 URL 不能传递的特殊字符进行编码和解码,示例代码如下所示:

```
protected void Button1_Click(object sender, EventArgs e)
{
    string str = Server.UrlEncode("错误信息 \n 操作异常");
    //使用 UrlEncode()进行编码
    Response.Redirect("Server.aspx? str=" + str);//页面跳转
}
```

在 Page_Load 事件可以接收该字符串,示例代码如下所示:

```
if (Request.QueryString["str"] ! = "")
{
    Label3.Text=Server.UrlDecode(Request.QueryString["str"]);
    //使用 UrlDecode()进行解码
}
```

3.11　应用 3:简单聊天室设计

使用应用程序事件、Application 对象和 Session 对象制作简单聊天室,效果如图 3.14 所示。用户进入聊天室后进行聊天,输入昵称和聊天内容,单击"发送"后把信息发出,并在上方显示出聊天内容。为了及时看到所有用户的聊天内容,要求聊天内容每隔 5 秒刷新显示,单击"清除"可以清除之前的聊天内容。

因为页面上方要求每隔 5 秒刷新显示一次聊天内容,而下方不需要刷新。为简便起见,这里采用框架集 frameset,把页面划分成上下两个部分,上部载入显示聊天内容的 message.aspx 页面,下部载入聊天内容输入页面 say.aspx。当然,后面学习了 Ajax 异步技术,也可以不用框架集 frameset,而采用页面分块的方式实现相同效果。

采用框架集实现的简易聊天室,除了上述两个页面文件外,还要一个主框架集页面文件 index.htm,下面分别对这三个文件进行介绍:

1. 主框架集页面设计

主框架集页面 index.htm,是个静态页面,通过"rows=" * ,155px ""把页面分为上下两部分,下部的高度为 155px,剩余的全部留给上部。其 HTML 标记为:

〈html xmlns="http://www.w3.org/1999/xhtml"〉
〈head〉
　　〈title〉简易聊天室〈/title〉

```
</head>
<frameset rows="*,155px">
    <frame name="message" src="message.aspx">
    <frame name="say" src="say.aspx">
</frameset>
</html>
```

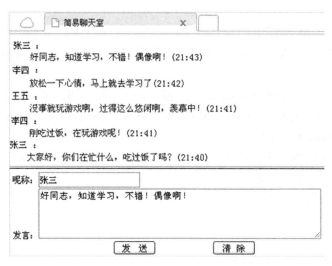

图 3.14 聊天室界面

2. 聊天内容显示页设计

message.aspx 页面用来显示聊天内容，要求每隔 5 秒刷新显示一次聊天内容，HTML 标记如下，其中"<meta http-equiv="refresh" content="5">"这一行的功能就是每 5 秒刷新一次页面。

```
<html xmlns="http://www.w3.org/1999/xhtml">
<head runat="server">
    <title>显示发言页面</title>
    <meta http-equiv="refresh" content="5">
</head>
<body style="font-size:13px;line-height:150%;">
    <form id="form1" runat="server">
    <div>
    </div>
    </form>
</body>
</html>
```

该页面只有一个 Page_Load 事件，就是显示聊天内容，代码如下。

```
protected void Page_Load(object sender, EventArgs e)
{
    Response.Write(Application["strChat"].ToString());
```

}

3. 聊天内容输入页设计

say.aspx 页面就是聊天内容输入页，这个页面有"昵称"和"发言"两个文本框和"发送"和"清除"两个按钮，其中"发言"文本框是多行文本框。

"发送"按钮的单击事件代码如下：

```
protected void btnSend_Click(object sender, EventArgs e)
{
    string strContent = "";
    if (this.txtName.Text.Trim() != "" && this.txtSay.Text.Trim() != "")
    {
        strContent = string.Format("{0} 说:<font color='blue'>{1}</font>({2})<br/>",
            txtName.Text, txtSay.Text, DateTime.Now.ToShortTimeString());
        Application.Lock();
        Application["strChat"] = strContent + Application["strChat"];
        Application.UnLock();
        txtSay.Text = "";
    }
}
```

"发送"按钮的单击事件代码如下：

```
protected void btnClear_Click(object sender, EventArgs e)
{
    Application["strChat"] = "";
}
```

最后，在 Global.asax 文件中，编写应用程序启动事件 Application_Start()，此事件就一行代码"Application.Add("strChat", "");"，它用来在 Application 对象中，创建键值为"strChat"的"名/值"对，并初始为空串，以便在后面的事件中使用。

```
void Application_Start(object sender, EventArgs e)
{
    //在应用程序启动时运行的代码
    Application.Add("strChat", "");
}
```

思 考 练 习

1. 什么是 Web 应用程序设计的无状态？为了克服 Web 应用程序设计的无状态，ASP.NET引用了哪几种对象？

2. 设计一个页面，在页面中添加一个按钮，编写页面的 Page_Load 事件，如果页面是第一次运行，则显示"这是当前页面的第一次加载"，如果是单击按钮触发的回传，显示"这是当前页面为响应客户端回发的加载"。

3. 设计一个页面,在页面的 Page_Load 事件中,判断访问当前页面的客户端 IP 地址前两字节是否为"192.168",若是,显示"欢迎光临",否则显示"你没有访问权限",同时程序执行结束。

4. 为网上购物系统设计后台用户登录页面,假定用户名和密码分别是"zhangshan"、"123456"。如果输入用户名、密码和验证码都正确,显示"登录成功"。如果验证码错误其他正确,显示"验证码输入错误"。如果验证码正确其他错误,显示"用户名或密码不正确"。单击验证码可以更新验证码。

第4章　网上购物系统三层架构框架搭建

在软件体系架构设计中,分层式结构是最常见,也是重要的一种结构。分层式结构一般分为三层,从下至上分别为数据访问层、业务逻辑层、表示层。

4.1　三层架构概述

与网络协议分层一样,软件设计也要进行分层,分层的目的是为了实现"高内聚、低耦合",采用"分而治之"的思想,把任务划分成子任务,逐个解决,以易于控制、易于延展、易于多个项目进行合作。所谓的三层架构就是将整个业务应用划分为表示层、业务逻辑层和数据访问层,由数据访问层去访问数据库,有利于系统的开发、维护、部署和扩展。

那么我们为什么要使用分层开发,它有什么独特的优势呢?对于简单的应用来说,没必要搞得那么复杂,可以不进行分层,但是对一个大型系统来说这样设计的缺陷就很严重了。面向对象的程序设计模式追求的是代码的通用性、可移植性、可维护性及功能扩展,分层开发的设计模式体现了面向对象的思想,如果在页面的后台代码中直接访问数据库,实际上是打着面向对象的幌子却依然走着面向过程的老路。

试想一下,我们用 Access 做后台开发的未分层程序,如果有一天因为数据量的增加、安全的需要等,数据库由 Access 变成了 SQL Server,怎么办?网页代码文件中的所有程序都要重新修改,整个系统需要重新来做,这都是设计不合理惹的祸。多层开发架构的出现有效地解决了这样的问题。

三层架构中,各个层之间的分工是很明确的。面向对象嘛,就像一个公司中的部门一样,每个部门的分工是不一样的,是哪个部门的任务就由哪个部门完成。对应的,各个部门的维护工作也是各自完成且不会影响其他的部门,至少影响不是很大,否则就只能说明分工还不合理。采用三层架构设计系统,各层高内聚、低耦合,通过有效的协作来完成系统的高效运行。由于三层架构系统将数据的访问操作完全限定在数据访问层内,如果数据库发生了改变,我们只需要修改数据访问层,其他的地方不用修改。

三层架构的优点:便于系统开发人员的分工与协作,使开发人员可以只关注整个系统中某一层的分析与设计;可以很容易地用新层的实现来替换原有层的实现;利于各层代码的复用;在后期维护的时候,极大地降低了维护成本和维护时间。

三层架构的缺点:降低了系统的运行性能,如果不采用分层式结构,页面对数据库的访问,通过一个类就可以实现,而通过三层架构,则需要创建多个类的配合才能完成。

三层架构中各层的功能如下:

(1) 表示层(UI):通俗讲就是展现给用户的界面,是用户在使用系统时的所见所得,表示层负责直接跟用户进行交互,用于数据录入、数据显示等。表示层意味着侧重于做与布局和外观显示方面的工作，以及客户端的验证和处理等，并针对用户的请求去调用业务逻辑层的功能。

（2）业务逻辑层（BLL）：针对表示层提交的请求，进行逻辑处理，如果需要访问数据库，就调用数据访问层的操作，对数据库进行操作。

（3）数据访问层（DAL）：专门跟后台数据库进行交互，直接操纵数据库，实现数据库记录的增加、删除、修改、查询等。与具体数据库系统相关的对象只在这一层被引用，如 System.Data、System.Data.SqlClient 等命名空间的对象，在数据访问层之外的地方都不应该出现对这些对象的引用。三层架构的框架模型如图 4.1 所示。

理想的分层式架构应该是一个支持可抽取、可替换的"抽屉"式架构。这个框架模型中，出现了一个自定义实体类，可以用自定义实体数据的形式在层与层之间以及层内模块间进行数据传输。实体类是现实世界中实体对象在计算机中的表示，一般来说，实体类只具有属性，不具有方法。

大多情况下，实体类和数据库中的表是对应的，实体类的属性和表的字段对应，但这并不是一个限制，也可以出现一个实体类对应多个表，或者交叉对应的情况。

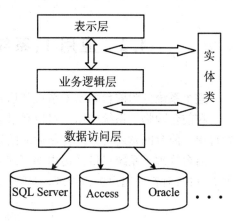

图 4.1　三层架构框架模型

虽然现在分层的设计开发中，一般都是用实体类对应数据库的表。但是有些专家意见是慎用，因为如果把数据展示在页面上的话，从数据库中读出的 DataSet 本身就是 XML 形式，数据展示也用 XML，如果用了实体类就多了一次不必要的转化，降低了效率。图 4.2 显示了实体对象在三层架构中传递数据的过程。

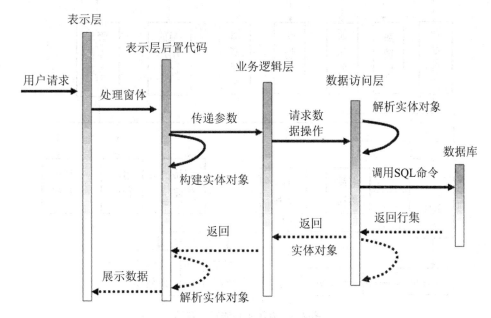

图 4.2　实体类在三层架构中的数据传递

分层的思想讲完了，在多人合作开发系统的过程中，就可以按层来划分任务，只要设计的时候把接口定义好,开发人员就可以同时开发,而且不会发生冲突。做前台的人不需要关心怎么实现到数据库中去查询、更新、删除和增加数据,他们只需要去调用相应的类就可以了。做数据访问层的人也不需要知道前台的事,定义好与其他层交互的接口,规定好参数就行,各个层都一样,做好自己的工作就可以了。这样系统的清晰性、可维护性和可扩展性都更好,测试和修改也比较方便。

本章将围绕网上购物系统的具体实例,以三层架构的方式,搭建其三层架构框,并完成实体类子层、数据访问层和业务逻辑层的设计。

4.2 应用1:系统需求分析和功能模块设计

整个系统分为前台购物子系统和后台管理子系统。

在前台购物子系统中用户可以登录、注册,浏览、搜索、购买商品,查看、修改购物车信息,查看订单。前台网站还可以进行新商品的宣传展示、热销商品的推荐等。

后台管理子系统只供公司内部管理人员使用,可以进行新商品上传,商品修改和调整,商品种类维护;对普通用户进行管理;对用户的订单、发货进行管理。系统工作流程如图4.3所示。

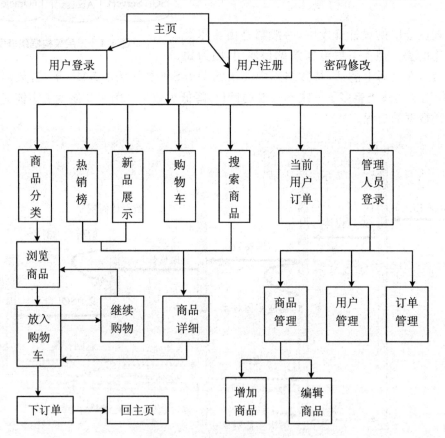

图 4.3 系统工作流程示意图

根据上面的系统需求分析,得到如图4.4所示的系统功能模块图。系统开发就可以按照功能模块图所示,构思系统表示层所需要的页面,以及各页面具有的功能,并指导数据库的设计,以及业务逻辑层和数据访问层中各个类的方法设计。

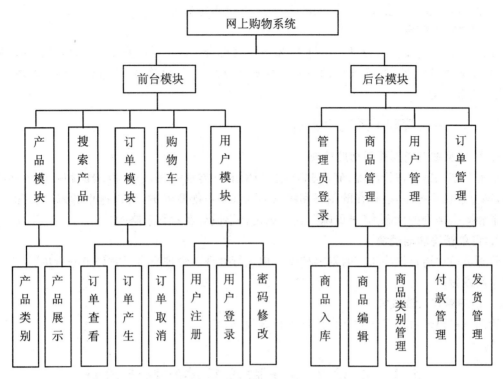

图 4.4 网上购物系统功能模块图

4.2.1 前台购物子系统功能模块

1. 图书类别功能模块

用户可以通过预先分类好的图书类别来浏览相关的图书以及图书的详细信息,从中发现自己感兴趣的图书。

2. 图书搜索功能模块

用户可以通过书名、作者、出版社、ISBN 等条件,利用搜索功能快速找到自己想要买的图书。

3. 图书展示功能模块

对图书商品进行详细展示,包含图书封面图片、简介等,若想购买,单击"加入购物车"即可。

4. 购书车功能模块

当用户找到自己想购买的书时,单击"加入购书车"图标,将图书加入到购物车中。在购物车页面中,可以修改商品数量、删除购物车中某图书商品甚至可以清空购物车继续购物。等到用户找到所有想买的图书之后,单击"结账",进入结账的网页。

5. 用户订单功能模块

浏览客户已下的所有订单,查看订单详情,取消尚未付款的订单,对未付款的订单进行付款,查看已发货的订单,其中所涉及的图书,要更新其销售量和库存量,以及是否有货的状态信息。

6. 结账功能模块

在购物车模块,当用户找到所有想买的图书之后,单击"结账",进入结账的网页。在结账页面,会显示订单的详细商品信息、订单金额、默认的收货地址及收货人等。这里可以更改收货地址和收货人,然后单击"提交订单",即产生订单,并进入付款页面。

7. 付款功能模块

在付款页面,付款金额自动传递过来,输入顾客的资金账户号以及支付密码,进行付款处理。付款时,要先判断顾客的资金账户的余额是否充足,然后进行付款,付款过程以事务处理方式进行,确保资金安全。

4.2.2 后台管理子系统功能模块

1. 图书及图书类别管理功能模块

负责对图书信息进行添加、修改和删除,利用图书类别管理,还可以增加和修改图书类别。注意,网上购物系统中,已存在的图书和图书类别都是不能删除的,所以这里的删除实际上是更改图书和图书类别的状态为"被删除",这一点是初学设计者容易忽略的。

2. 订单管理功能模块

管理员可以通过该模块实时对客户的订单进行处理。管理员可以对订单进行浏览、查询,管理订单的发货。

3. 用户管理功能模块

管理员可以通过该模块对客户信息进行查找、浏览。

4.3 应用2:网上购物系统数据库设计

4.3.1 数据库概念(E-R图)设计

结合系统的需要分析与功能模块设计,找出系统中的实体,进而找出各实体之间的联系,并把实体间冗余的联系去除掉,得到系统的E-R图。经过分析,得到系统的实体如图4.5所示。

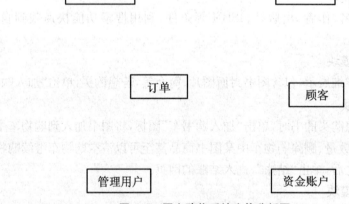

图 4.5 网上购物系统实体分析图

该实体图中省略了各个实体的属性描述。这些实体的属性如下,其中有下划线的属性为实体的主键。

顾客:{<u>用户名</u>、口令、Email、用户姓名、性别、电话、收货地址、电话、状态、……}

管理用户:{管理人员编号、用户名、口令、Email、姓名、电话、……}
商品类别:{图书类别编号、图书类别名……}
商品:{图书编号、图书类别、书名、作者、ISBN、出版社、出版日期、价格、折扣、销量、库存量、是否缺货、封面图片、目录、简介……}
订单:{订单号、用户编号、订单金额、下单日期、所处状态、付款日期、发货日期、收货日期、收货地址、收货人、电话……}

根据系统需要分析,并结合系统功能模块图,得出网上购物系统实体间的初步联系,对实体间的初步联系经过优化去掉冗余的联系,最后得到如图 4.6 所示的 E-R 图。

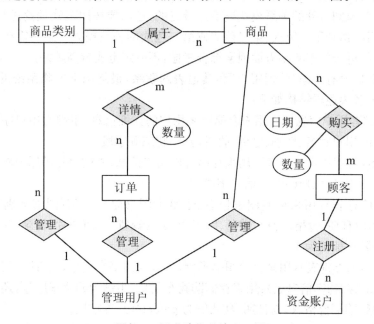

图 4.6　网上购物系统 E-R 图

该 E-R 图中省略了各个实体的属性。实体间的联系也是有属性的,这里标出了"购物车"和"订单详情"这两个联系的属性。

4.3.2　数据库逻辑结构设计

数据库逻辑结构设计的任务是将概念设计阶段的 E-R 图转换为关系模型逻辑结构的过程,也就是进行关系模式的设计。在转换过程中,要保证每个关系至少有一个码。在进行关系模式设计时,要遵循关系模式的指导理论,使各关系满足一定的规范,达到减少数据冗余、提高查询效率的目的,同时还要满足数据一致性、完整性的要求。

将 E-R 图转换为关系模式实际上就是要将实体和实体之间的联系转化为关系模式,这种转换一般遵循如下七条原则:

(1) 实体型转换为关系模式。实体的属性就是关系的属性,实体的键就是关系的键。

(2) m:n 联系转换为关系模式。与该联系相连的各实体的键以及联系本身的属性均转换为关系的属性,而关系的键为各实体键的组合。

(3) 1:n 联系可以转换为独立的关系模式,但多数是与 n 端对应的关系模式合并。

(4) 1:1 联系可以转换为一个独立的关系模式,但多数是与任意一端对应的关系模式合并。

（5）三个或三个以上实体间的多元联系转换为一个关系模式，与该多元联系相连的各实体的键以及联系本身的属性均转换为关系的属性，而关系的键为各实体键的组合。

（6）同一实体集内实体间的联系，即自身联系，也可按上述 1∶1、1∶n 和 m∶n 三种情况分别处理。如全国的各级行政区，就是实体集内部实体间的一对多联系。

（7）具有相同键的关系模式可合并，以减少系统中的关系个数。合并方法是将其中一个关系模式的全部属性加入到另一个关系模式中，然后去掉其中的同义属性（可能同名也可能不同名），并适当调整属性的次序。

按照上述七条原则得到的关系模式还不是最终的，还需要按照范式理论进行必要的关系模式的分解，最终得到达到第一范式、第二范式或第三范式的关系模式。最终需要达到第几范式，要结合数据库系统运行效率等多方面因素综合考虑，不一定范式越高越好。

本系统中，我们没有考虑"管理用户"和其他表的联系，最终网上购物系统的 E-R 图转变成为如下的七张表，各表逻辑结构如下：

ShopUser（顾客用户信息表）：用来存储顾客用户的详细信息，主键为用户序号，另外还有用户名、口令、Email、用户姓名、性别、电话、收货地址、状态等字段。

ManageUser（管理用户信息表）：用来存储管理用户信息，主键为管理用户序号，另外还有管理用户名、口令、用户姓名、Email、电话等字段。

Book（图书信息表）：用来存储图书信息、主键为图书序号，还有图书类别号、书名、作者、ISBN、出版社、出版日期、价格、折扣、销量、库存量、是否缺货、封面图片、目录、简介等，其中折扣和是否缺货字段默认值都为 1。

BookType（图书类别表）：用来存储图书类别，主键为图书类别号，还有图书类名称等字段。

ShoppingCart（购物车信息表）：用来存储购物车信息，主键为购物车序号，还有用户名、图书号、购买图书数量、购买价格、购物日期（默认值为 getdate()）等字段。

Orders（订单信息表）：用来存储订单信息，主键为订单序号，另外还有用户号、订单金额、下单日期、所处状态、付款日期、发货日期、收货日期、收货地址、收货人、电话等字段。

OrderDetails（订单详情表）：用来存储订单详细信息，主键为订单详情序号，还有订单号、图书号、购买数量、购买价格等。

PayAccount（资金账户表）：用来存储顾客资金账户信息，主键为账户序号，还有资金账户、支付密码、账户余额、所属顾客等。

上述表的结构只用文字说明了大致包含哪些字段，没有详细设计，在 SQL Server 2008 环境下，设计出的数据库表结构的详细情况如表 4.1～表 4.7 所示。

表 4.1 图书信息表（Book）结构

字段名	字段类型	宽度	主键/外键	允许空	含义	说明
BookId	int		主键	否	图书编号	标识列
BookTypeId	int		外键	否	图书类别号	
BookName	nvarchar	50		否	书名	
Author	nvarchar	50		是	作者	
ISBN	varchar	15		是	ISBN 号	

续表

字段名	字段类型	宽度	主键/外键	允许空	含义	说明
Publisher	nvarchar	50		否	出版社	
PublishDate	datetime			否	出版日期	
Price	decimal	(10,2)		否	价格	
Discount	decimal	(10,2)		否	折扣	默认值为1
Cover	varchar	100		是	封面	
Sales	int			否	销售量	默认值为0
Amount	int			否	库存量	默认值为0
Status	int			否	是否有货	1:正常;2:缺货;3:删除
Directory	text			是	书的目录	
Description	text			是	书的简介	

图书信息"是否删除",通过 Status 字段体现,其值为3表示逻辑删除。

表 4.2 图书类别表(BookType)结构

字段名	字段类型	宽度	主键/外键	允许空	含义	说明
BookTypeId	int		主键	否	图书类别号	
TypeName	nvarchar	50		否	图书类别名	

表 4.3 顾客用户信息表(ShopUser)结构

字段名	字段类型	宽度	主键/外键	允许空	含义	说明
UserId	int		主键	否	用户序号	是标识列
UserName	varchar	30		否	用户名	
Passwords	varchar	20		否	密码	
Email	varchar	30		是	电子邮箱	
XingMing	nvarchar	5		是	用户姓名	
Sex	bit	1		是	性别	默认值为1
Birthday	datetime			是	出生日期	
Tel	varchar	12		是	电话	
Address	nvarchar	50		是	收货地址	
Nation	nvarchar	15		是	民族	
Status	bit	1		是	状态	1:正常;2:删除

表 4.4 管理用户信息表(ManageUser)结构

字段名	字段类型	宽度	主键/外键	允许空	含义	说明
ManageUserId	int		主键	否	用户序号	是标识列
ManageUserName	varchar	30		否	用户名	
Passwords	varchar	20		否	密码	
Email	varchar	30		是	电子邮箱	
XingMing	nvarchar	5		是	姓名	
Tel	varchar	13		是	电话	

表 4.5 购物车信息表(ShoppingCart)结构

字段名	类型	宽度	主键/外键	允许空	含义	说明
ShopingCartRecordId	int		主键	否	购物序号	是标识列
ShopUserId	int		外键	否	用户序号	
BookId	int		外键	否	图书序号	
BuyPrice	decimal	(10,2)			购买价格	
Quantity	int			否	购买数量	
ShopingDate	datetime			否	购买日期	默认值为 getdate()

表 4.6 订单信息表(Orders)结构

字段名	字段类型	宽度	主键/外键	允许空	含义	说明
OrderId	int		主键	否	订单序号	是标识列
ShopUserId	int		外键	否	用户序号	
SumMoney	float			否	总金额	
OrderDate	datetime			否	下单日期	默认值为 getdate()
OrderStatus	int			否	状态	1:下单未付款;2:已付款;3:已发货;4:已收货;5:已取消
PaymentDate	datetime			是	付款日期	
DeliverGoodsDate	datetime			是	发货日期	
GetGoodsDate	datetime			是	收货日期	
AddressOfDeliverGoods	nvarchar	100		否	收货地址	
GetGoodsPersonName	nvarchar	5		否	收货人	
Tel	varchar	13		是	联系电话	

表 4.7 订单详情表(OrderDetail)结构

字段名	字段类型	宽 度	主键/外键	允许空	含 义	说 明
OrderDetailId	int		主键	否	订单详情序号	是标识列
OrderId	int		外键	否	订单号	
BookId	int		外键	否	图书序号	
Quantity	int			否	购买数量	
BuyPrice	decimal	(10, 2)		否	购买价格	

4.3.3 数据库参照完整性设计

关系完整性是为了保证数据库中数据的正确性和相容性,对关系模型提出的某些约束或规则。通常包括实体完整性、参照完整性和用户定义完整性,其中,实体完整性和参照完整性是关系模型必须满足的完整性约束条件。实体完整性是指关系的主关键字不能"重复"也不能取"空值"。

用户定义完整性是根据应用系统的实际需要,对某一具体应用所涉及的数据提出的约束性条件,约束了字段的取值范围、是否允许为空以及同一元组字段之间的关系,它保证了数据库字段取值的合理性。

用户定义完整性主要包括字段有效性约束和记录有效性。比如"发货日期"必须小于"收货日期","年龄"的取值在 0~150 等。

参照完整性定义了相互关联的关系之间的主键和外键引用的约束条件。对于两个关联关系 R 和 S,假设 S 中属性 F 是外键,则对于 S 中每个元组在 F 上的值要么为空值,要么等于 R 中某个元组的主码值。

正是由于参照完整性中,外键字段取值要么为空要么取对应主表中已存在的主键值,所以参照完整性的具体操作就是设计相互参照的主从表之间的插入记录规则、删除记录规则和更新记录规则。

对于相互关联的主从表,在更新、插入或删除记录时,如果只改其一不改其二,就会影响数据的完整性,造成异常。例如,修改父表中主键值后,子表外键值未做相应改变;删除父表的某记录后,子表的相应记录未被删除;对于子表插入的记录,父表中没有相应关键字值的记录。

在分析了网上购物系统中表之间的相互关系之后,在 SQL Server 2008 中,利用"数据库关系图",创建了表之间的参照完整性,定义了相互参照的主从表之间的插入记录规则、删除记录规则和更新记录规则,如图 4.7 所示。

4.4 应用 3:实体类子层设计

应用三层架构开发系统,必须采用多项目的解决方案,把表示层、业务逻辑层、数据访问层和实体子层分别构建为项目,包含于解决方案中。

在 VS 中,创建 Web 应用程序,可以采用创建 ASP.NET 网站方式,也可采用创建 ASP.NET 应用程序方式。构建多项目的解决方案,必须采用创建 ASP.NET 应用程序方式。

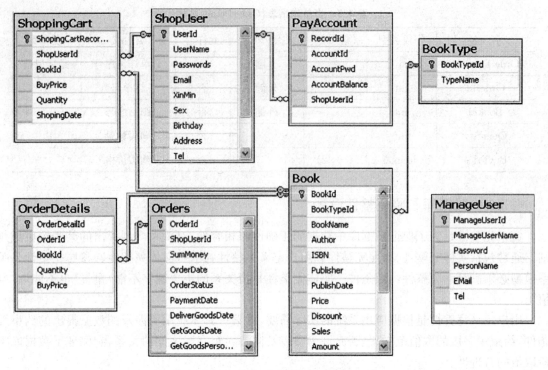

图 4.7 网上购物系统的参照完整性设计

下面来看看 ASP.NET 网站方式和 ASP.NET 应用程序方式的区别。ASP.NET 应用程序的解决方案,一般被拆分成多个项目,各项目单独编译,相互引用,方便开发、管理。ASP.NET 网站一般只含单个项目,这个项目就是网站。ASP.NET 网站适用于小型的网站开发,而 ASP.NET 应用程序适用大型的网站开发、维护等。

4.4.1 系统解决方案的项目构成

启动 VS,依次单击菜单"文件"/"新建"/"项目",弹出"新建项目"对话框,在"已安装的模板"下,单击展开"其他项目类型"折叠菜单,再单击"Visual Studio 解决方案",最后单击右边的"空白解决方案",选择好解决方案存放的路径,输入解决方案名"BookShopSystem",确定后就创建了一个空白解决方案。然后在这个空白解决方案中添加各层对应的项目或站点,一个多项目解决方案的应用程序就创建起来了。

4.4.2 实体类子层设计

实体类的设计比较简单,它一般与数据库中的表一一对应,针对每个表建一个实体类。那么,实体类含有哪些字段呢?实体类对应的数据库表的各字段就是实体类的字段及属性。

但数据库表的字段又分为普通字段和外键字段,普通字段直接作为实体类的成员变量,而外键字段,可以用两种方式作为实体类的数据成员,一种是把外键字段以简单数据的方式作为实体类的数据成员,另一种是把外键字段对应的实体类作为当前实体类的数据成员,即类的数据成员又是一个类。

比如,Book 表有一个 BookTypeId 字段,它是外键,对这个字段映射到类的成员,可以有如下两种写法:

```
public class BookModel
{
    private int _BookTypeId;
    public int BookTypeId
    {
        get { return _BookTypeId; }
        set { _BookTypeId = value; }
    }
}
```
或采用一个实体类的成员,其类型又是一个类:
```
public class BookModel
{
    private int _BookId;
    private string _BookName;
    private BookTypeModel _BookTypeModel = new BookTypeModel();
    //必须用 new 才能分配空间
    public int BookId  // 图书编号
    {
        get { return _BookId; }
        set { _BookId = value; }
    }
    public BookTypeModel BookTypeModel
    {
        get { return _ BookTypeModel; }
        set { _ BookTypeModel = value; }
    }
    public string BookName  // 图书名称
    {
        get { return _BookName; }
        set { _BookName = value; }
    }
    ……
}
```
具体设计时,表中外键字段,采用哪一种形式,完全根据需要。

以下介绍网上购物系统中实体类子层的设计。

1. 在解决方案中添加实体类项目的方法

右击解决方案名,单击"添加"/"新建项目",选择"类库",输入项目名"BookShopModel",添加实体类项目。

2. 序列化和反序列化

序列化和反序列化可能是我们经常会听到的概念,序列化就是把一个对象转换为数据流,反序列化就是利用这个数据流重新创建该类对象,还原之前的对象,这两个过程是互反的。这两个过程结合起来,可以轻松地使用对象和存储、传输数据。

那么为什么需要序列化？一个原因是将对象的状态数据保存起来,便于以后可以重新创建这个对象,而对象是不能保存的。另一个原因是将对象从一个应用程序域远程传送到另一个应用程序域中,而传输的形式只能是数据流,对象是不能传递的。

要实现对象的序列化,首先要标记该类可以序列化,可在类定义前面加上"[Serializable]"将类标识为可序列化的,当序列化程序试图序列化未标记的对象时将会出现异常。序列化只是将对象的属性进行有效的保存,对象的方法是无法实现序列化的。

3. 实体类设计示例

先看看图书信息表 Book 对应的实体类 BookModel 的设计,其代码如下,为了节省篇幅,只写了部分字段,省去很多同类字段。为了保持命名的一致性,私有成员变量名采用在数据库相应字段前面加下划线"_"。

由于其他项目需要使用这些类,所以在关键字"class"前添加"public",因为类的访问属性缺省值为"private",这样的类只能在当前项目中使用,其他项目不能被使用。

```csharp
[Serializable]
public class BookModel
{
    private int _BookId;
    private int _BookTypeId;
    private string _BookName;
    private DateTime _PublishDate;
    private Decimal _Price=0;
    public int BookId  // 图书编号
    {
        get { return _BookId; }
        set { _BookId = value; }
    }
    public int BookTypeId  // 图书类别
    {
        get { return _BookTypeId; }
        set { _BookTypeId = value; }
    }
    public string BookName  // 图书名称
    {
        get { return _BookName; }
        set { _BookName = value; }
    }
    public DateTime PublishDate  // 出版日期
    {
        get { return _PublishDate;
```

```csharp
        set { _PublishDate = value; }
    }
    public Decimal Price    // 价格
    {
        get { return _Price; }
        set { _Price = value; }
    }
    ……
}
```

这个类中，BookTypeId 这个外键字段是以简单数据类型 int 映射到类的成员。这是因为在网上购物系统中，绝大多数显示图片信息时，并没有显示图书类别名称，只是用图书类别号作为分类条件，少量需要显示图书类别名称时，直接根据图书类别号读取图书类别名称。

再看看针对订单详情表 OrderDetails 设计的对应的实体类。此表中有两个外键字段 OrderId 和 BookId，在页面中显示订单详情时，一般要显示订单中图书的详细信息。所以对外键字段 BookId，映射为实体类 OrderDetailsModel 的数据成员时，处理为类成员，而不是简单类型 int，而所属订单号 OrderId 字段主要用来进行筛选，根据它选择此订单的所有订单详情记录，所以对 OrderId 外键字段，映射为实体类 OrderDetailsModel 的数据成员时，处理为简单类型 int。

OrderDetailsModel 实体类定义代码如下：

```csharp
[Serializable]
public class OrderDetailsModel
{
    private int _OrderDetailId;
    private int _OrderId;
    private BookModel _oBookModel = new BookModel();
    private int _Quantity;
    private Decimal _BuyPrice;
    public int OrderDetailId    // 订单详情号
    {
        get { return _OrderDetailId; }
        set { _OrderDetailId = value; }
    }
    public int OrderId    // 所属订单号
    {
        get { return _OrderId; }
        set { _OrderId = value; }
    }
    public BookModel oBookModel    // 图书实体信息
    {
        get { return _oBookModel; }
        set { _oBookModel = value; }
```

```
        }
        public int Quantity      // 购买数量
        {
            set { _Quantity = value; }
            get { return _Quantity; }
        }
        public Decimal BuyPrice    // 购买价格
        {
            set { _BuyPrice = value; }
            get { return _BuyPrice; }
        }
    }
```
其他数据库表对应的实体类的定义，这里不再详述。

4.4.3 实体类设计练习

自己动手，创建 BookShopOnNet 解决方案，搭建其三层架构体系，然后添加名为 BookShopModel 的类库项目，参照 BookShopOnNet 数据库表结构，为各个表建立相应的实体类。要求在建实体类时，根据数据库表中字段的默认值设置情况，定义实体类，为类的成员设定相应的默认值。

另外，对购物车表 ShoppingCart 中外键字段 BookId，以及订单详情表 OrderDetails 中外键字段 BookId，在定义实体类时，把这两个外键字段对应定义的类成员变量的类型，并定义为 BookModel 类，其他的字段，定义为类成员变量时，都定义为简单数据类型。

4.5 应用4：数据访问层设计与实现

数据访问层是专门用来与后台数据库进行交互，直接操纵数据库，实现对数据库记录的增加、删除、修改、查询等操作。

在解决方案中添加数据访问类项目 BookShopDAL 的方法：

右击解决方案名，单击"添加"/"新建项目"，选择"类库"，输入项目名"BookShopDAL"，这样数据访问类项目就添加了。

接着还要添加对实体类项目 BookShopModel 的引用，才能使用实体类项目中定义的类。添加引用的步骤是：右击项目中"引用"/"添加引用"，打开"项目"选项卡，选中"BookShopModel"，确定即可，如图4.8所示。

4.5.1 公共数据访问类 SqlDBHelper 的构建

对数据库的访问，从数据库角度的抽象层次上看，只有增加、删除、修改和查询四种形态，所不同的，就是具体到针对的表，SQL 命令文本及命令中用到的参数不同罢了。

而从数据访问类的方法返回值的角度看，又是另外的几种数据访问形态，下面展开叙述如下。

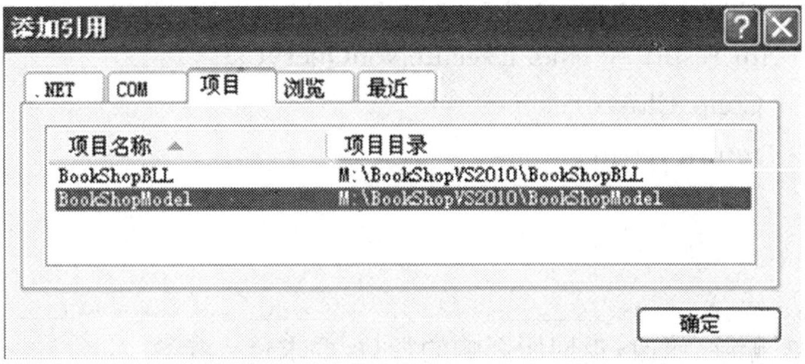

图 4.8 数据访问类项目对实体类的引用

从数据访问类的方法返回值的角度看,增加记录、删除记录、修改记录是一种类型操作,它们执行的结果都是影响的行数,如 SQL 命令删除三条记录,返回 3;SQL 命令修改五条记录,返回 5;如果没有删除记录,返回 0。如果考虑多表同时操作时,要么全做,要么不做,则又有基于事务处理的增加记录、删除记录、修改记录。

查询是另一种类型的操作,从数据访问类的方法返回值的角度看,它又细分为两种情况,一个是返回单个简单数据,一个是返回一个记录集。返回单个简单数据,如一个整数、一个字符串等,在面向对象程序设计来看,所有数据的基类都是 Object。返回一个记录集又可以以两种形态出现,一种是以读取器 SqlDataReader 方式返回,一种是以 DataTable 记录表方式返回。

所以从数据访问方法返回值的角度看,所有的数据库访问,都可归为五种方法形态,即:
(1)对记录进行增加、删除、修改,返回影响的记录数;
(2)基于事务处理,对记录进行增加、删内向、修改,返回影响的记录数;
(3)查询,返回单个简单数据;
(4)查询,返回 SqlDataReader;
(5)查询,返回 DataTable。

上述五种,根据 SQL 命令中有没有命令参数,又各自重载了两种方法。

通过在这些方法中代入不同的 SQL 命令及 SQL 命令所用的参数,就可以实现对不同数据库、不同表的各种操作。为了实现代码的复用,减少编程量,可以把这 10 种形态的数据访问方法,抽象到一个公共类中,这个类我们命名它为 SqlDBHelper,这里我们没有考虑用存储过程来操作数据库。

下面是数据访问公共类 SqlDBHelper 的代码,采用的是静态类,这样的类不用实例化就可使用。为了节省篇幅,方法的说明,改为"//"标记的注释说明,代码如下:

```
public static class SqlDBHelper
{
    private static string connStr = ConfigurationManager.ConnectionStrings["strConn"].ConnectionString;
    //执行增加、删除、修改,返回所影响的行数
    public static int ExecuteNonQueryCommand(string sqltext)
    {
        using (SqlConnection Conn = new SqlConnection(connStr))
        {
            Conn.Open();
```

```csharp
            using (SqlCommand cmd = new SqlCommand(sqltext, Conn))
            {   int result = cmd.ExecuteNonQuery();
                Conn.Close();
                return result;
            }
        }
    }
    //执行增加、删除、修改,返回所影响的行数,要求传入参数
    public static int ExecuteNonQueryCommand(string sqltext, params SqlParameter[] paras)
    {
        using (SqlConnection Conn = new SqlConnection(connStr))
        {   Conn.Open();
            using (SqlCommand cmd = new SqlCommand(sqltext, Conn))
            {   cmd.Parameters.AddRange(paras);
                int result = cmd.ExecuteNonQuery();
                Conn.Close();
                return result;
            }
        }
    }
    // 启用事务功能,执行增加、删除、修改,返回所影响的行数
    public static int TranExecuteNonQueryCommand(string sqlTexts)
    {
        int result = 0;
        SqlTransaction tran = null;
        SqlConnection Conn = new SqlConnection(connStr);
        try
        {   Conn.Open();
            tran = Conn.BeginTransaction(); //开始事务
            SqlCommand cmd = new SqlCommand(sqlTexts, Conn);
            cmd.Transaction = tran;
            result = cmd.ExecuteNonQuery();
            tran.Commit(); //提交事务
        }
        catch
        {   tran.Rollback();//回滚事务
        }
        finally
        {   Conn.Close();
```

        }
        return result;
}
// 启用事务功能,执行增加、删除、修改,返回所影响的行数,要求传入用到的参数
public static int TranExecuteNonQueryCommand(string sqlTexts, params SqlParameter[] paras)
{
    int result = 0;
    SqlTransaction tran = null;
    SqlConnection Conn = new SqlConnection(connStr);
    try
    {   Conn.Open();
        tran = Conn.BeginTransaction(); //开始事务
        SqlCommand cmd = new SqlCommand(sqlTexts, Conn);
        cmd.Parameters.AddRange(paras);
        cmd.Transaction = tran;
        result = cmd.ExecuteNonQuery();
        tran.Commit(); //提交事务
    }
    catch
    {   tran.Rollback();//回滚事务
    }
    finally
    {   Conn.Close();
    }
    return result;
}
// 执行查询操作,返回查询结果的第一行第一列
public static object ExecuteScalarCommand(string sqltext)
{
    using (SqlConnection Conn = new SqlConnection(connStr))
    {   Conn.Open();
        using (SqlCommand cmd = new SqlCommand(sqltext, Conn))
        {   object r = cmd.ExecuteScalar();
            Conn.Close();
            return r;
        }
    }
}
// 执行查询,返回查询结果的第一行第一列,要求传入命令中用到的参数

```csharp
public static object ExecuteScalarCommand(string sqltext, params SqlParameter[] paras)
{
    using (SqlConnection Conn = new SqlConnection(connStr))
    {   Conn.Open();
        using (SqlCommand cmd = new SqlCommand(sqltext, Conn))
        {   cmd.Parameters.AddRange(paras);
            object r = cmd.ExecuteScalar();
            Conn.Close();
            return r;
        }
    }
}
// 执行 SQL Select 命令,以 SqlDataReader 方式返回
public static SqlDataReader GetReader(string sqltext)
{
    SqlConnection Conn = new SqlConnection(connStr);
    using (SqlCommand cmd = new SqlCommand(sqltext, Conn))
    {   Conn.Open();
        SqlDataReader reader = cmd.ExecuteReader(CommandBehavior.CloseConnection);
        return reader;
    }
}
// 执行 Select 命令,以 SqlDataReader 返回,要求传入参数
public static SqlDataReader GetReader(string sqltext, params SqlParameter[] paras)
{
    SqlConnection Conn = new SqlConnection(connStr);
    using (SqlCommand cmd = new SqlCommand(sqltext, Conn))
    {   Conn.Open();
        cmd.Parameters.AddRange(paras);
        SqlDataReader reader = cmd.ExecuteReader(CommandBehavior.CloseConnection);
        return reader;
    }
}
//执行 SQL Select 命令,以 DataTable 离线方式返回
public static DataTable GetDataTable(string sqltext)
{
    using (SqlConnection Conn = new SqlConnection(connStr))
    {   Conn.Open();
```

```
            using (SqlCommand cmd = new SqlCommand(sqltext, Conn))
            {
                DataSet ds = new DataSet();
                SqlDataAdapter da = new SqlDataAdapter(cmd);
                da.Fill(ds);
                Conn.Close();
                return ds.Tables[0];
            }
        }
    }
    // 执行 SQL Select 命令,以 DataTable 离线方式返回
    public static DataTable GetDataTable(string sqltext, params SqlParameter[] paras)
    {
        using (SqlConnection Conn = new SqlConnection(connStr))
        {   Conn.Open();
            using (SqlCommand cmd = new SqlCommand(sqltext, Conn))
            {
                cmd.Parameters.AddRange(paras);
                DataSet ds = new DataSet();
                SqlDataAdapter da = new SqlDataAdapter(cmd);
                da.Fill(ds);
                Conn.Close();
                return ds.Tables[0];
            }
        }
    }
}
```

4.5.2 数据访问类设计示例

当数据访问公共类 SqlDBHelper 定义好以后,对各个数据库表写相应的数据访问类就简单了,这时的工作重点就是构建 SQL 命令文本或其参数,然后调用 SqlDBHelper 类中相应方法,把命令文本及参数代入并执行,将 SQL 命令返回结果进行处理,通过方法返回值的形式代回调用者。

对各个数据库表进行数据访问,一般有几个方法:添加记录、删除记录、修改记录、判断记录是否已存在、按主键值得到一条记录并把记录以实体类返回、按条件查询记录集并以 DataTable 或泛型数组方式返回。限于篇幅,仅以字段比较少的图书类别表为例,写出其部分代码如下:

```
public class BookTypeDAL
{
    // 增加图书类别
    public int BookType_Add(int BookTypeId, string TypeName)
    {
```

```csharp
try
{
    string sqlText = "Insert Into BookType(BookTypeId,TypeName) Values ( @BookTypeId, @TypeName)";
    SqlParameter[] paras = new SqlParameter[]
    {
        new SqlParameter("@BookTypeId", BookTypeId),
        new SqlParameter("@TypeName", TypeName)
    };
    return SqlDBHelper.ExecuteNonQueryCommand(sqlText,paras);
}
catch (SqlException ex)
{
    throw ex;
}
catch (Exception ex)
{
    throw ex;
}
}
//判断图书类别是否已存在
public bool BookType_IsExistByBookTypeName(string BookTypeName)
{
    try
    {
        string sqlText = "Select [BookTypeId] From BookType Where TypeName='"+BookTypeName+"'";
        object obj = SqlDBHelper.ExecuteScalarCommand(sqlText);
        if (obj != null)
            return True;
        else
            return False;
    }
    ……
}
// 按图书类别号获取图书类别详情
public BookTypeModel BookType_GetModelById(int BookTypeId)
{
    SqlDataReader reader = null;
    try
```

```csharp
    {
        string sqlText = "Select BookTypeId,TypeName From BookType Where BookTypeId="+BookTypeId.ToString();
        BookTypeModel oBookTypeModel = new BookTypeModel();
        reader = SqlDBHelper.GetReader(sqlText);
        if (reader.Read())
        {
            oBookTypeModel.BookTypeId = BookTypeId;
            oBookTypeModel.TypeName = reader["TypeName"].ToString();
            return oBookTypeModel;
        }
        else
        {
            return null;
        }
    }
    ……
    finally
    {
        reader.Close();
    }
}
// 获取所有图书类别信息
public List<BookTypeModel> BookType_GetList()
{
    try
    {
        List<BookTypeModel> list = new List<BookTypeModel>();
        string sqlText = string.Format("Select BookTypeId,TypeName From BookType");
        DataTable dt = SqlDBHelper.GetDataTable(sqlText);
        if (dt.Rows.Count > 0)
        {
            foreach (DataRow row in dt.Rows)
            {
                BookTypeModel oBookTypeModel = new BookTypeModel();
                oBookTypeModel.BookTypeId = Convert.ToInt32(row["BookTypeId"]);
                oBookTypeModel.TypeName = row["TypeName"].ToString();
                list.Add(oBookTypeModel);
            }
```

```
                return list;
            }
            else
                return null;
        }
        ......
    }
}
```

最后一个方法中,出现了"List〈T〉",其中 T 为一个实体类,这就是一个泛型。

C♯中提供了动态数组功能,最早出现的是 ArrayList 就是动态数组,可以存放各种类型对象,可以是各种简单类型变量,如 int、string 或其他类型,也可以是对象,所有的数据都隐式地转换成 Object 对象存放于 ArrayList 中,所以在存放时要经过装箱,读取时又要经过拆箱。装箱和拆箱影响系统的运行效率。

因为 ArrayList 中存放的任何类型都被转换为 Object,所以缺乏编译时的类型检查。如果有一种动态数组,在实例化这个动态数组之前就指定存储数据的数据类型,并且一个动态数组只能存放一种类型的对象,那么就不需要把存储数据转换为 Object,而且编译器可以同时检查存储数据的数据类型,这就是泛型或称泛型数组。

泛型数组的实例化的格式为:

List〈基类型〉list1 = new List〈基类型〉();

其中,基类型设定了泛型数组中能存储的对象类型,以后向这个泛型中添加数组,只能添加这种类型的对象,否则通不过。在泛型中写入数据和读出数据,就不需要进行数据的隐匿转换,也不需要进行装箱和拆箱了。

4.5.3 数据访问类设计练习

在 BookShopOnNet 解决方案中添加名为 BookShopDAL 的类库项目,建立数据访问层,结合系统需求分析和功能说明,为各个表建立相应的数据访问类。

对每个数据库表进行操作的数据访问类,至少都有五个方法,即:

一是增加记录的方法,二是按主键更新记录的方法。在这两个方法中,通过参数传入的数据比较多,并以实体类打包这些数据的方式传入。就像我们上街带东西很多时,就打包封装到袋子中,如果少,就直接拿在手中一样。三是按主键删除记录的方法。四是按主键获取某记录的详细信息,这些信息以实体类方式返回。五是按条件查询若干记录,这些记录以泛型数组方式返回,查询条件以参数方式传入方法中。

为了明确编程思路,每个数据访问类除了以上五个方法外,下面再给出各个数据访问类的其他方法的描述。

1. BookDAL 数据访问类的方法

(1) 按图书主键返回图书库存量。

(2) 启用事务功能,售出时更新图书销量与库存量,并根据库存量修改图书缺货状态。

(3) 按时间降序排序获取前 N 条最新图书列表信息。

(4) 按条件获取前 N 条图书列表信息(当条件为按折扣降序时,为 N 条特价商品)。

2. ManageUserDAL 数据访问类的方法

(1) 判断管理员用户名是否已存在,以免注册重复用户名。
(2) 更改管理员密码。
(3) 管理员登录,返回管理员编号。

3. OrdersDAL 数据访问类的方法

(1) 启用事务功能,根据购物车清单产生订单,写入订单表和订单详情表,同时删除购物车中购物清单。
(2) 根据订单号修改订单状态为已付款。
(3) 根据订单号修改订单状态为已发货。
(4) 根据订单号修改订单状态为已收货。
(5) 根据订单号撤消订单,即逻辑删除,只有状态是未付款(状态为"1")的订单才能撤消。
(6) 根据订单号获取订单的状态,返回值为整型。

4. OrderDetailsDAL 数据访问类的方法

(1) 根据订单号获取某订单的清单详情列表。
(2) 更改管理员密码。
(3) 管理员登录,返回管理员编号。

5. ShoppingCartDAL 数据访问类的方法

(1) 购物车添加购物记录,若购物车中已有此图书,只需修改数量,否则新增记录。
(2) 按购物车表记录号更新购物车中某商品数量。
(3) 按用户号清空某用户购物车。
(4) 按用户号计算购物车总金额。
(5) 启用事务功能,结账产生订单时更新图书销量、库存量和图书状态。
(6) 按用户号获取某用户购物车清单。

6. ShopUserDAL 数据访问类的方法

(1) 判断顾客用户名是否已存在,以免注册重复用户名。
(2) 更改顾客用户密码。
(3) 按用户编号逻辑删除顾客用户,即修改其状态为删除。
(4) 顾客用户登录,返回顾客用户编号。

4.6 应用 5:业务逻辑层设计

业务逻辑层位于表示层和数据访问层之间,它把表示层提交的对数据库的访问请求进行逻辑处理,然后调用数据访问层对数据库进行操作,当然在项目中也要添加对所涉及的数据访问类项目和实体类项目的引用。

下面仍以对图书类别表进行操作为例,对应的业务逻辑类的部分代码如下:

```
using BookShopModel;
using BookShopDAL;
public class BookTypeBLL
{
```

```
BookTypeDAL oBookTypeDAL = new BookTypeDAL();
// 增加图书类别
public int BookType_Add(int BookTypeId, string TypeName)
{
    return oBookTypeDAL.BookType_Add(BookTypeId,TypeName);
}
// 判断图书类别是否已存在
public bool BookType_IsExistByBookTypeName(string BookTypeName)
{
    return oBookTypeDAL.BookType_IsExistByBookTypeName(BookTypeName);
}
// 按图书类别号获取图书类别详情
public BookTypeModel BookType_GetModelById(int BookTypeId)
{
    return oBookTypeDAL.BookType_GetModelById(BookTypeId);
}
// 获取所有图书类别信息
public List<BookTypeModel> BookType_GetList()
{
    return oBookTypeDAL.BookType_GetList();
}
……
}
```

从以上类的定义可以看出，业务逻辑类仅是对数据访问类进行实例化并调用其相应的方法，如果都是原样功能调用，没有扩充功能的话，这一层完全可以拿掉，由表示层直接实例化数据访问类。少了这一层的话，功能没减少，而应用系统体量更少，运行更快，因为不用反复对类进行实例化，还节省了内存占用。

练习在 BookShopOnNet 解决方案中添加名为 BookShopBLL 的类库项目，建立业务逻辑层，针对相应的数据访问类，设计对应的业务逻辑类。

4.7　表示层设计

表示层就是展现给用户的 Web 界面。表示层负责直接跟用户进行交互，用于数据录入、数据显示等。表示层的职责有以下两点：一个是接受用户的输入及数据验证，另一个是向用户展现信息。

表示层是一个系统的"门脸"，不论我们的系统设计的多么优秀，代码多么规范高效，系统的可扩展性多么高，但是最终用户接触到的大多是表示层的东西。所以，表示层的优劣对用户最终评价至关重要。

一般来说，表示层的优劣有以下两个评价指标：一是美观，即外观设计漂亮，能给人美的感觉；二是易用，即具有良好的用户体验，用户用起来舒服、顺手。

表示层的实现技术也是多种多样的，可以采用 C/S 架构下的 Windows 窗体技术，也可以是 B/S 架构下的 Web 页面技术，而且在 Ajax 技术出现以后，还可以采用同步模型的 B/S 架构实现和异步模型的 B/S 架构实现。

表示层侧重于外观界面设计，并通过调用业务逻辑层的代码实现对数据库的访问。表示层要具有调用业务逻辑层的功能，并且层间传输数据经常以实体类对象的方式进行，所以也要添加对业务逻辑层项目和实体类项目的引用。

表示层站点的添加。在解决方案中添加一个 Web 站点，比如，添加名为"WebSite"的站点项目，操作方法：右击解决方案名，选"添加"/"新建网站"，选择"ASP.NET 空网站"，选择站点存放路径后确定即可。

站点添加后，添加对 BookShopModel 和 BookShopBLL 项目的引用。

站点项目添加后，在其中添加网页，对网页进行界面布局和美化，添加控件，并编写事件代码，调用底层提供的功能，表示层的设计在后面的章节中详细展开。

思 考 练 习

1. 简述什么是三层架构，各层的主要功能是什么？采用三层架构开发系统，优点有哪些？

2. 在三层架构中，为了实现代码的复用，通常设计对数据库的公共访问类 SqlDBHelper，请总结对数据库访问的不同形态及方法的重载方式，设计实现公共访问类 SqlDBHelper。

3. 采用三层架构方式搭建网上购物系统，添加实体类项目、数据访问类项目、业务逻辑类项目。结合 4.2 节的系统功能模块以及 4.3 节的数据库设计，针对 BookShopOnNet 数据库中的七个数据库表，添加相应的实体类、数据访问类和业务访问类，编写相应类的方法，具体要求见实体类及数据访问类设计练习中的详细叙述。

第 5 章　网上购物系统表示层框架搭建

Web 标准在网站设计中越来越获认可,众多的网站开始贴上"符合 Web 标准"的字样。随着 Web 表现层技术的发展,网站视觉效果和用户体验越来越被重视,网站的风格变化和网站的布局设计在网站设计中的地位也逐渐提高。然而,网站复杂样式变换却给设计者带来大量繁重的工作,ASP.NET 采用基于 CSS+DIV 的页面布局、用户控件和模板页等方式,增强网页布局和界面优化的功能,设计者可轻松地实现对网站开发中界面的控制。

5.1　CSS 样式及 DIV 布局

在网页布局中,CSS 经常被用于页面样式布局和样式控制。熟练地使用 CSS 能够让网页布局更加方便,页面维护时,也能够减少工作量。

通常 CSS 能够支持三种定义方式:一是直接将样式控制放置于单个 HTML 元素内,称为内联式;二是在网页的 head 部分定义样式,称为嵌入式;三是以扩展名为".css"文件保存样式,称为外联式。

(1) 内联式:直接使用 HTML 元素的 style 属性,指定要使用的样式,使用简单但不灵活。

(2) 嵌入式:在 HTML 文档"〈head〉〈/head〉"部分中,使用"style"标签,定义要使用的样式,并将其应用于特定的标记元素。比内联方式稍复杂,但使用较为灵活。

(3) 外联式:在单独的".css"文件中定义所需的样式,在要使用的 HTML 文档中,引用该 CSS 文件,即可在 HTML 文档中使用已定义的 CSS 样式,使用最为灵活。

这三种样式适用于不同的场合,内联式适用于对单个标签进行样式控制,好处在于开发方便,而在维护时,就需要针对每个页面进行修改,很不方便;嵌入式可以控制一个网页的多个样式,当需要对网页样式进行修改时,只需要修改"head"标签中的"style"标签即可,不过这样仍然没有让布局代码和页面代码完全分离;外联式能够将布局代码和页面代码相分离,在维护过程中,能够减少工作量。

通过 CSS 可以为网站提供范围广泛的各种样式的属性。比如,CSS 可以定义边框、字体、颜色、添加边距或空白间距等。

5.1.1　CSS 基础

学习 CSS 的语法,需要理解三个关键字,即 CSS 选择器、CSS 属性、CSS 属性值。
每一条 CSS 样式定义由两部分组成,形式如下:
p｛
　　font-size:12px;
　　background:#900;

color:090;
}

在"{}"之前的"p"就是选择器,选择器指明了"{}"中的样式的作用对象。在样式部分是用"属性名:属性值"形式设定样式的,这里的"font-size"就是属性名,"12px"就是属性值。

按照选择器作用的范围,CSS 选择器又分为标签选择器、类选择器、ID 选择器、包含选择器、群组选择器。

标签选择器:一个 HTML 页面有各种不同的标签元素,标签选择器的作用范围就是相应标签元素对象,标签选择器的名称就是 HTML 元素的标记名,如上面的"p",就是标签选择器,通过上面代码,页面的段落"〈p〉〈/p〉"的格式就按上面设定的格式显示。

类选择器:是为具有 class 属性的元素指定的样式,由于很多元素可以具有相同的 class 属性,所以类选择器可以为同一类的元素指定样式,类选择器名称前有"."点号作为标识。

ID 选择器:是为特定 ID 的 HTML 元素指定特定的样式,根据元素 ID 来选择元素,具有唯一性,因为同一 ID 在同一页面中只能出现一次,ID 选择器名称前有"#"作为标识。如:

#demoDiv{ color:#FF0000; }

包含选择器:包含选择器的名称是由几个选择器名称合在一起构成的,各选择器名称之间用空格分隔。如"div p{font-size:12px}",它就是包含选择器,该样式实现的效果是所有位于"div"元素内部的"p"元素,其文本字体大小为 12 像素,而不在"div"内部的"p"元素的样式不受它影响。

群组选择器:当几个元素样式属性相同时,可以共同声明样式,相当于数学上的合并同类项,群组选择器中各选择器名称之间用逗号分隔。如:

p, td, li { line-height:20px;   color:#c00; }

只有嵌入式样式和外联式样式,才有样式的选择器这一说法。内联样式的属性及值是直接位于 style 属性内部,不存在选择器这一说法,每个内联样式只对当前 HTML 元素起作用。

CSS 能够通过编写样式控制代码来进行页面布局,在编写相应的 HTML 标签时,可以通过 style 属性进行 CSS 样式控制,示例代码如下所示。

〈body〉
    〈div style="font-size:14px;"〉这是一段文字〈/div〉
〈/body〉

上述代码使用内联式进行样式控制,并将属性设置为"font-size:14px",其意义就在于定义文字的大小为 14px;同样,如果需要定义多个属性时,可以同写在一个 style 属性中。

【例 5.1】 采用不同的样式设置几段文字。示例代码如下所示。

〈body〉
    〈div style="font-size:14px;"〉这是一段文字 1〈/div〉
    〈div style="font-size:14px; font-weight:bolder"〉这是一段文字 2〈/div〉
    〈div style="font-size:14px; font-style:italic"〉这是一段文字 3〈/div〉
    〈div style="font-size:14px; font-variant:small-caps"〉This is My First CSS code
    〈/div〉
    〈div style="font-size:14px; color:red"〉这是一段文字 5〈/div〉
〈/body〉

上述代码分别定义了相关属性来控制样式,并且都使用内联式定义样式,这些 CSS 的属性的意义如下所示：

(1) 字体名称属性(font-family)：该属性设定字体名称。

(2) 字体大小属性(font-size)：该属性可以设置字体的大小。

(3) 字体粗细属性(font-weight)：该属性常用值是 normal 和 bold。

(4) 字体颜色(color)：该属性用来控制字体颜色。

这些属性分别定义了字体的各个属性，设置出来的效果如图 5.1 所示。

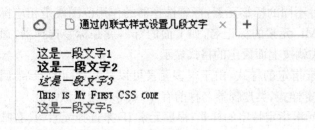

图 5.1 CSS 样式控制

用内联式方式进行样式控制固然简单，但是维护过程却是非常复杂和难以控制的。当对页面中的布局进行更改时，则需要对每个页面的每个标签的样式进行更改，这样无疑增大了工作量。如果对整个页面进行布局时，可以使用嵌入式的方法进行页面布局。

采用如图 5.1 所示效果的嵌入式样式，这里对"〈head〉"部分样式进行定义，样式名都以"."开头，是类样式，应用时，用"class"来引用。

```
〈head〉
    〈meta content="text/html; charset=utf-8" http-equiv="Content-Type" /〉
    〈title〉这是一段文字 1〈/title〉
    〈style type="text/css"〉
    .font1
    {
        font-size:14px;
    }
    .font2
    {
        font-size:14px;
        font-weight:bolder;
    }
    .font3
    {
        font-size:14px;
        font-style:italic;
    }
    .font4
    {
        font-size:14px;
        font-variant:small-caps;
    }
    .font5
```

```
        {
            font-size:14px;
            color:red;
        }
    </style>
</head>
```

上述代码分别定义了五种字体样式,这些样式都是通过"."号加样式名称定义的,在定义了字体样式后,就可以在相应的标签中使用 class 属性来定义样式,示例代码如下:

```
<body>
    <div class="font1">这是一段文字 1</div>
        <div class="font2">这是一段文字 2</div>
            <div class="font3">这是一段文字 3</div>
        <div class="font4">This is My First CSS code</div>
    <div class="font5">这是一段文字 5</div>
</body>
```

其运行后的结果依然如图 5.1 所示,但是这样编写代码维护起来更加方便,只需要找到"head"中的"style"标签,就可以对样式进行全局控制。虽然嵌入式能够解决单个页面的样式问题,但是这样只能针对单个页面进行样式控制,而在很多网站的开发应用中,大量的页面样式基本相同,只有少数的页面不尽相同,所以使用嵌入式还是有不足的,这时就可以使用外联式。

接下来我们采用外联式样式,页面效果依然同上。

使用外联式,必须创建一个".css"文件后缀的文件,并在当前页面中添加引用,图 5.1 所示效果采用外联式样式,".css"文件中样式代码如下:

```
.font1
{
    font-size:14px;
}
.font2
{
    font-size:14px;
    font-weight:bolder;
}
.font3
{
    font-size:14px;
    font-style:italic;
}
.font4
{
    font-size:14px;
    font-variant:small-caps;
```

}
.font5
{
 font-size:14px;
 color:red;
}

在".css"文件中,只需要定义如"head"标签中的"style"标签的内容即可,其编写方法也与内联式和内嵌式相同。在编写完 CSS 文件后,需要在使用的页面的"head"标签中添加引用,示例代码如下:

〈link href="css.css" type="text/css" rel="stylesheet"〉〈/link〉

上述代码添加了一个"css.css"文件的引用,意在告诉浏览器当前页面的一些样式可以在 css.css 中找到并解析。

使用了外联式样式,使当前页面的 HTML 代码变得简单和整洁,图 5.1 所示页面整个网页的代码如下:

〈html xmlns="http://www.w3.org/1999/xhtml"〉
〈head〉
 〈meta content="text/html; charset=utf-8" http-equiv="Content-Type" /〉
 〈title〉这是一段文字 1〈/title〉
 〈link href="css.css" type="text/css" rel="stylesheet"〉〈/link〉
〈/head〉
〈body〉
 〈div class="font1"〉这是一段文字 1〈/div〉
  〈div class="font2"〉这是一段文字 2〈/div〉
   〈div class="font3"〉这是一段文字 3〈/div〉
  〈div class="font4"〉This is My First CSS code〈/div〉
  〈div class="font5"〉这是一段文字 5〈/div〉
〈/body〉
〈/html〉

使用外联式能够很好地将页面布局代码和 HTML 代码相分离,这样不仅能够让多个页面同时使用一个 CSS 样式表进行样式控制,同时在维护的过程中,只需要修改相应的 CSS 文件中样式的属性即可实现该样式在所有的页面中进行更新的操作。无疑是减少了工作量,提高了代码的可维护性。可见外联式能够让样式控制既方便又灵活。

5.1.2 CSS 常用属性

CSS 不仅能够控制字体的样式,还有其他强大的样式控制功能,包括背景、边框、边距等属性,这些属性能够为网页布局提供良好的保障,熟练地使用这些属性能够极大地提高 Web 应用的友好度。

1. 字体属性属性

(1) 字体名称属性(font-family):设定字体名称,如 Arial、Tahoma、Courier 等。

(2) 字体大小属性(font-size):设置字体的大小,字体大小有多种单位方式,最常用的就是 pt

和 px。

(3) 字体样式属性(font-style):设置正、斜体,其值有 normal 正常体,italic 斜体显示。

(4) 字体粗细属性(font-weight):设置是否加粗,常用值有 normal 和 bold,normal 是默认值,bold 是粗体。

(5) 字体变量属性(font-variant):该属性有两个值 normal 和 small-caps,normal 是默认值,small-caps 表示字体将被显示成大写。

(6) 字体颜色(color):该属性用来控制字体颜色,如 Red、Blue,也可以"♯××××××"表示颜色。

(7) 行高属性(line-height):设置行高,可以是以 px 或 pt 为单位的绝对行高,也可是以百分比方式给出的几倍行距,如 160%,表示行高为 1.6 倍行距。

(8) 字体属性(font):该属性是各种字体属性的一种快捷的综合写法。

(9) 字母大小写属性(text-transform):设置字母的大小写方式,其值有 capitalize(首字母大写)、uppercase(大写)、lowercase(小写)、none(原始状态)。

(10) 字体下划线修饰属性(text-decoration):设置字符上是否有下划线,其值有 underline(下划线)、overline(上划线)、line-through(删除线)、blink(闪烁)、none(无划线)。

2. CSS 背景属性

CSS 能够描述背景,包括背景颜色、背景图片、背景图片重复方向等属性,这些属性为页面背景的样式控制提供了强大的支持。

(1) 背景颜色属性(background-color):该属性为 HTML 元素设定背景颜色。

(2) 背景图片属性(background-image):该属性为 HTML 元素设定背景图片。

(3) 背景重复属性(background-repeat):该属性和 background-image 属性一起使用,决定背景图片是否重复。如果只设置 background-image 属性,没设置 background-repeat 属性,在缺省状态下,图片既 x 轴重复,又 y 轴重复。

(4) 背景位置属性(background-position):该属性和 background-image 属性一起使用,决定了背景图片的最初位置。

(5) 背景属性(background):该属性是设置背景相关属性的一种快捷的综合写法。

通过上述属性能够为网页背景进行样式控制,示例代码如下:

```
body
{
    background-color:gray;
}
```

上述代码设置了网页的背景颜色为灰色。同样,设计人员能够使用 background-image 属性设置背景图片,并设置图片是否重复。

当使用 background-image 属性设置背景图片时,还需要使用 background-repeat 属性进行循环判断,示例代码如下:

```
body
{
    background-image:url('bg.jpg');
    background-repeat:repeat-x;
}
```

上述代码将 bg.jpg 作为背景图片,并且以 x 轴重复,如果不编写 background-repeat 属性,则默认是 x 轴重复、y 轴重复。上述代码还可以简写,示例代码如下:

```
body
{
    background:green url('bg.jpg') repeat-x;
}
```

3. 区块属性

(1) 字间距属性(letter-spacing):设置字符之间的间距,其值有 normal、数值。

(2) 对齐属性(text-align):设置对齐方式,其值有 justify(两端对齐)、left(左对齐)、right(右对齐)、center(居中)。

(3) 文本缩进属性(text-indent):设置文本首行缩进量,也就是每段开头的缩进量,可以 px、pt 或 em 为单位。

(4) 垂直对齐属性(vertical-align):设置垂直对齐方式,其值有 baseline(基线)、sub(下标)、super(上标)、top text-top、middle、bottom、text-bottom。

(5) 词间距属性(word-spacing):设置单词间距,其值有 normal、数值。

4. 列表属性(List-style)

(1) 列表类型属性(list-style-type):设置列表项类别样式,其值有 disc(实心圆点)、circle(空心圆圈)、square(实心方块)、decimal(阿拉伯数字)、lower-roman(小罗码数字)、upper-roman(大罗码数字)、lower-alpha(小写英文字母)、upper-alpha(大写英文字母)、none(不显示列表类型)。

(2) 列表符号位置属性(list-style-position):设置列表符号显示位,其值有 outside(向外凸排)、inside(向内缩进)。

(3) 列表项自定义图像属性(list-style-image):其值用 url()设置,自定义列表项显示的符号。

5. CSS 超链接属性

(1) a:设置一般超链接具有的属性。

(2) a:link:设置超链接文字格式。

(3) a:visited:设置浏览过的链接文字格式。

(4) a:active:设置点击时超链接文字格式。

(5) a:hover:设置鼠标悬浮在超链接文字上方时文字的格式。

6. 光标属性

cursor:设置鼠标光标样式,其值有 hand(鼠标光标为手指形状)、crosshair(十字体形状)、move(十字架形状)、help(正常形状上加一问号)、text(为 I 形状)。

5.1.3 DIV 布局对象

1. DIV 对象的特点

HTML 的"〈div〉"标签是一个页面布局对象,可以把文档分割为独立的、不同的部分,"〈div〉"默认是一个块级元素,这意味着包含在它里面的内容自动开始一个新行。

早期的页面布局使用的是表格 Table,现在已经被 DIV+CSS 布局所代替。采用 CSS+DIV 进行网页布局相对于传统的 Table 网页布局具有三个显著优点:

(1) 表现和内容相分离。因为用 DIV 对页面布局,设置布局效果的 CSS 样式,一般都是采用外联式样式,有专业的样式文件保存样式信息。

(2) 提高页面浏览速度。因为表格布局方式是将表格中内容全部下载到客户端后,才开始显示,所以早期页面,感到很卡,然后陡然显示出来。而 DIV 内的对象是下载一点显示一点,即时性较好,显示连贯。

(3) 易于维护和改版。因为样式位于页面外部的样式文件中,所以更改布局效果,只需要更改样式文件,不用对页面文件中内容进行更改。

2. DIV 对象的三大重要布局属性

(1) DIV 的浮动属性 float。float 属性是 DIV 的一个极重要的属性,它用来控制 DIV 的浮动方式等。其常用的属性值有三个:left(左浮动对齐)、right(右浮动对齐)和 none(不浮动),默认是 none。

(2) DIV 的显示属性 display。display 属性是 DIV 的另一个极重要的属性,它用来控制 DIV 对象是否显示。其常用属性值有三个:

① block 属性值表示以穿越型块状显示,此时块的左、右边无其他对象,只在上、下方有,这是 DIV 的默认值。

② none 表示不显示块,此时它所占的位置被释放,它下方的对象往上移到它原来的位置处。这个属性值容易与 visibility 属性混淆,visibility 属性当取值为"hidden"时,块被隐藏,但对象所占的空间没有释放,表现为其所在位置为空白,但 display 属性值为"none"时,这个 DIV 所占的空间被释放出来。

③ inline 表示此块以四周型方式显示,这时它的上、下、左、右四个方向都可以有对象,这时它与行级对象 span 标签的功能相同。利用 DIV 的 display 属性可以做很多特效。

(3) DIV 的定位属性 position。该属性确定 DIV 最终出现的位置,属性值有 static、relative、absolute、fixed。

① static 定位就是不定位,出现在哪里就显示在哪里。这是默认取值,示例代码如下,效果如图 5.2 所示。

图 5.2 position 为 static(默认)时的效果

⟨head⟩
　　⟨title⟩DivPositionStatic⟨/title⟩
　　⟨style type="text/css"⟩
　　　　♯left{ width:200px; height:50px; background-color:♯ccc;float:left; }
　　　　♯middle{ width:200px; height:50px; background-color:♯222;float:left;position:static}
　　　　♯right{ width:200px; height:50px; background-color:♯666;float:left; }
　　⟨/style⟩
⟨/head⟩
⟨body⟩

```
<div id="left"></div>
<div id="middle"></div>
<div id="right"></div>
</body>
```

② relative 就是相对于元素 static 定位时的位置进行偏移，如果指定 static 时 top 是 50 像素，那么指定 relative 并指定 top 是 10 像素时，元素实际 top 就是 60 像素了。所以如果对一个元素进行相对定位，首先它将出现在它所在的位置上，然后通过设置垂直或水平位置，让这个元素"相对于"它的原始起点进行移动，示例代码如下，效果如图 5.3 所示。

```
<head>
    <title>DivPositionRelative</title>
    <style type="text/css">
        #left{ width:140px; height:50px; background-color:#ccc;float:left; }
        #middle{ width:140px; height:50px; background-color:#222;float:left; position:relative;top:10px;left:10px; }
        #right{ width:140px; height:50px; background-color:#666;float:left; }
    </style>
</head>
<body>
    <div id="left"></div>
    <div id="middle"></div>
    <div id="right"></div>
</body>
```

图 5.3　position 为 relative 时的效果

③ absolute 是绝对定位，直接指定 top、left、right、bottom 设置其位置。有意思的是绝对定位也是"相对"的。它的坐标是相对于其所在容器来说的。容器又是什么呢，容器就是离它最近的一个定位好的"祖先"，定位好的意思是它的位置已经确定下来了。如果没容器，浏览器就是它的容器，也就是 body 元素。只需要指定 left 和 right，width 可以自动根据容器宽度计算出来，示例代码如下，效果如图 5.4 所示。

```
<head>
    <title>DivPositionAbsolute</title>
    <style type="text/css">
        #left{ width:140px; height:50px; background-color:#ccc;float:left; }
        #middle{ width:140px; height:50px; background-color:#222;float:left; position:absolute; top:20px;left:50px; }
        #right{ width:140px; height:50px; background-color:#666;float:left; }
    </style>
```

```
</head>
<body>
    <div id="left"></div>
    <div id="middle"></div>
    <div id="right"></div>
</body>
```

图 5.4 position 为 absolute 时的效果

④ fixed 才是真正的绝对定位,其位置永远相对浏览器的位置。就算用户滚动页面,其位置也能相对浏览器保持不变,也就是说这个对象永远可以看到。这个特性在做一些菜单的时候可以使用。示例代码如下,效果如图 5.5 所示。

```
<head>
    <title>DivPositionFixed</title>
    <style type="text/css">
        #left{ width:140px; height:50px; background-color:#ccc;float:left; }
        #middle{ width:140px; height:50px; background-color:#222; float:left; position:fixed;top:20px;right:50px; }
        #right{ width:140px; height:50px; background-color:#666;float:left; }
    </style>
</head>
<body>
    <div id="left"></div>
    <div id="middle"></div>
    <div id="right"></div>
</body>
```

图 5.5 position 为 fixed 时的效果

3. 盒子模型

盒子模型是 CSS 布局的基础,它指定元素如何显示以及如何相互交互。页面上的每个元素被看做一个矩形框,这个矩形框由元素的内容 content、内边距 padding、边框 border 和外边距 margin 组成,如图 5.6 所示。

实际上,无论什么样的页面布局,都是由几个相互贴近的盒子组合而成。浏览器通过这些盒子的大小和浮动方式来判断下一个盒子是贴近显示、下一行显示,还是其他方式显示。

通过上面的盒子模型,可以直观形象地理解 CSS 的边框属性、内部边距属性 margin 和外部间隙属性 padding。

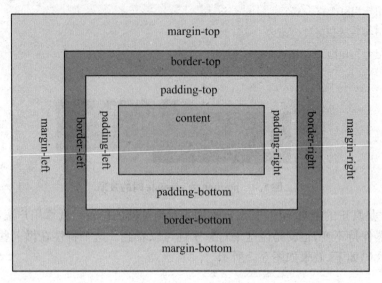

图 5.6　盒子模型示意图

4. CSS 边框属性

CSS 还能够进行边框的样式控制,使用 CSS 能够灵活地控制边框,边框属性包括:

(1) 边框风格属性(border-style):该属性用来设定上、下、左、右边框的风格。
(2) 边框宽度属性(border-width):该属性用来设定上、下、左、右边框的宽度。
(3) 边框颜色属性(border-color):该属性设置边框的颜色。
(4) 边框属性(border):该属性是边框属性的一个快捷的综合写法。

通过这些属性能够控制边框样式,示例代码如下:

```
.mycss
{
    border-bottom:1px black dashed;
    border-top:1px black dashed;
    border-left:1px black dashed;
    border-right:1px black dashed;
}
```

上述代码分别设置了边框的上、下、左、右的边框属性,来形成一个完整的边框,同样可以使用边框属性来整合这些代码,示例代码如下:

```
.mycss
{
    border: solid 1px black;
}
```

5. CSS 内部边距属性 margin 和外部间隙属性 padding

CSS 的边距和间隙属性能够控制标签的位置,CSS 的外部边距属性使用的是 margin 关键字,而内部间隙属性使用的是 padding 关键字。CSS 的边距和间隙属性虽然都是一种定位方法,但是边距和间隙属性定位的对象不同,也就是参照物不同,如图5.7所示。

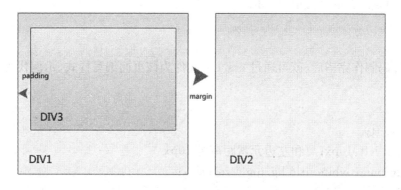

图 5.7 边距属性和间隙属性的区别

边距属性(margin)通常是设置页面中的一个元素所占的空间的边缘到相邻的元素之间的距离,而间隙属性(padding)通常是设置一个元素中间的内容(或元素)到父元素之间的间隙(或距离)。

(1) 对于边距属性(margin)。

① 左边距属性(margin-left):该属性用来设定左边距的宽度。

② 右边距属性(margin-right):该属性用来设定右边距的宽度。

③ 上边距属性(margin-top):该属性用来设定上边距的宽度。

④ 下边距属性(margin-bottom):该属性用来设定下边距的宽度。

⑤ 边距属性(margin):该属性是设定边距宽度的一个快捷的综合写法,用该属性可以同时设定上、下、左、右的边距属性。

(2) 对于间隙属性。

① 左间隙属性(padding-left):该属性用来设定左间隙的宽度。

② 右间隙属性(padding-right):该属性用来设定右间隙的宽度。

③ 上间隙属性(padding-top):该属性用来设定上间隙的宽度。

④ 下间隙属性(margin-bottom):该属性用来设定下间隙的宽度。

⑤ 间隙属性(padding):该属性是设定间隙宽度的一个快捷的综合写法,用该属性可以同时设定上、下、左、右的间隙属性。

【例 5.2】 使用边距属性和间隙属性能够进行页面布局,其中 HTML 页面代码如下:

〈html xmlns="http://www.w3.org/1999/xhtml"〉
〈head〉
　　〈meta content="text/html; charset=utf-8" http-equiv="Content-Type" /〉
　　〈title〉使用边距和间隙进行页面布局〈/title〉
　　〈link href="css.css" type="text/css" rel="stylesheet"〉〈/link〉
〈/head〉
〈body〉
　　〈div class="div1"〉
　　DIV1
　　　　〈div class="div3"〉DIV3〈/div〉

</div>
　　<div class="div2">DIV2</div>
</body>
</html>

HTML 代码制作完毕后,就可通过 css.css 文件为该页面编写样式,示例代码如下所示:

.div1
{
　　float:left;
　　margin-left:10px;//和左边元素距离为 10px
　　background:white url('bg.jpg') repeat-x;
　　border:1px solid #ccc;
　　width:150px;
　　height:50px;
　　padding:30px;//内部对齐 30px
}
.div2
{
　　float:left;
　　margin-left:20px; //和左边元素距离为 20px
　　background:white url('bg.jpg') repeat-x;
　　border:1px solid #ccc;
　　width:150px;
　　height:110px;
}
.div3
{
　　background:white;//背景为白色
}

页面布局完成后,运行图如图 5.8 所示。

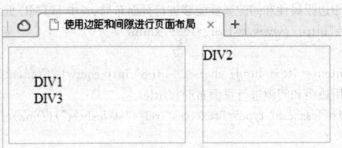

图 5.8　边距属性和间隙属性

　　CSS 不仅提供了诸如此类的强大布局功能,还提供了很多其他的布局功能,这些功能非常的多,能够对页面布局起到美化作用。

5.2 应用1:CSS+DIV进行页面布局

5.2.1 使用UL及LI结合CSS设计网上购物系统主菜单

任何一个Web应用系统,都有菜单,那么菜单采用什么来设计呢?

早期,开发人员采用表格来设计菜单,但表格的缺点是以后想增加菜单项时,要对整个菜单重新设计;更改菜单的显示效果时,也要重新设计菜单,所以不便于系统的升级和维护。现在,为了使设计出来的菜单便于以后维护或升级,一般都用列表项标签"〈ul〉"和"〈li〉"来设计菜单。

【例5.3】 如图5.9所示是网上购物系统的页面头部,含有系统菜单,请使用"〈ul〉"和"〈li〉"标签,采用CSS样式和DIV布局,设计图中网页菜单。

图5.9 网上购物系统的菜单

我们不考虑上方的Logo图片,只考虑下方的菜单如何设计。

(1) 先在网站中添加一个网页,然后用"〈div〉"进行布局,先添加一个DIV,在这个DIV内部,再添加两个并列的DIV,根据显示出来的日期以及右边的菜单项,设置这两个DIV的宽度,同时设置这两个DIV的float属性值分别为"left"和"right",设置了DIV的float属性后,DIV就不再以默认的块级元素方式显示,这里就是一左一右的显示在同一行中了。

在右边的DIV中,添加七个HTML列表项标签"〈li〉",这时"〈li〉"列表项是默认样式,是块级对象,每个"〈li〉"会占一行显示,而不是在同一行上。为每个"〈li〉"内部添加超链接,链接目标为"♯",即空链接,等到后面相应网页建好后,把"♯"改为对应的网面。

最后一个菜单项"退出系统",要把Session中保存的用户实体信息去除,必须在服务端完成,所以在"〈li〉"中添加的是一个LinkButton链接按钮,同时为其编写单击事件,用于去除Session中保存的顾客信息,它看上去是一个超链接效果,事件代码如下:

```
protected void lbnExit_Click(object sender, EventArgs e)
{
    if (Session["userModel"] ! = null)
    {
        Session.Remove("userModel");
    }
}
```

布局后产生如下HTML代码,为了对外层的DIV设置ID样式,设置其"id = "nav""。

```
〈body style="width:1000px;text-align :center ; margin:3px auto 3px auto;"〉
    〈form id="form1" runat="server"〉
        〈div  id = "nav"〉
```

```
            <div style="width:190px;float:left; text-align:center;">
                <asp:Label ID="lblDate" runat="server" Text="Label"></asp:Label>
            </div>
            <div style="width:795px;float:right; letter-spacing:1px;">
                <ul>
                    <li><a href="#" target="_self">首页</a></li>
                    <li><a href="#" target="_self">购物车</a></li>
                    <li><a href="#" target="_self">我的订单</a></li>
                    <li><a href="#" target="_self">图书搜索</a></li>
                    <li><a href="#" target="_self">在线调查</a></li>
                    <li><a href="#" target="_self">在线咨询聊天</a></li>
                    <li><a href="#" target="_self">购物说明</a></li>
                </ul>
            </div>
        </div>
    </form>
</body>
```

通常情况下,制作出来的网面,不是位于浏览器的中央,而是偏向浏览器左侧。为此,对"<body>"元素设定了 width,并通过 margin 设置其左右边距为"auto",这样就能保证页面在浏览器中居中。

要使列表项"<li>"以菜单方式显示,我们在页面头部,用 CSS 设置样式,样式内容如下:

```
<head runat="server">
    <title>利用 CSS 样式设计菜单</title>
    <style type="text/css">
    #nav
    {
        width:990px;
        text-align:center;
        background-image: url('images/menubg.jpg');
        background-repeat: repeat-x;
        height:18px;
        padding:8px 0px 8px 0px;
    }
    #nav li
    {
        float:left;
        width:113px;
        list-style-type:none;
    }
    #nav li a
```

```
    {
        display:block;
        text-decoration:none;
        border-right:1px solid #ffffff;
    }
    #nav li a:link,#nav li a:visited
    {
        color:#000000;
    }
    #nav li a:hover
    {
        color:Red;
        text-decoration:underline;
    }
    </style>
</head>
```

上面样式中,对 id 值为"nav"的 DIV,设置了宽度和内部元素对齐方式、背景图片和内部元素离 DIV 边框的内部间隙,确保菜单项离 DIV 的上下边距为 8px。

对每个列表项"⟨li⟩",设置了宽度,不显示项目符号,float 属性为"left",这样每个"⟨li⟩"就在同一行显示,而不是各占一行显示。

为了控制超链接效果,设计了后面三个样式。这些样式的选择器,大多采用了"包含选择器",进行逐层选择,缩小样式适用的对象。

5.2.2 使用 DIV+CSS 进行页面框架布局

传统页面布局是依赖于表格对象 Table,但表格布局有很多缺点,不灵活,速度慢,现在广泛采用 DIV+CSS 进行页面布局。DIV 作为一个块级元素,其作用是把内容组织成一个区块并不负责其他事情。

为了克服 DIV 默认是块级元素的缺点,采用 CSS 对 DIV 进行样式格式化,使其呈现灵活的布局特性。

【例 5.4】 网上购物系统的页面,总体布局如图 5.10 所示,用 CSS+DIV 构建如图 5.6 所示效果网页框架,网页整体上包含在一个最大的 DIV 中,其内部又分为头部、左中部、右中部和底部四个区域,页面的主体内容显示在右中部的 DIV 对象中。要将 CSS 样式存放在单独的样式文件中。规定这里页面宽度为 1000px,左侧导航区为 200px,左右之间间隙为 10px,头部的上下两连线间高为 80px,头部内文字离上边界 25px,底部上下两连线间的高为 60px,底部内文字离上边界 15px,中间部分的高为 450px。

(1) 在 HTML 页面中,添加五个 DIV 元素,它们之间的包含关系,可在下面 body 区域中产生的代码直接看到,并为每个 DIV 设置了 id 属性值,HTML 代码如下:

```
⟨div⟩
    ⟨div id="header"⟩头部(Logo 图标及菜单)
    ⟨/div⟩
```

```
        <div id="center">
            <div id="left">左侧分类导航区</div>
            <div id="right">右侧主体内容区</div>
    </div>
    <div id="footer">底部(单位信息、版权,访问量)
    </div>
</div>
```

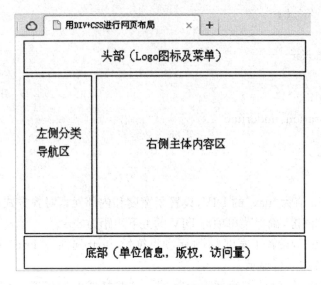

图 5.10 DIV+CSS 网页布局

添加一个单独的样式文件 ymbj.css,然后用命令"<link href="ymbj.css" rel="stylesheet" type="text/css" />"把样式文件引入当前页面,样式文件代码如下:

```
body
{
    width:1000px;
    text-align :center;
    margin:3px auto 3px auto;
}
#parent
{
    width :1000px;
}
#header
{
    width:100%;
    border:solid 1px #ccc;
    height:55px;
    margin-bottom :8px;
```

```css
    padding-top:25px;
    text-align:center;
}
#center
{
    width:100%;
    border:0px;
    height:450px;
}
#left
{
    width:200px;
    border:solid 1px #ccc;
    height:100%;
    float:left;
    text-align:center;
    line-height:160%;
}
#right
{
    width:790px;
    border:solid 1px #ccc;
    height:100%;
    float:right;
    text-align:center;
    line-height:160%;
}
#footer
{
    width:100%;
    border:solid 1px #ccc;
    height:45px;
    margin-top:8px;
    padding-top:15px;
    text-align:center;
    line-height:160%;
}
```

这里,通过 body 的样式属性,设置了网页的总宽度,以及在浏览器中居中,"border:solid 1px black;"表示宽度为一个像素黑色边框,这是个复合属性值。

"float:left;"和"float:right;"表示对象将分别向左和向右浮动,从而取消 DIV 的块级元素。

当然，上面样式，左右两个 DIV 都用"float:left;"也可以实现同样的效果。浮动是一种非常有用的布局方式，它能改变页面中对象的前后流动顺序。

以头部为例，我们要求头部的上下两连线间高为 80px，头部内文字离上边界 25px，但是在样式中，我们设置的是：

height:55px;

padding-top:25px;

margin-bottom :8px;

这是因为，按照盒子模型，一个 DIV 真正所占的高度是这样计算的：

占用高度＝height＋padding－top＋padding－bottom＋border＋margin－top
　　　　＋margin－bottom

所以，设置高度时，没有直接设为 80px，当然宽度的计算也是类似。

采用 CSS＋DIV 布局的好处是，布局元素与样式分离，便于维护和升级，使得排版变得简单，具有良好的伸缩性。

5.3 用户控件

用户控件是基于现有的控件创建一个新控件，用户控件是能够在其中放置标记和 Web 服务器控件的容器。可以将用户控件作为一个单元对待，为其定义属性和方法。

利用用户控件，可以非常方便地使用自己定制的控件对 ASP.NET 进行扩展。我们必须养成一种习惯，无论什么时候，只要多个页面中显示相同的用户界面，就应该考虑将这个相同的用户界面实现为用户控件。利用用户控件，可以使网站更容易维护和扩展。

ASP.NET Web 用户控件与完整的 ASP.NET 网页（.aspx 文件）相似，同时具有用户界面页和代码。可以采取与创建 ASP.NET 页相似的方式创建用户控件，然后向其中添加所需的标记和控件。用户控件可以像页面一样包含对其内容进行操作（包括执行数据绑定等任务）的代码。用户控件与 ASP.NET 网页又有以下区别：

（1）用户控件的文件扩展名为".ascx"。

（2）用户控件中没有 @Page 指令，而是包含 @Control 指令，该指令对配置及其他属性进行定义。

（3）用户控件不能作为独立页面运行，必须像其他控件一样，添加到 ASP.NET 页中。

（4）用户控件中没有 html、body 或 form 元素，这些元素必须位于宿主页中。

（5）用户控件可以减少程序量，提高统一性，便于维护。

用户控件的创建与设计，所使用的编程技术与编写 Web 窗体的相同，所以是非常简单的。但是有一点要注意，就是当用户控件与使用该用户控件的页面不在同一个文件夹时，对路径处理得不好，可能出现找不到资源的问题。

当用户控件与使用该用户控件的页面不在同一个文件夹时，如果在用户控件中使用相对路径，必须站在使用该用户控件的页面的角度去使用文件的路径。

比如，用户控件放在站点的 UserControl 文件夹，其中用到的图片放在站点的 Images 文件夹下，使用该用户控件的页面直接位于站点的根文件夹下，如果用户控件文件中图片标记"〈img〉"的图片来源为 Images 文件夹下的 banner.jpg 文件，其代码应为这样：

〈img src="Images/banner.jpg" /〉

但很多情况下,会被处理成为这样的代码:

〈img src="../Images/banner.jpg" /〉

这里的".."表示当前目录的上级目录。之所以会出现这样,是因为在用户控件中,找到这张图片,应先回到上级目录(即站点根文件夹),然后从上级目录再往下找到 Images 文件夹,最后找到文件。在用户控件的界面上,这样处理,确实可以看到图片,但是,当根文件夹下的页面应用这个用户控件时,却发现用户控件中这个图片控件,没有显示图片。这是因为用户控件是不能独立运行的,只能运行于使用它的页面,从页面的角度,就应该是:"〈img src="Images/banner.jpg" /〉",即直接到其所在文件夹的下级文件夹 Images 中找图片文件。

当然,两全其美的方法就是采用绝对路径,在绝对路径中,"~"代表站点根文件夹。但是,要注意一点,"~"只有服务器端才能识别为站点根文件夹,所以客户端 HTML 控件"〈img〉"就不能使用了,应该加上"runat ="server"",变成服务器端图片控件,相应的代码为:

〈img runat ="server" id=img1 src="~/Images/banner.jpg" /〉

5.4 应用 2:设计网上购物系统中的用户控件

在网上购物系统中,有很多页面,但这些页面有很多相同的地方。比如页面上方的 Logo 及菜单,页面左侧的导航,页面下方的页脚部分。

既然页面上有这么多相同的元素,为了提高复用性,减少开发工作量,也为了便于今后的维护,我们可以使用用户控件。

我们先把页面的共同部分展示出来,然后分析这些共同部分是否能设计成用户控件。页面共同部分如图 5.11 所示。从图 5.11 可以看出,页面上部的 Logo 及菜单部分、左上侧的会员登录部分、左中侧图书分类部分、左下侧的畅销书籍部分、下部的页脚部分都可以实现为用户控件。

图 5.11 网上购物系统前台页面共同部分

左上侧的会员登录部分,参见 6.2.4 节,有详细的设计过程,但那里实现的是单独的网页而不是用户控件,但用户控件和网页除添加文件时不同外,其余的操作及代码编写是相同的。

页面上部的 Logo 及菜单部分,请参见 5.1.4 节的内容,稍加改造即可做成用户控件。

下面介绍图书分类用户控件的制作,为了便于分类管理,我们把所有的用户控件都放在站点根文件夹下的 UserControl 文件夹里面。

【例 5.5】 设计显示图书分类及畅销图书信息用户控件,效果如图 5.12 和图 5.13 所示。在图书分类中可以显示所有的图书分类,单击某一分类,可以把该分类的图书显示在右侧的工作区中。在畅销图书中,显示销量最大的 10 种图书,单击书名,可以跳转到图书详情页面。

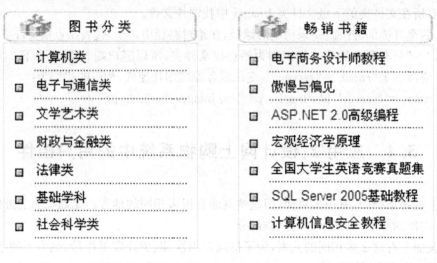

图 5.12 图书分类用户控件　　图 5.13 畅销书籍用户控件

(1) 通过分析,我们可以把图书分类部分做成一个用户控件,把畅销图书部分也做成一个用户控件,再制作一个用户控件,包含这两个用户控件,形成一个新的用户控件。

(2) 首先添加一个用户控件文件。方法是右击"UserControl",选"添加新项"/"Web 用户控件",命名为 BookType.ascx,然后向里面添加两个 DIV,在下方的 DIV 中,添加一个 DataList,用模板对 DataList 进行布局,关于 DataList 控件的应用方法,在第 7 章中有详细的叙述,这里不再详述,最后产生的 HTML 代码如下:

```
<%@ Control Language="C#" AutoEventWireup="True" CodeFile="BookType.ascx.cs" Inherits="UserControl_BookType" %>
<div style="width:200px; background-image:url(Images/bookType.gif); text-align:center; height:25px; padding-top:6px;">
    图 书 分 类
</div>
<div style="border:solid 1px #ccc; margin-bottom:5px; width:198px; font-size:13px; padding-bottom:10px; ">
    <asp:DataList ID="BookType" runat="server">
        <ItemTemplate>
            <table style="width:197px;height:28px;background-image:url(Images/btbg.jpg)">
                <tr>
```

```
                <td style="width:30px; text-align:center;">
                </td>
                <td style="width:170px; text-align:left;">
                    <asp:HyperLink ID="HyperLink1" runat="server" NavigateUrl='<%#
                    Eval("BookTypeId","~/BookListByTypeId.aspx?TypeId={0}") %>
                    ' Text='<%# Eval("TypeName") %>'></asp:HyperLink>
                </td>
            </tr>
        </table>
    </ItemTemplate>
</asp:DataList>
</div>
```

这个用户控件 BookType.ascx 的后台代码文件如下。

```
protected void Page_Load(object sender, EventArgs e)
{
    if (!IsPostBack)
    {
        BookTypeBLL oBookTypeBLL = new BookTypeBLL();
        BookType.DataSource = oBookTypeBLL.BookType_GetList();
        BookType.DataBind();
    }
}
```

(3) 再添加一个用户控件文件。同样的方法，右击"UserControl"，选"添加新项"/"Web 用户控件"，命名为 GoodSales.ascx，然后向里面添加两个 DIV，在下方的 DIV 中，添加一个 DataList，用模板对 DataList 进行布局，最后产生的 HTML 代码如下：

```
<%@ Control Language="C#" AutoEventWireup="True" CodeFile="GoodSales.ascx.cs"
Inherits="UserControl_GoodSales" %>
<div style="width:200px;background-image:url(Images/bookType.gif); text-align:
center; height:25px; padding-top:6px;">
    畅 销 书 籍
</div>
<div style="border:solid 1px #ccc; margin-bottom:5px; width:198px; padding-
bottom:10px;">
    <asp:DataList ID="dlBooksOfSales" runat="server">
        <ItemTemplate>
            <table style="width:197px;height:28px;background-image:url(Images/btbg.jpg)" >
                <tr>
                    <td style="width:30px; text-align:center;">
                    </td>
                    <td style="width:170px; text-align:left;">
```

```
            <asp:HyperLink ID="HyperLink1" runat="server" NavigateUrl='<%
        # Eval("BookId", "../ShowBookDetail.aspx?BookId={0}") %>' Text=
        '<%# Eval("BookName") %>'></asp:HyperLink>
          </td>
        </tr>
      </table>
    </ItemTemplate>
  </asp:DataList>
</div>
```

这个用户控件 GoodSales.ascx 的后台代码文件如下。

```
protected void Page_Load(object sender, EventArgs e)
{
    if (! IsPostBack)
    {
        BookBLL oBookBLL = new BookBLL();
        dlBooksOfSales.DataSource = oBookBLL.Book_GetTopNListByOrder(10, "Sales DESC");
        dlBooksOfSales.DataBind();
    }
}
```

注意，这两个用户控件中，列表项左侧的图标和下方的虚线效果，都是用背景图片完成的，对应的代码是："background-image:url(Images/btbg.jpg)"。

（4）最后，再向 UserControl 文件夹中添加一个用户控件文件，命名为"leftType.ascx"，向里面添加两个 DIV，设定好宽度，然后把这个用户控件切换到设计视图，把前面产生的两个用户控件拖动到这个用户控件文件的两个 DIV 中，产生出的 HTML 代码为：

```
<%@ Control Language="C#" AutoEventWireup="True" CodeFile="leftType.ascx.cs" Inherits="leftType" %>
<%@ Register src="BookType.ascx" tagname="BookType" tagprefix="uc1" %>
<%@ Register src="GoodSales.ascx" tagname="GoodSales" tagprefix="uc2" %>
<div style="width:200px;font-size:13px;">
    <uc1:BookType ID="BookType1" runat="server" />
</div>
<div style="width:200px;font-size:13px;">
    <uc2:GoodSales ID="GoodSales1" runat="server" />
</div>
```

从上面代码可以看出，用户控件是通过"<%@ Register %>"指令进行注册的，通过"tagprefix = "uc1""设定控件标识，在应用时，生成的用户控件对象，其标记前有"<uc1:>"标记。

5.5 导 航 控 件

网站导航对于每个网站来说都是必不可少的,尤其是当网站的页面关联极其复杂时,网站导航就显得更为重要。当用户随机点击附近进入到任何一个页面时,通过网站导航都能清晰地找到自己的页面位置。它指引着用户如何从一个页面导航到另一个页面,让用户时时刻刻知道各个页面的层次结构。

值得称道的是,ASP.NET 提供了非常强大的网站导航模型,大大简化了 Web 应用程序中网站导航功能的实现,终端用户在使用网站导航时也非常方便。通常在使用 ASP.NET 的网站导航模型之前,首先得确定网站的层次结构,也就是一个站点下 Web 页面的逻辑结构和页面层次。开发者可以通过一个 XML 文件来保存网站的层次结构,再将各类导航信息绑定到各个导航控件上。

常用的导航控件有 SiteMapPath 控件、TreeView 控件和 Menu 控件。

5.5.1 站点地图与站点导航控件 SiteMapPath

1. 站点地图 Web.sitemap

站点地图是一个以".sitemap"为扩展名的文件,默认名为 Web.sitemap,并且必须存储在应用程序的根目录下。".sitemap"文件内容是以 XML 所描述的树状结构文件,其中包括了站点结构信息。SiteMapPath 控件的网站导航信息的数据只能由".sitemap"文件提供。

右键单击"解决方案资源管理器"中的 Web 站点,在弹出的菜单中选择"添加"/"新建项",在弹出的"添加新项"对话框中选择"站点地图"并命名。新建的站点地图代码如下:

```
<? xml version="1.0" encoding="utf-8" ?>
<siteMap xmlns="http://schemas.microsoft.com/AspNet/SiteMap-File-1.0" >
    <siteMapNode url="" title=""  description="">
        <siteMapNode url="" title=""  description="" />
        <siteMapNode url="" title=""  description="" />
    </siteMapNode>
    <siteMapNode url="" title=""  description="">
        <siteMapNode url="" title=""  description="" />
        <siteMapNode url="" title=""  description="" />
    </siteMapNode>
</siteMap>
```

siteMapNode 节点的常用属性:

(1) url:设置用于节点导航的 URL 地址。在整个站点地图文件中,该属性值必须唯一。

(2) title:设置节点显示的标题。

(3) description:设置节点说明文字。

注意,站点地图文件 Web.sitemap 必须包含根结点 siteMap,一个站点地图文件是由一个 siteMap 根结点和一系列相联系的 siteMapNode 结点对象组成,结点下面还有子结点,这些结点以树形层次方式联系在一起。根结点是唯一没有父结点的结点,代表首页。在该 siteMap 父结点下,可以有若干个子 siteMapNode 结点,分别按层次结构代表了网站的各子栏目。站点地图文件中不允许出现重复的 URL,如果一定要有页面出现重复,则可以修改如下:

〈siteMapNode url="~/ BookManage.aspx? id=1" title="图书管理" description="" /〉
〈siteMapNode url="~/ BookManage.aspx? id=2" title="图书管理" description="" /〉

2. 站点导航控件 SiteMapPath

站点导航控件可以实现以超链接的方式管理导航,同时更好地显示页面在站点中的层次及位置。利用 ASP.NET 提供的站点导航控件 SiteMapPath,能够很容易地使用站点地图文件 Web.sitemap 创建站点导航功能,下面是网易新闻网站中的站点地图导航效果,如图 5.14 所示。

图 5.14 站点地图导航

层次之间使用">"表示之间的包含关系。这类站点地图导航的作用是向终端用户显示当前页面与站点中其他内容的相互关系。

添加并设置好站点地图文件 Web.sitemap 后,在页面需要显示网站地图的位置放入 SiteMapPath 控件,即可自动完成网站地图的制作,并以默认的样式显示出来。当然,设置 SiteMapPath 控件的相应属性,可以自定义它的显示格式。

5.5.2 TreeView 控件与 Menu 控件

1. TreeView 控件

TreeView 是 ASP.NET 的站点导航控件中的一种,就是平时所说的树型菜单。TreeView 可以与数据源绑定,数据源可以是站点地图文件 Web.sitemap,也可以是一般 XML 文件。

TreeView 控件的数据源一般是 XML 文件,因为 XML 文件本身就是树形的结构。为了使用 XML 文件,一般使用 XmlDataSource 数据源控件。

TreeView 控件的数据源也可以是站点地图文件 Web.sitemap,这时候,一般使用 SiteMapDataSource 数据源控件。

TreeView 控件可以实现树形菜单,要实现这一功能,还需按照如下步骤进行:

通过为 TreeView 控件设置控件源,可以实现对数据的显示。但是仅仅设置数据源,TreeView 仍然不能正确显示数据,还需要设置 TreeView 以便对这些数据进行正确的解析。

通过编辑 TreeNode 结点如何绑定到数据源,来设置 TreeView 以便对这些数据进行正确的解析。这里,我们举例来实现一个树形菜单。由于此菜单节点一般就两种形态,一种是根结点,另一种是一般结点,所以这里只需要设置这两种结点如何解析数据源中的数据即可。对于这两类结点,一般可以设置如下的几个属性,以便进行正确的数据解析。

(1)DataMember:指出结点的数据来源结点标记名,指出数据源结点相应结点的标记名即可。

(2)TextField:指出结点的文本是从数据源结点的哪个属性中取值。

(3)NavigateUrlField:如果结点作为超链接,此属性指出超链接的 URL 从数据源结点的哪个属性中解析产生。

(4)ToolTipField:结点上的提示信息从数据源结点的哪个属性中解析产生。

(5)TargetField:如果结点作为超链接,此属性指出超链接的 Target 属性从数据源结点的哪个属性中解析产生。

2. Menu 控件

Menu 控件主要用来制作含有二级菜单的菜单,并且二级菜单具备折叠和展开功能。Menu 菜单有两种显示模式:静态显示模式和动态显示模式。

静态显示模式指一级菜单,它是始终显示出来的,用户可以单击任何部位。动态显示模式指二级菜单,正常情况是折叠隐藏的,当用户鼠标指针放置在父节点上时菜单项才会显示出来。

Menu 控件的常用属性如下:

(1) ForeColor 属性:设置菜单项显示时的前景色。

(2) BackColor 属性:设置菜单项显示时的背景色。

(3) Orientation 属性:设置一级菜单项是垂直显示还是水平显示。

(4) StaticEnableDefaultPopOutImage 属性:有 True 和 False 两个值,前者是默认值,此属性用来确定静态一级菜单项右边是否显示菜单项标志图标三角形。

(5) MenuItem 属性用于制作菜单项,它的属性 NavigateUrl 用来设置单击此菜单项时超链接的目标 URL,属性 Text 用来设置此菜单项显示的菜单文本信息,属性 Value 用来设置单击选择此菜单项时返回值 SelectedValue。

(6) StaticMenuItemStyle 属性:用来设置一级静态菜单项样式。如下面设计每个一级静态菜单项显示的宽度和垂直方向上上、下方留出的 Padding 间隙。

〈StaticMenuItemStyle Width="116px" VerticalPadding="5px"/〉

(7) StaticHoverStyle 属性:用来设置当鼠标悬在一级静态菜单项上方时的样式。如下面设置鼠标悬在静态菜单项上方时前景色和背景色的变化。

〈StaticHoverStyle BackColor="Red" ForeColor="White" /〉

(8) DynamicMenuItemStyle 属性:设置二级动态菜单项显示时的样式。如下面设计二级静态菜单项显示时的宽度、高度、背景色和垂直方向上上、下方留出的 Padding 间隙。

〈DynamicMenuItemStyle Height=" 20px" VerticalPadding=" 4px" BackColor= "LightBlue" Width="120px" /〉

(9) DynamicHoverStyle 属性:设置当鼠标悬在二级动态菜单项上方时的样式。如下面设置鼠标悬在动态菜单项上方时前景色和背景色的变化。

〈DynamicHoverStyle BackColor="♯00BBFF" ForeColor="White" /〉

Menu 控件的常用事件:

Onmenuitemclick 事件,单击某菜单项时发生的事件。在此事件中,一般以菜单项的返回值 SelectedValue 值确定单击的是哪个菜单项。

5.6 应用 3:网上购物后台菜单及站点导航设计

5.6.1 网上购物后台子系统站点导航设计

【例 5.6】 在网上购物系统后台管理子系统中,设计如图 5.15 中上部所示的站点地图导航功能,在"你当前位置是"后面,就是站点导航控件,它显示了当前页面在站点中的层次,而且站点导航中的标题,本身就是超链接,单击导航文本,可以跳转到相应页面中。

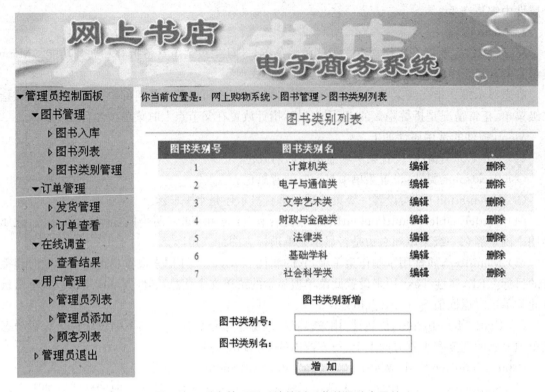

图 5.15 后台管理子系统的树形菜单及站点导航

(1) 制作站点导航功能,需要利用站点导航控件 SiteMapPath,而使用 SiteMapPath 之前必须先建立站点地图文件 Web.sitemap,为此,根据后台管理子系统中所具有的网页文件及网页文件的隶属关系,设计出来的 Web.sitemap 文件的内容如下(为了节省空间,部分节点的"description="""属性删除了):

〈? xml version="1.0" encoding="utf-8" ?〉
〈siteMap xmlns="http://schemas.microsoft.com/AspNet/SiteMap-File-1.0"〉
　〈siteMapNode url="~\Admin\Default.aspx" title="网上购物系统" description=""〉
　　〈siteMapNode url="~\Admin\BookManage.aspx? id=1" title="图书管理" description=""〉
　　　〈siteMapNode url="~\Admin\BookAdd.aspx" title="图书入库" description="" /〉
　　　〈siteMapNode url="~\Admin\BookManage.aspx" title="图书列表" /〉
　　　〈siteMapNode url="~\Admin\BookTypeManage.aspx" title="图书类别列表" /〉
　　　〈siteMapNode url="~\Admin\BookUpdateByBookId.aspx" title="图书更新" /〉
　　　〈siteMapNode url="~\Admin\BookTypeUpdateById.aspx" title="图书类别更新" /〉
　　〈/siteMapNode〉
　　〈siteMapNode url="" title="订单管理" description=""〉
　　　〈siteMapNode url="~\Admin\OrderListView.aspx" title="订单查看" /〉
　　　〈siteMapNode url="~\Admin\OrderSendOutGoods.aspx" title="发货管理" /〉

　　　　〈siteMapNode url="~\Admin\ShowOrderDetail.aspx" title="订单详情" /〉
　　　　〈siteMapNode url="~\Admin\HandleOrderSendOutGoods.aspx" title="确认发货"/〉
　　〈/siteMapNode〉
　　〈siteMapNode url="" title="在线调查" description=""〉
　　　　〈siteMapNode url="~\Admin\VoteResultOnLine.aspx" title="查看结果" /〉
　　〈/siteMapNode〉
　〈/siteMapNode〉
〈/siteMap〉

通过这个站点地图文件，可以看出，根节点的标题是"网上购物系统"，其下级有三个二级子节点，标题分别是"图书管理"、"订单管理"和"在线调查"，每个二级子节点下还有各自的三级子节点。

而实际上，后台管理子系统的页面文件都是直接存放于 Admin 文件夹下的，这些页面文件从文件夹的角度来说是平级关系，但是通过站点地图的层次结构，把这些网页划分到不同的树形层次结构中。

不知大家是否注意到一个细节，就是"图书管理"和"图书列表"节点的 URL 是一样的，如果两个节点的 URL 完全相同，会报错通不过，所以在第一个 URL 后，加了"? id=1"。

(2) 这里我们把站点导航设计在后台子系统的母版中，关于母版的制作将在下一节讲到。使用母版能快速制作统一风格的页面。

在母版中，用 SiteMapPath 服务器控件制作站点导航，下面代码中两个空行中突出的部分，就是站点导航控件，放在一个 DIV 中，对这个 DIV 设定了背景色（或者用背景图片效果更美观），并设定 padding-top，以便为导航文本上部留点空隙，生成的 HTML 代码如下：

〈body〉
　〈form id="form1" runat="server"〉
　〈div〉
　　〈div style="width:1000px"〉
　　　〈img src="Images/banner.jpg" /〉
　　〈/div〉
　　〈div style="width:1000px"〉
　　　〈div style=" width:160px; height:600px;float:left; "〉
　　　〈div style=" width:820px;float:right; text-align: left;"〉
　　　　〈div style = " height: 20px; padding-top: 6px; background-color: #FBCB9F;"〉
　　　　　你当前位置是：
　　　　　〈asp:SiteMapPath ID="SiteMapPath1" runat="server"〉
　　　　　〈/asp:SiteMapPath〉
　　　　〈/div〉

　　　　〈div〉
　　　　　〈asp:ContentPlaceHolder id="ContentPlaceHolder1" runat="server"〉

```
            <%--母版中的自定义区--%>
          </asp:ContentPlaceHolder>
        </div>
      </div>
    </div>
  </body>
```

从设计过程中可以看出，只要在站点根目录下建好站点地图文件 Web.sitemap，页面上直接添加 SiteMapPath 控件就完成工作了，没有对 SiteMapPath 控件进行任何处理，也没有将 Web.sitemap 绑定到 SiteMapPath 控件上，也不需要编写代码，这是因为系统代替设计者将它们关联起来了。

当然对 SiteMapPath 控件设置适当属性，可能更美观，比如修改 SiteMapPath 控件的 PathSeparator 属性，设定分隔符为"〉〉"，则导航文本间将用"〉〉"分隔。代码将变为：

```
<asp:SiteMapPath ID="SiteMapPath1" runat="server" PathSeparator="〉〉">
</asp:SiteMapPath>
```

甚至我们还可以使用"<PathSeparatorTemplate>"元素定义分隔符的模板形式。譬如我们在分隔符上指定图片，修改代码如下：

```
<asp:SiteMapPath ID="SiteMapPath1" runat="server">
  <PathSeparatorTemplate>
    <asp:Image runat="server" ImageUrl="~/Images/arrow.png" width="15"/>
  </PathSeparatorTemplate>
</asp:SiteMapPath>
```

在"< PathSeparatorTemplate >"节中放入一个"<asp:Image>"服务器控件，并指定图片的 URL 地址。运行的效果如图 5.16。

你当前位置是：　网上购物系统 ▶ 图书管理 ▶ 图书类别列表

图 5.16　使用图片作为导航的分隔符

5.6.2　网上购物后台子系统树形菜单制作

【例 5.7】 使用 TreeView 控件制作例 5.6 所示界面的树形菜单，效果如图 5.15 左侧所示，要求 TreeView 控件的数据源是一般 XML 文件，而不是站点地图文件 Web.sitemap。

设计步骤：

(1) 在站点的 Admin 文件夹下，添加一个 XML 文件，并对它进行自定义命名，这里把它命名为"menu.xml"，内容如下：

```
<?xml version="1.0" encoding="utf-8" ?>
<menuRoot Id="root" url="~\Admin\Default.aspx" caption="管理员控制面板">
  <menuSubNode url="~\Admin\BookManage.aspx?id=1" caption="图书管理">
    <menuLeafNode url="~\Admin\BookAdd.aspx" caption="图书入库" />
    <menuLeafNode url="~\Admin\BookManage.aspx" caption="图书列表" />
    <menuLeafNode url="~\Admin\BookTypeManage.aspx" caption="图书类别管
```

理"/>
            </menuSubNode>
        <menuSubNode url="~\Admin\OrderListView.aspx?id=1" caption="订单管理">
            <menuLeafNode url="~\Admin\OrderSendOutGoods.aspx" caption="发货管理"/>
            <menuLeafNode url="~\Admin\OrderListView.aspx" caption="订单查看"/>
        </menuSubNode>
        <menuSubNode url="~\Admin\VoteResultOnLine.aspx?id=1" caption="在线调查">
            <menuLeafNode url="~\Admin\VoteResultOnLine.aspx" caption="查看结果"/>
        </menuSubNode>
        <menuSubNode url="~\Admin\ManageUserList.aspx?id=1" caption="用户管理">
            <menuLeafNode url="~\Admin\ManageUserList.aspx" caption="管理员列表"/>
            <menuLeafNode url="~\Admin\ManageUserAdd.aspx" caption="管理员添加"/>
            <menuLeafNode url="~\Admin\UserList.aspx" caption="顾客列表"/>
        </menuSubNode>
        <menuSubNode url="~\Admin\LoginOut.aspx" caption="管理员退出">
        </menuSubNode>
</menuRoot>

上面这个 XML 文件，各节点的标记、属性名可以自定义，但要见名知义。另外要注意，与站点地图文件一样，这里的"图书管理"和"图书列表"节点的 URL 是相同的，都指向同一文件，为了区别，在"图书管理"的 URL 后加了"?id=1"。

从上面 XML 文件也可以看出，只有一个根节点，另外从节点的层级也可以看出哪些节点创建的菜单将位于同一个菜单之下。

（2）建立新的页面，拖入 XmlDataSource 数据源控件，点击其快捷菜单，选"配置数据源"，在数据文件中，选择对应的 XML 文件。

（3）向页面中拖入 TreeView 控件，设定其数据源为刚才添加的 XmlDataSource 数据源控件，然后选中"编辑 TreeNode 数据绑定…"菜单项，弹出如图 5.17 所示的数据绑定编辑器。在编辑器的左上角"可用数据绑定"中选择节点，把三个节点全部添加到"所选数据绑定"。然后选中"所选数据绑定"中各节点，在右边的属性窗口设置 DataMember、NavigateUrlField、TextField 属性的值。至此，全部设计完成。

如果 TreeView 控件的数据源是 SiteMapDataSource，设计后得到的代码：
<asp:TreeView ID="TreeView1" runat="server" DataSourceID="SiteMapDataSource1">
</asp:TreeView>
<asp:SiteMapDataSource ID="SiteMapDataSource1" runat="server"/>

其中 SiteMapDataSource 控件是专门读取 Web.sitemap 文件的数据源控件，用户只需要向页面

中拖入 TreeView 控件,系统将自动根据站点地图数据创建 TreeView 树形菜单。

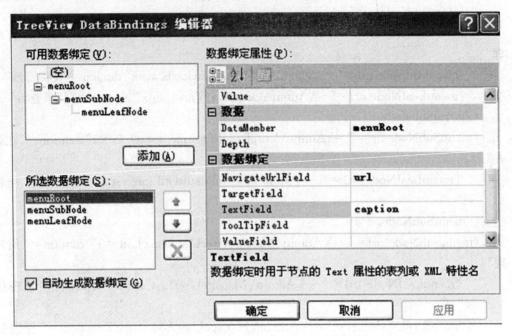

图 5.17　TreeView 控件数据绑定编辑器

5.7　母　版　页

大多数 Web 站点在整个应用程序或应用程序的大多数页面中都有一些公共元素。例如,相同导航、相同版权信息等,这些元素将出现在站点的大多数页面中。一些开发人员简单地把这些公共区段的代码复制并粘贴到需要它们的每个页面上,是可行的,但相当麻烦。如果使用复制和粘贴的方法,每次需要对应用程序的这些公共区段中的一个区段进行修改,就必须在每个页面上重复进行,这非常枯燥,效率很低,而且容易遗漏。

使用 ASP.NET 母版页可以为应用程序中的页创建一致的布局。母版页可以为应用程序中的所有页(或一组页)定义所需的外观和标准行为。然后可以创建包含要显示内容的各个内容页。当用户请求内容页时,这些内容页将与母版页合并,从而产生将母版页的布局与各内容页中的内容组合在一起的输出页面。

在一个应用系统中,可以根据情况,制作一个或多个母版页。

5.7.1　使用母版页制作内容页

母版页的扩展名为".master",它是制作内容相同页面的模板,内容页面使用".aspx"文件扩展名,且在文件的 Page 指令中声明此内容页面所用到的母版页。

可以把需要在模板中共享的内容放在母版页文件中,常用在母版页中的元素有 Web 应用程序使用的 Logo、菜单、站点地图导航和版权信息等。内容页面包含除母版页面元素之外的其他页面元素。在运行时,ASP.NET 引擎会把母版页和内容页的元素合并到一个页面上,显示给终端用户。

利用母版创建内容页，方法非常简单，在"解决方案资源管理器"中，右击网站，选择"添加"/"添加新项"，在右侧"模板"中选择"Web 窗体"，勾选"选择母版面"复选框，输入文件名，确定后，选择具体的母版文件即可。

打开利用母版创建的内容页，在"〈@page…%〉"部分有一个 MasterPageFile 属性，正是这个属性表明了当前内容页使用的母版名称。同时我们还发现，在该内容页中并不包含"〈form id="form1" runat="server"〉"这样的标记，也不包含"〈html〉"这样的标记，因为这些已经存在于母版页中了。

使用母版页面创建内容页面时，可以在 IDE 中看到母版效果。若在处理页面时可以看到整个页面，就很容易开发出使用母版的内容页面。在处理内容页面时，所有母版项都是灰色显示，表示不能编辑。可以修改的项会清晰地显示在内容页面中。这些可修改处理的区域称为内容区域，图 5.18 显示利用母版创建内容页，内容页中拥有一个内容区域。

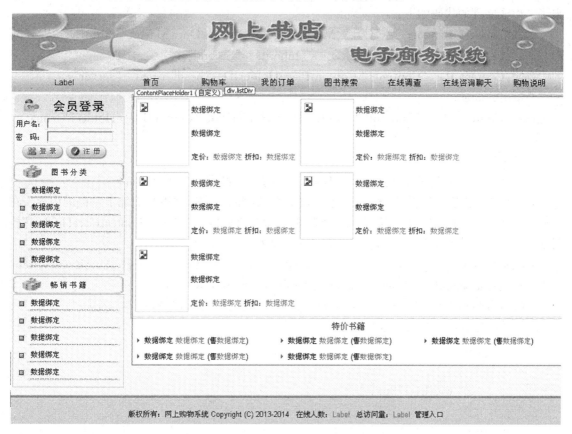

图 5.18　利用母版创建的拥有内容区域的内容页

在图 5.18 中，页面白色区域为内容区域，上边和左边灰色显示部分为母版部分。用户可以在白色区域操作或添加内容，灰色显示部分则在内容页中不能修改。

我们看到设计视图中只有"〈asp:ContentPlaceHolder〉"部分高亮显示并且能操作，而刚刚在母版页中能编辑的部分已经变成灰色，并且不再能编辑。

具体利用母版创建内容页，就不专门举例说明了。

5.7.2 母版的嵌套使用

母版为创建母版化的Web应用程序提供了很大的方便。但是很多网站仍然有二级页面，每个二级页面可能页眉和页脚一样，而左侧或右侧内容不一样，与此同时又需要根据二级页面创建出很多三级页面。这样下去其实就是二级页面是利用一级页面母版创建的母版，三级页面就是利用二级页面母版创建的内容页，这就是母版的嵌套使用。简单来说，就是一个Master页面中嵌套了另一个Master页面。

【例5.8】 建立基于One.Master母版的子母版，子母版中修改了中间部分靠左侧的内容。

(1) 在"解决方案资源管理器"中，右键单击网站，选择"添加"/"新建项"，在弹出的对话框中，选择模板中的"嵌套的母版页"，将文件命名为"Second.Master"。

(2) 点击"添加"，弹出对话框，此时选择母版页One.Master。至此，子母版页文件被创建出来了。生成文件的代码如下：

```
<%@ Master Language="C#" MasterPageFile="~/One.Master" AutoEventWireup="True" CodeBehind="Second.master.cs" Inherits="Second" %>
<asp:Content ID="Content1" ContentPlaceHolderID="head" runat="server">
</asp:Content>
<asp:Content ID="Content2" ContentPlaceHolderID="ContentPlaceHolder1" runat="server">
</asp:Content>
```

与内容页的不同就是页面里第一行代码"<@page..>"换成了"<@Master…>"。

(3) 像修改内容页一样，修改子母版页中的可编辑部分内容，这里我们加上左侧的内容。在"<asp:Content>"控件中修改内容，插入一个表格，在表格里放置一个"<asp:ContentPlaceHolder>"控件表示这个是内容页的编辑区域。最后形成的代码如下：

```
<%@ Master Language="C#" MasterPageFile="~/One.Master" AutoEventWireup="True" CodeBehind="Second.master.cs" Inherits="Second" %>
<asp:Content ID="Content1" ContentPlaceHolderID="head" runat="server">
    <style type="text/css">
        .style3
        {
            width: 172px;
        }
    </style>
</asp:Content>
<asp:Content ID="Content2" ContentPlaceHolderID="ContentPlaceHolder1" runat="server">
    <table class="style1">
        <tr>
            <td class="style3">
                欢迎来到我的主页！下面可以来浏览了！</td>
            <td>
```

```
                <asp:ContentPlaceHolder ID="ContentPlaceHolder2"runat="server">
                </asp:ContentPlaceHolder>
            </td>
        </tr>
    </table>
</asp:Content>
```
至此,嵌套母版创建内容页完成。

5.8 应用4:创建网上购物系统前台母版页

Visual Studio 能够轻松创建母版页,对网站的全部或部分页面进行样式控制。单击"添加项"选项,选择"母版页"项目,即可向项目中添加一个母版页。母版页同 Web 窗体在结构上基本相同,与 Web 窗体不同的是,母版页的声明方法不是使用 Page 的方法声明,而是使用 Master 关键字进行声明。

【例5.9】 创建如图 5.18 所示页面所用的母版。其上部是站点的 Logo 图标和主菜单,左侧是登录页面、类别导航和畅销书籍,下部为站点的版权信息、访问统计及后台入口,中右侧留给每个页面用来填充不同的内容。

设计步骤:

(1) 在 Visual Studio 中,找到右侧的"解决方案资源管理",选择站点,右键选择"添加"/"新建项",弹出"添加新项"对话框。在右侧的"模板"中选择"母版页",命名后点击添加。

(2) 由于前面我们已经制作了用户控件,因此在这个母版中,我们只需要对页面进行分区块,用 CSS+DIV 进行布局,然后把相应的用户控件拖入到相应的 DIV 块中即可。最后生成的 HTML 代码如下:

```
<%@ Master Language="C#" AutoEventWireup="True" CodeFile="MasterPage.master.cs" Inherits="MasterPage" %>
<%@ Register src="UserControl/top.ascx" tagname="top" tagprefix="uc1" %>
<%@ Register src="UserControl/leftType.ascx" tagname="leftType" tagprefix="uc2" %>
<%@ Register src="UserControl/bottom.ascx" tagname="bottom" tagprefix="uc3" %>
<%@ Register src="UserControl/LoginRegist.ascx" tagname="LoginRegist" tagprefix="uc4" %>
<!DOCTYPE html PUBLIC "-//W3C//DTD XHTML 1.0 Transitional//EN" "http://www.w3.org/TR/xhtml1/DTD/xhtml1-transitional.dtd">
<html xmlns="http://www.w3.org/1999/xhtml">
<head runat="server">
    <title>网上购物系统</title>
    <link href="css/hyperlink.css" rel="stylesheet" type="text/css" />
    <link href="css/StyleSheet.css" rel="stylesheet" type="text/css" />
```

```
        <asp:ContentPlaceHolder ID="ContentPlaceHolder1" runat="server">
        </asp:ContentPlaceHolder>
    </head>
    <body>
        <form id="form1" runat="server">
        <div class="father">
            <uc1:top ID="top1" runat="server" />
        </div>
        <div class="father">
            <div class="LeftDiv">
                <uc4:LoginRegist ID="LoginRegist1" runat="server" />
                <uc2:leftType ID="leftType1" runat="server" />
            </div>
            <div class="RightDiv">
                <asp:ContentPlaceHolder ID="ContentPlaceHolder2" runat="server">
                </asp:ContentPlaceHolder>
            </div>
        </div>
        <div class="father" style ="clear:both ;">
            <uc3:bottom ID="bottom1" runat="server" />
        </div>
        </form>
    </body>
</html>
```

在上面的代码中,"<%@ Registe%>"对用到的用户控件进行了注册,当然这个注册指令是在拖动用户控件时自动产生的。

"<head>"部分的"<link>",用于把母版中用到的 CSS 样式文件导入当前母版中。

母版的"<body>"部分代码非常简洁,就是使用了用户控件,各板块已经在用户控件中进行了封装,母版中用到的样式全部采用外联式样式文件。这样处理,母版非常地清晰明了,布局方式一目了然。母版中的 ContentPlaceHolder 控件是内容页可编辑区占位符,以后利用母版创建的内容页,只能在这一部分进行自定义。

母版页的结构基本同 Web 窗体,编写母版页的方法非常简单,只需要用编写普通页面一样的方法编写母版页。这个母版中包含了两个重要的控件"<asp:ContentPlaceHolder>";第一个"<asp:ContentPlaceHolder>"控件定义在"<head>"元素中,以允许内容页添加页面的 metadata 元素,比如搜索关键字和样式表链接文件设置等;第二个"<asp:ContentPlaceHolder>"控件更加重要,它定义在"<body>"元素中,代表内容页要自定义编辑的内容。

(3)母版中用到的样式文件,在各内容页面中都会继承下去。下面介绍 hyperlink.css 和 StyleSheet.css 的内容。StyleSheet.css 的内容如下:

body
{

```css
    width:990px;
    margin:3px auto;
    font-family:宋体;
    font-size:13px;
    text-align:center;
    line-height:150%;
}
.father
{
    text-align:left;
    width:990px;
    font-size:14px;
    margin-left :auto;
    margin-right:auto ;
}
.LeftDiv
{
    padding:4px;
    float:left;
    width:200px;
    font-size:13px;
}
.RightDiv
{
    float:right;
    width:770px;
    line-height:160%;
    padding-top:7px;
    font-size:13px;
}
Image
{
    border:1px ;
    margin:1px;
}
```

hyperlink.css 的内容如下，对超链接在未访问情况，已访问情况，鼠标位于超链接之上时的样式进行了定义。

```css
A:link
{
    color:#000000;
```

```
        text-decoration：none；
}
A：visited
{
        color：#000000；
}
A：hover
{
        color：#ff0000；
        text-decoration：underline；
}
```

思 考 练 习

1. 结合盒子模型，谈谈你对 margin、padding、border 的理解。
2. 简述应用用户控件和母版的优点。
3. 在一个 Web 应用程序中可以有多少个站点地图文件？存放在什么位置？其中节点〈siteMapNode〉的 url 属性和 title 属性的功能是什么？
4. 应用 CSS＋DIV 设计如图 5.19 所示的母版页，页面被划分为上、下、左、右四个板块，除右板块外，其他板块要求设计为用户控件，并且左板块的"通知公告"和"友情链接"也设计成两个用户控件，"通知公告"是一个向上滚动的字幕。然后利用这个母版创建页面。

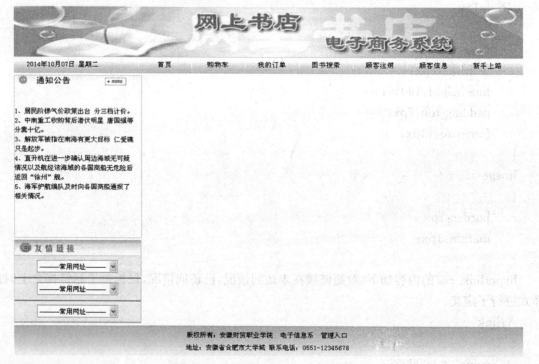

图 5.19　应用 CSS＋DIV 设计的母版

5. 请用 CSS+DIV 设计网上购物系统后台管理子系统母版页,母版页左侧利用 TreeView 控件制作树形菜单,右侧"你当前位置:"使用站点地图导航控件制作。母版制作完成后,利用母版创建一个页面测试效果。

第6章 ASP.NET常用服务器控件

ASP.NET服务器控件是ASP.NET网页中的对象，当客户端浏览器请求服务器端网页时，这些服务器控件将在服务器端运行，并生成HTML标记向客户端浏览器发送。使用ASP.NET服务器控件可以大幅减少开发Web应用程序所需编写的代码量，提高开发效率和Web应用程序的性能。

6.1 服务器控件概述

6.1.1 HTML客户端控件

ASP.NET控件分客户端控件和服务器端控件。客户端控件运行于客户端，由浏览器来解析其中的代码并呈现出效果。服务端控件运行于服务端，并把运行结果以HTML标记方式向客户端的浏览器发送，由浏览器来解析并呈现出效果。下面举例来了解客户端控件。

【例6.1】 设计如图6.1所示界面的网页，含有三个文本框和一个按钮，都是客户端HTML标签控件，单击"＝"按钮，实现相加并把结果显示在第三个文本框中。

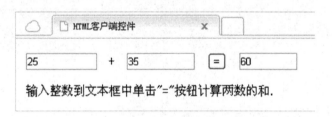

图6.1 客户端控件

(1) 添加网页，利用VS开发窗口中的"HTML工具箱"中的HTML客户端控件，向网页中添加三个文本框和一个按钮，添加后，源代码视图主要标记代码如下：

〈form id="form1" runat="server"〉
〈div〉
　〈input id="Text1" type="text" maxlength ="8" style="width: 92px"/〉＋
　〈input id="Text2" type="text" maxlength ="8" style="width: 87px"/〉
　〈input id="Button1" type="button" onclick="AddButton_Click();" value="＝" /〉
　〈input id="Text3" type="text" maxlength="8" style="width: 73px" /〉
〈/div〉
〈/form〉

(2) 在网页中添加如下的JS脚本，实现所要求的功能。

```
<script type="text/javascript" language="javascript">
    function AddButton_Click()
    {
        alert('这是客户端代码!');
        var a= document.getElementById("Text1").value;
        var b=  document.getElementById("Text2").value;
        var answer=parseInt(a)+parseInt(b);
        document.getElementById("Text3").value=answer;
    }
</script>
```

客户端控件运行在客户端,由浏览器解析,所以它不能操作服务器端资源,不能访问后台数据库,主要进行客户端的特效和数据验证等工作。另外,客户端脚本一般由 JS 编写,这不是本书讨论的重点,可以在 JavaScript 相关图书中学习。

6.1.2 HTML 服务器控件

如果页面中包含要提交到服务器端运行的服务器控件,则该页面必然包含一个 form 元素,所有运行在服务器端的控件都必须位于 form 元素内。form 元素包含"runat="server""属性,此属性指示该表单是在服务器端进行处理,同时它指示包含在 form 元素内的控件可被服务器端脚本代码所访问。一个页面有且只能有一个"<form id="form1" runat="server">"标记。

ASP.NET 提供了两大类服务器控件:HTML 服务器控件和 Web 服务器控件。HTML 服务器控件,直接映射到 HTML 元素上;而 Web 服务器控件更复杂,功能更强大。

从运行效率的角度来说,客户端 HTML 标签,消耗资源最少,运行效率最高,能被浏览器直接解析,但服务器无法使用 Web 窗体上的 HTML 标签,可以通过添加"runat="server""将 HTML 元素转换成 HTML 服务器控件,使其在服务器端运行。HTML 服务器控件的基本语法格式为:

〈HTML 标记 id="控件名称" runat="server"〉

如"<input id="txtUserName" type="text" runat="server"/>"。

Web 窗体上的任意 HTML 标签都可以转换成 HTML 服务器控件,方法是:为其添加"runat="server""属性,表示在服务器端运行,凡是服务器端控件都有此属性,在开发环境中,右击"HTML"标签,选择"作为服务器控件运行"即可产生此属性;同时,为了在代码中引用它,还要为该控件分配 id 属性值。

很多 HTML 服务器控件,在 Web 服务器控件中已经有相同功能的控件来代替,而且 Web 服务器控件相比 HTML 服务器控件,操作更统一。比如,对于 Web 服务器控件可以统一使用 Text 属性来访问控件上的文本,而 HTML 服务器控件要通过 Value 属性来获取控件上的文本。这是因为 Web 服务器控件是完全面向对象的。

其次,HTML 服务器控件现在通常是用来对 Web 服务器控件进行补充的。对于文本框、按钮和下拉框等,我们通常使用 Web 服务器控件,而对于像"<div>"等对象没有对应的 Web 服务器控件,我们通过添加"runat="server""把它转换为 HTML 服务器控件来运行,再设置其 id 属性来引用它,实现在服务器端程序代码中访问"<div>"。

由于 HTML 服务器控件使用较少,这里不再过多讲述。

【例 6.2】 用 HTML 服务器控件改造例 6.1，设计如图 6.2 所示界面的网页，含有三个文本框和一个按钮，单击"="按钮，实现相加并把结果显示在第三个文本框中。并在下方用 DIV 的 InnerHtml 属性和 InnerText 属性分别显示"数据计算结果正确"。

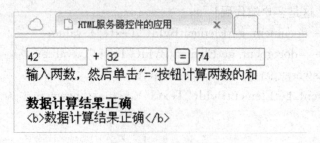

图 6.2　HTML 服务器控件的应用

(1) 添加网页，利用 VS 开发窗口中的 HTML"工具箱"中的 HTML 标签控件，向网页中添加三个文本框、一个按钮及两个 DIV，添加"runat="server""把它们转化成 HTML 服务器控件，并添加 ID 属性值，得到的源视图主要标记如下：

〈form id="form1" runat="server"〉
〈div〉
　〈input id="txtA" type="text" maxlength="8" style="width: 92px" runat="server"/〉＋
　〈input id="txtB" type="text" maxlength="8" style="width: 87px" runat="server"/〉
　〈input id="btnOk" type="button" onserverclick=" btnOk _Click();"runat="server" value="=" /〉
　〈input id="txtResult" type="text" maxlength="8" style="width: 73px" /〉
　〈div id="div1" runat="server"〉〈/div〉
　〈div id="div2" runat="server"〉〈/div〉
〈/div〉
〈/form〉

在上面的标记中，用"onserverclick="AddButton_Click();""指定"="按钮的单击事件，在单击时，在服务器端执行这个事件的代码。

(2) "="按钮的 onserverclick 事件代码如下：

protected void AddButton_Click(Object sender, EventArgs e)
{
　　int Answer = Convert.ToInt32(txtA.Value) + Convert.ToInt32(txtB.Value);
　　txtResult.Value = Answer.ToString();
　　div1.InnerHtml = "〈b〉数据计算结果正确〈/b〉";
　　div2.InnerText = "〈b〉数据计算结果正确〈/b〉";
}

注意：HTML 服务器控件中，读取文本框的值是用 Value 属性，而不是面向对象中的 Text 属性，下面介绍另外两个属性的功能。

InnerHtml：设置与获取 HTML 控件的开始与结束标记之间的内容，此属性不会把特殊字符转换成 HTML 实体。比如，它不会将"〈"转换成"&kt;"。这样，此属性值若含有"〈b〉中国〈/b〉"值，送到浏览器将被解析成加粗的"中国"。简单地说，这个属性会把其内容字符串中包含的 HTML 标记进行解析再显示，如"〈br〉"会被解析成换行。

InnerText：设置与获取 HTML 控件的开始与结束标记之间的内容，此属性会把特殊字符转换成 HTML 实体，比如，它会将"〈"转换成"&kt;"。这样，此属性值若含有"〈b〉中国〈/b〉"值，送到浏览器后，"〈b〉中国〈/b〉"将被原样显示。

6.1.3 Web 服务器控件

相对于 HTML 服务器控件，Web 服务器控件具有更多的功能和更灵活的操作，提供了更加一致的编写方式。

在 ASP.NET 的"工具箱"中，只有"HTML"选项中的控件是客户端控件，其他都是 Web 服务器控件，根据它们所提供的功能不同，被放置在"标准、数据、验证、导航、登录、AJAX、报表"等选项卡中。ASP.NET 服务器控件的基本语法格式如下：

〈asp:controlType id="ControlID" runat="server" Property="PropertyValue" 〉〈/asp:controlType〉

如："〈asp:TextBox ID="txtA" runat="server" MaxLength="30"〉〈/asp:TextBox〉"。

所有的控件标签都是以"asp:"开头，这就是标记前缀，利用 ID 属性值，可以在编程时引用这个控件，"runat="server""表示它在服务器端运行。

ASP.NET 服务器控件是服务器端对象，当用户通过浏览器请求 ASP.NET 网页时，这些控件将运行并把生成的 HTML 标记和一些客户端脚本代码发送到浏览器，由浏览器解析并呈现出来。下面介绍如何设置服务器控件的属性。

每个控件都有自己的属性，如 ID、Text 属性等。通过设置控件的属性，可以改变控件的显示风格和展现内容。在 ASP.NET 中，可以通过三种方式来设置服务器控件的属性，分别是：

(1) 通过属性窗口直接设置属性值。这种方法比较简单，只需右击该控件，从弹出的快捷菜单中选择"属性"命令，利用属性窗口对属性进行可视化设置。

(2) 在前台窗体文件的源代码视图中，对控件的 HTML 标记代码设置属性值。

(3) 通过页面的后台代码以编程方式设定控件的属性值。

后两种设置方式，可充分利用 ASP.NET 开发环境提供的智能感知功能进行设定。

6.1.4 Web 服务器控件的基类

在 ASP.NET 中，所有的 Web 服务器控件都定义在 System.Web.UI.WebControls 命名空间中，都派生自 WebControl 基类。而 WebControl 基类又派生自 Control 基类，Control 基类提供了一个更抽象、更一致的模型，使得 Web 服务器控件的外表配置起来更加简单、方便和统一。表 6.1 给出了 Control 基类常用的基本属性，表 6.2 给出了 WebControl 基类常用的基本属性。

表 6.1 Control 基类常用的基本属性

属 性	描 述
Controls	该控件包含所有子控件对象的集合
ID	引用控件的 ID 标识符，一个页面中不允许两个控件的 ID 相同

续表

属性	描述
Parent	返回页面控件树层次结构中对该控件的父控件的引用
Visible	设定控件显示还是隐藏,默认值为"True"

表 6.2　WebControl 基类常用属性

属性	描述
Attributes	控件不具有的属性,用户给它附加的属性集合。Web 服务器控件自身不具有的属性而又想将它附加的属性或控件的客户端事件都添加到此集合中,通过它可以使用未被控件直接支持的 HTML 属性或客户端事件,这个属性在编程中有重要的用途。注意,它只能用编程方式设置
BackColor	控件的背景色,其值可以为颜色常量,也可以为十六进制格式(如"♯00FFCC")表示的 RGB 值
BorderColor	控件的边框颜色
BorderStyle	控件的边框样式
BorderWidth	控件边框宽度
CssClass	分配给控件关联样式表(CSS)类,当窗体中有很多控件使用相同的样式时,可把样式定义在外部样式表中,然后用这个属性引用定义的样式类
Style	控件 CSS 样式属性集合,样式属性以"键/值"对形式存在
Enabled	此属性为"True"(默认值)时控件起作用,为"False"时禁用控件,禁用后控件变灰不能使用,但仍可见,而不是隐藏
EnableViewState	表示该控件是否维持视图状态,默认为"True"
Font	设置字体信息
ForeColor	控件的前景色
Height	控件的高度,单位有像素 px(默认值)、磅 pt、英寸 in、毫米 mm、百分比%、一个大写字母的宽度 em,一个小写字母的宽度 ex
Width	控件的宽度,单位与 Height 一样

除了上面的几个基本属性外,Control 基类还有一些的重要方法。

(1) FindControl(string controlID):这是一个非常重要的方法,它接收一个 string 型控件 ID,然后搜索当前子控件树内任意深度的匹配 ID 的子控件,返回一个 Control 基类,这个方法在编程中经常用到。

我们知道,页面中所有的控件构成一个控件树,根结点当然是 Page,若想找到这个控件树中指定 ID 的控件是很难的。与 Word 寻找文本类似,可以从根结点一层一层找到它,也可以用查找的方式找到它,FindControl()方法就是查找方式。

比如后面的数据绑定控件,其模板中定义有很多子控件,怎么找到并引用特定的子控件呢? 当然可以用 FindControl(ID)方法,它返回的控件是 Control 类型,所以要强制转换成实际的控件类型。

举个例子,假定网页中一个 ID 为"txtUserName"的文本框,用 FindControl()方法引用它并输出其文本,可以使用下面的代码:

TextBox myTextBox = Page.FindControl("txtUserName") as TextBox;
//上述的 as 是类型转换语句,若类型转换失败则返回的是 null
if(myTextBox!=null)
　　Response.Write(myTextBox.Text)

(2) HasControl():判断控件内是否包含子控件,有则返回 True,否则返回 False。

说明:上面讲到的单位中,像素 px 是一个相对量,比如同样是设定控件的宽为 100px,在屏幕分辨率设为 1024*768 时,就比设定为 800*600 时要小。而磅 pt 是一个绝对单位,不论分辨率设为多少,宽为 100pt,实际长度不变。em 表示一个大写字母的宽度,比如经常设置段的首行缩进 2em。

上述给出的是 Web 服务器控件基类的部分属性和方法,所有 Web 服务器控件都具有这些属性和方法,这里统一进行说明,以后在介绍每一种控件时,就不再单独说明这些共有属性,只关注每种控件的特色部分。

6.1.5 服务器端事件、客户端事件

1. 服务器端事件

服务器端事件是基于事件委托的,委托将事件与事件处理程序相连接。引发事件需要两个元素,一个是事件源,一个是事件相关的信息。所以事件处理程序都具有两个参数,一个表示引发事件的对象 sender,一个是包含事件特定信息的事件参数,事件参数通常是 EventArgs 类型或其子类型。

【例 6.3】 添加页面 ControlEvent.aspx,在其中只添加一个 ImageButton 按钮,按钮上显示为一张图片,单击按钮,在弹出的消息框中显示当前单击点的位置。

图片按钮的单击事件代码如下:

```
protected void ImageButton1_Click(object sender, ImageClickEventArgs e)
{
    // ImageClickEventArgs 为 EventArgs 事件参数的子类
    ImageButton myImageButton = sender as ImageButton;  //类型强制转换
    if (myImageButton ! = null)
        Response.Write(string.Format("<script>alert('位置:X={0},Y={1}')
</script>", e.X, e.Y));
}
```

上述事件中,sender 代表引发事件的对象,当然就是单击的图片按钮,但 sender 是 object 类,必须强制转换类型。

服务器端事件,使用比较简单,只需要选中对象后,在其属性窗口中选择事件,双击即可进入事件编写状态,下面看看客户端事件怎么编写。

2. 客户端事件

大家知道,客户端控件只能在客户端运行,所以它只有客户端事件。Web 服务器端控件在服务器端运行,它既有服务器端事件也可以有客户端事件。

学习过JavaScript的都知道,JS教材中,用到的控件一般都是HTML客户端标记控件,编写客户端事件,可以直接在HTML标记中打空格,利用智能感知选择事件名,然后编写事件代码。可是在Web服务器端控件的HTML标记中,智能感知弹出的都是服务器端事件,如图6.3所示。Web服务器端控件客户端事件怎么编写呢?

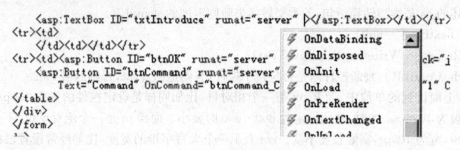

图6.3 服务器端事件

Web服务器端控件的客户端事件有两种编写方法:

第一种方法:在WebControl基类常用的属性中,我们说过Attributes属性,它可以把任何未由Web服务器控件定义的HTML属性或客户端事件都添加到此集合中,从而达到注册HTML属性或客户端事件的功能。其原理是,该属性包含的键/值对的值,服务器把它作为字符串处理,直接发送到浏览器,浏览器收到后进行解析,识别出这是属性或客户端事件。所以浏览器能识别的HTML属性或客户端事件都可以利用服务器控件的Attributes属性进行注册,当然,这个注册要写在Page_Load事件中。

第二种方法:有些控件,如三种按钮控件,都具有一个OnClientClick事件,从名称就知道它是客户端事件,可以用它编写Web服务器端控件的客户端事件。这种方法简单,下面举例说明第一种方法。

【例6.4】 添加页面ControlEvent.aspx,按如图6.4所示,在其中添加两个Web服务器控件:一个文本框和一个按钮。在页面的Page_Load事件中用Attributes属性为按钮注册客户端单击事件OnClick,此客户端事件的功能是弹出确认消息框。输入待删除用户名后,单击"删除"按钮,弹出"确定要删除吗?"消息框,若单击"确定"执行删除此用户,点击"取消"不执行任何操作。

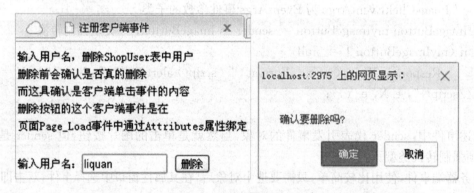

图6.4 注册客户端事件

(1)按要求添加页面,布局相应控件。
(2)在页面的Page_Load事件中,利用Attributes属性注册事件。

```
protected void Page_Load(object sender, EventArgs e)
{
    if (! IsPostBack)
    { // 利用 Attributes 属性注册客户端事件
      btnShow.Attributes.Add("OnClick ","javascript:return window.confirm('确认要删除吗？');");
    }
}
```

这里利用 Attributes 属性为 Web 服务器控件注册未由 Web 服务器控件定义的客户端事件，它也能为 Web 服务器控件注册未定义的 HTML 属性，因为这些都是送到浏览器进行解析，浏览器可识别。当然因为是按钮，完全可以在 OnClientClick 中写客户端事件，但很多控件未定义 OnClientClick 事件，所以它更通用。

"删除"按钮的服务器端事件代码为：

```
protected void btnDelete_Click(object sender, EventArgs e)
{
    UserShopDAL oUserShopDAL = new UserShopDAL();
    bool r = oUserShopDAL.UserShop_DeleteByUserName(this.txtUserName.Text);
    if (r)
        Response.Write("<script>alert('删除成功！');</script>");
    else
        Response.Write("<script>alert('删除失败！');</script>");
}
```

6.2 标准服务器控件

6.2.1 标签控件 Label

标签控件的主要功能是显示各种信息，其中 Text 属性就是用来设定要显示的信息。它不仅能显示文本信息，而且可以显示其他各类信息。实际上 Text 属性值可以是任何 HTML 标记，运行时 Text 属性值作为字符串原样显示，其中的 HTML 标记被客户端浏览器解析。除了标签控件的 Text 属性有此特性外，Literal 控件的 Text 属性也有此特性，不过它要受到 Mode 属性值的影响。

标签控件 Text 属性的这一特性，有很大用处，比如用 ASP.NET 开发的新闻站点图文并茂，实际上设计时可能就是一个标签控件，其 Text 属性包含了丰富的内容。下面举例来演示。

【例 6.5】 添加页面 LabelControl.aspx，在其中只添加一个标签控件，在窗体的 Page_Load 事件中编写代码，显示如下效果，即蓝字、水平线、红字、红水平线和一张图。

窗体的 Page_Load 事件代码如下：

```
protected void Page_Load(object sender, EventArgs e)
{
```

```
        Label1.Text = "<font color='blue'>中华人民共和国</font><hr/>";
        Label1.Text += "<font color='red'>中华人民共和国</font><hr color='red'/>";
        Label1.Text += "<img src='images/earth.gif' />";
}
```

图6.5 标签控件的应用效果

本例说明标签除了显示文本信息外,还可以显示任何信息。实际上,标签在服务器端运行,产生的客户端 HTML 标记是"<span>",给标签的 Text 赋值,被赋的值都出现在"<span>"和"</span>"之间,故出现上述效果。

服务器控件运行后,会产生对应的 HTML 标记。如果想深入理解,请上网查找各种服务器控件运行后都对应产生什么 HTML 标记,这样,才能对 Web 编程有深入地理解。查看服务器控件运行后对应产生的 HTML 标记是哪个,运行后可以右击浏览器中页面,查看源代码。

6.2.2 文本框控件 TextBox

文本框控件 TextBox 是用得最多的控件之一,该控件用来输入文本信息。默认的文本控件是一个单行的文本框,用户只能在文本框中输入一行内容。通过修改 TextMode 属性,则可以将文本框设置为多行或者是以密码形式显示,文本框控件常用的控件属性如下:

(1) TextMode:文本框的模式,设置文本框是单行(SingleLine)、多行(MultiLine)还是密码文本框(PassWords)。当为密码框时,所有输入字符显示为"*"。

(2) AutoPostBack:文本修改以后,是否自动回传到服务器,详细应用见下拉列表框中讲解。

(3) MaxLength:整数,设定用户输入的最大字符数。

(4) ReadOnly:是否为只读文本框。

(5) Rows:整数,设定作为多行文本框时所显示的行数。

(6) Columns:整数,设定作为多行文本框时所显示的列数。

(7) Wrap:文本框内容超过其宽度时是否能自动换行。

(8) EnableViewState:控件是否自动保存其状态用于往返过程。

ASP.NET 是无状态的,在把页面各控件提交到服务器后,控件的属性值便恢复为默认值,这就需要一种机制使控件在提交后再回传到客户端时,控件还能保持提交前的属性值。ViewState 就是 ASP.NET 中用来保存回传时 Web 控件状态的一种机制,它是由 ASP.NET 页面框架管理的一个隐藏字段。在回传发生时,ViewState 包含的数据将回传到服务器,回传后 ASP.NET 框架解析 ViewState 字符串,并根据 ViewState 字符串中的信息为页面中的各个控件填充属性再发回客户端。所以填充后,控件通过使用 ViewState 将数据重新恢复到回传以前的状态。

特别是数据绑定控件,显示数据库中的信息。如果不启用 ViewState(即 EnableViewState 为"False"),每次打开页面都要从数据库读取数据且绑定后再显示,这是不明智的,增加了数据库的负担。启用 ViewState,加载页面时仅读取一次数据库,在后续的回传中,控件将自动从 ViewState 中重新填充,减少了数据库的读取,在默认情况下,EnableViewState 的属性值通常为"True"。

6.2.3 按钮控件(Button、LinkButton、ImageButton)

在 ASP.NET 中,包含三类按钮控件,分别为 Button、LinkButton、ImageButton。它们的功能基本相同,但外观上有区别。Button 的外观就是传统按钮的外观,LinkButton 的外观与超链接效果相同,ImageButton 按钮是用图形方式显示,其图像是通过 ImageUrl 属性来设置。所以在设计时,应根据实际需要选择按钮。按钮被单击(Click)时,就把页面事件代码提交到服务器进行处理。

比如在网页中添加 LinkButton 按钮,单击该按钮后,可转向其他网页,从而起到"超链接"的作用,其外观是超链接的效果。其代码如下:

```
private void LinkButton1_Click(object sender, EventArgs e)
{
    Response.Redirect("其他窗体的 URL");
}
```

1. 三种按钮的共同属性

(1) PostBackUrl 属性:利用这个属性可以实现"返回"效果,即先将该属性设成某个网页的 URL,以后单击该按钮时就会直接转向该网页。

(2) OnClientClick 属性:定义按钮的客户端单击事件,可以是 JS 脚本代码,也可以是 JS 脚本函数名。

(3) CommandName 属性:当一个网页中有多个按钮,可以使多个按钮共用一个事件,在事件中,通过此属性确定到底单击的是哪一个按钮。另外,后面的数据绑定控件,其模板中常嵌入多个按钮并且共享同一事件,这些按钮就用此属性区别是哪个按钮触发的事件,到时大家会更加深入地理解此属性。

(4) CommandArgument 属性:命令按钮的命令参数,一般与 CommandName 属性配合,获取命令的附加信息。这两个属性与 Command 事件结合,在后续章节的数据绑定控件中经常用到。

2. 三种按钮的共同事件

(1) Click 事件:这是按钮的服务器端单击事件,请注意,OnClientClick 属性指定的是客户端单击事件,这就出现一个问题,同一控件既有服务器端单击事件,又有客户端单击事件,当单击控件时,到底哪个先执行? 同一服务器控件既有服务器端 Click 事件,又有客户端 Click 事件,先执行客户端 Click 事件,当客户端事件返回 True 时才向服务器提交表单,执行服务器端 Click 事件,客户端事件返回 False 时,其服务器端 Click 事件得不到执行,常用于删除信息时进行确认。

(2) Command 事件:按钮的 Click 事件并不能传递参数,所以处理的事件相对简单。而 Command 事件可以传递参数,负责传递参数的是按钮控件的 CommandArgument 属性。按钮控件也是通过单击触发 Command 事件。通常在事件中，按钮的 CommandArgument 属性与 CommandName 属性配合使用，可以使多个按钮共享同一个事件处理程序。

【例 6.6】 设计如图 6.6 所示的页面，含有三个命令按钮，编写它们的 Command 事件，使三个事件与同一个事件处理程序相连接，通过按钮的属性 CommandName，识别事件源，通过属性 CommandArgument 带入参数。

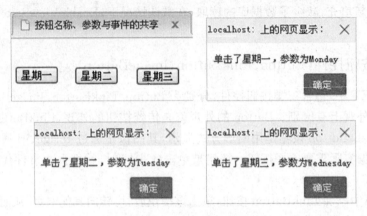

图 6.6　多个按钮共享事件代码

(1) 向网页中添加三个按钮，设计相应属性值及事件，产生的源视图主要标记如下：
〈form id="form1" runat="server"〉
〈div〉
　　〈asp:Button ID="Button1" runat="server" Text="星期一" CommandName="one" CommandArgument="Monday" oncommand="Item_Command" /〉
　　〈asp:Button ID="Button2" runat="server" Text="星期二" CommandName="two" CommandArgument="Tuesday" oncommand="Item_Command" /〉
　　〈asp:Button ID="Button3" runat="server" Text="星期三" CommandName="three" CommandArgument="Wednesday" oncommand="Item_Command" /〉
〈/div〉
〈/form〉

上述代码中，三个按钮的 OnClick 事件指向同一处理程序，但它们的 CommandName 互不相同。

(2) 这三个按钮的 command 事件共享的事件处理程序为：
protected void Item_Command(object sender, CommandEventArgs e)
{
　　string str = "";
　　switch(e.CommandName)
　　{
　　　　case "one":
　　　　　　str=string.Format("〈script〉alert('单击了星期一，参数为{0}')〈/script〉", e.CommandArgument); break;
　　　　case "two":

```
            str=string.Format("<script>alert('单击了星期二,参数为{0}')</script>",
    e.CommandArgument);break;
        case "three":
            str=string.Format("<script>alert('单击了星期三,参数为{0}')</script>",
    e.CommandArgument); break;
    }
    Response.Write(str);
}
```

6.2.4 复选框控件(CheckBox)和复选框列表控件(CheckBoxList)

复选框控件(CheckBox)和复选框列表控件(CheckBoxList)都为用户提供了在真/假、是/否或开/关选项之间进行选择的方法。

1. 复选框控件(CheckBox)

CheckBox 适合用在选项不多且比较固定的情况。CheckBox 控件有如下常用属性：

(1) Text 属性：指定要在该控件中显示的标题。

(2) TextAlign 属性：设置标题显示在选项的左侧还是右侧。

(3) Checked 属性：设置或判断复选框是否被选中,选中时其值为"True",否则为"False"。

(4) AutoPostBack 属性：设置此控件的事件是否立即发送到服务器执行。

很多控件都有 AutoPostBack 属性,它表示此控件的事件是否立即回传发往服务器处理,默认值一般都是"False"。网页中只有按钮控件是立即回传的,即单击按钮会立即把代码发往服务器处理,其他控件发生事件时,事件处理程序不能立即提交服务器处理,被缓存起来,直到单击按钮时才一起发送到服务器处理。如果要求服务器立即响应控件的事件,就应把控件的 AutoPostBack 属性设为"True",这样该控件的事件发生后就可以立即回传服务器进行处理而不会被缓存起来。

CheckBox 控件有一个 CheckedChanged 事件,当该控件的状态发生改变时,将引发此事件,但在默认情况下,该事件并不立即向服务器发送,而是缓存起来,但若 CheckBox 控件 AutoPostBack 属性设为"True",则立即发送。

2. 复选框列表控件(CheckBoxList)

当选项较多,同时想用数据绑定方式创建一系列复选项,或者需要在运行时动态决定有哪些选项时,使用 CheckBoxList 控件则比较方便。

CheckBoxList 控件继承自 ListControl 抽象基类,它是在开始标记和结束标记之间放置 ListItem 元素来创建所要显示的项。该元素的格式如下：

〈asp:ListItem Value="该项 Value 值"〉该项显示文本 Text〈/asp:ListItem〉

当该元素项的 Text 属性值和其 Value 属性值相同时,省略 Value 属性部分,格式如下：

〈asp:ListItem〉显示文本 Text〈/asp:ListItem〉

在显示的设置上,可以使用 RepeatDirection 属性指定列表的显示方式是垂直显示(默认)还是水平显示,RepeatColumns 属性设置每行显示几列复选框,默认值为"0",表示每行只显示一个复选框。

CheckBoxList 控件的数据是静态固定数据时,可以使用其属性窗口中的 Items 集合编辑器,可视化地设置其数据。

另外，CheckBoxList 控件支持数据绑定，绑定到数据源，数据源可以为数组、集合以及利用数据库产生的数据集。

若要将该控件绑定到数据源，先设定其 DataSource，再用 DataTextField 和 DataValueField 属性分别指定将数据源中的哪个字段绑定到控件中每个列表项的 Text 和 Value 属性，再用 DataBind 方法将该数据源绑定到 CheckBoxList 控件。

【例 6.7】 创建如图 6.7 所示的网页，在上方用复选框组控件显示四种固定的数据，选择后单击确定按钮，在最下方显示选择结果。下方的两处复选框可以改变显示方向和字体颜色，并且选择后，立即发生相应变化。

图 6.7 复选框和复选框列表

(1) 按要求在网页添加相应控件，设好控件的相应属性，产生的源视图主要标记如下：
〈form id="form1" runat="server"〉
〈div〉选择你想学习的计算机语言：
　　〈asp:CheckBoxList ID="cblLanguage" runat="server" RepeatDirection="Horizontal"〉
　　　　〈asp:ListItem Value="VB语言"〉VB〈/asp:ListItem〉
　　　　〈asp:ListItem Value="C#语言"〉C#〈/asp:ListItem〉
　　　　〈asp:ListItem Value="C++语言"〉C++〈/asp:ListItem〉
　　　　〈asp:ListItem Value="Java语言"〉Java〈/asp:ListItem〉
　　〈/asp:CheckBoxList〉
　　〈asp:Button ID="btnSelect" runat="server" onclick="btnSelect_Click" Text="确定" /〉
　　〈asp:CheckBox ID="chkDirection" runat="server" AutoPostBack="True" oncheckedchanged="chkDirection_CheckedChanged" Text="改变显示方向" /〉
　　〈asp:CheckBox ID="chkColor" runat="server" AutoPostBack="True" oncheckedchanged="chkColor_CheckedChanged" Text="改变字体颜色" /〉
　　〈asp:Label ID="lblResult" runat="server" Text=" " ForeColor="#FF3300"〉
　　〈/asp:Label〉
〈/div〉
〈/form〉

上述代码中，后面两个复选框的 AutoPostBack 属性设置为"True"，表示选中"改变显示方向"和"改变显示颜色"复选框后，其事件立即回传到服务器端执行。

(2) "确定"按钮的单击事件代码如下：

```
protected void btnSelect_Click(object sender, EventArgs e)
{
    string str = "选择结果:";
    lblResult.Text = "";
    for (int i = 0; i < cblLanguage.Items.Count; i++)
    {
        if (cblLanguage.Items[i].Selected)
            str += cblLanguage.Items[i].Value + " ";
    }
    if (str == "选择结果:")
        Response.Write("<script>alert('请作出选择!');</script>");
    else
        lblResult.Text = str;
}
```

(3)"改变方向"复选框的 CheckedChanged 事件代码如下:

```
protected void chkDirection_CheckedChanged(object sender, EventArgs e)
{
    cblLanguage.RepeatDirection = chkDirection.Checked ? RepeatDirection.Horizontal:
    RepeatDirection.Vertical;
}
```

(4)"改变字体颜色"复选框的 CheckedChanged 事件代码如下:

```
protected void chkColor_CheckedChanged(object sender, EventArgs e)
{
    if (chkColor.Checked)
        this.cblLanguage.ForeColor = System.Drawing.Color.Red;
    else
        this.cblLanguage.ForeColor = System.Drawing.Color.Black;
}
```

6.2.5　单选按钮控件(RadioButton)和单选按钮组控件(RadioButtonList)

单选按钮控件 RadioButton 和单选按钮组控件 RadioButtonList 的作用与使用方法与复选框控件和复选框列表控件基本相同,唯一的区别是在一个 RadioButtonList 内的多个 RadioButton 之间只能有一项被选中,而在 CheckBoxList 中可以同时选择多项。

1. 单选按钮控件(RadioButton)

RadioButton 控件是一个单选按钮,与 CheckBox 一样,RadioButton 控件也具有 Text 属性、TextAlign 属性、Checked 属性和 AutoPostBack 属性,而且含义和使用方法与 CheckBox 完全一样,这里不再叙述。

RadioButton 控件也有 CheckedChanged 事件,当控件的选取状态发生改变时,引发此事件,是否立即回传服务器也取决于 AutoPostBack 属性。

单选按钮 RadioButton 很少单独使用,通常是若干个单选按钮进行分组,以提供一组互斥的选项,在同一个组内,每次只能选择一个单选按钮。那么如何把若干个单选按钮设为一个组呢?

GroupName 属性是 RadioButton 控件的重要属性,它用来对网页中的单选按钮进行分组,GroupName 属性值相同的若干个单选按钮构成一个组,组内各单选按钮互斥。

2. 单选按钮组控件(RadioButtonList)

与复选框列表控件类似,如果想用数据绑定创建一个单选按钮组,使用 RadioButtonList 控件则比较方便。创建 RadioButtonList 后,把它绑定到数据源就可动态生成各个单选项。数据源可以为数组、集合以及利用数据库产生的数据集。

与 CheckBoxList 控件一样,RadioButtonList 同样继承自 ListControl 抽象基类,也是在开始标记和结束标记之间放置 ListItem 元素来创建所要显示的项,该元素有 Text 属性值和 Value 属性,分别是其显示属性和值属性。

与 CheckBoxList 控件类似,若将 RadioButtonList 绑定到数据源,先设定其 DataSource,再用 DataTextField 和 DataValueField 属性分别指定将数据源中的哪个字段绑定到控件中每个列表项的 Text 和 Value 属性,再用 DataBind 方法将该数据源绑定到 RadioButtonList 控件。

在显示的设置上,也是使用 RepeatDirection 属性指定列表的显示方式是垂直显示(默认)还是水平显示,RepeatColumns 属性设置每行显示几列单选按钮,默认值为"0",表示每行只显示一个单选按钮。

当 RadioButtonList 控件的数据是静态固定数据时,也可使用属性窗口中的 Items 集合编辑器,可视化地设置其数据。

上面这些属性的功能与用法与 CheckBoxList 控件完全一样,下面介绍单选按钮组中另外三个常用的属性:

(1) SelectedItem 属性:值为 ListItem 类型,表示在单选按钮组中选中的项。
(2) SelectedValue 属性:值为 String 类型,选中项的 Value 值,等同于 SelectedItem.Value。
(3) SelectedIndex 属性:值为 Int 类型,表示在单选按钮组中选中项的序号,起始为 0。

【例 6.8】 设计如图 6.8 上部所示的界面,用单选按钮控件设计性别和学历选项,用单选按钮组设计行星单选按钮列表,当选择想看的行星选项后,相应的图片立即显示在右侧 Image 图片控件中,单击确定后,用图 6.8 下部所示的消息框形式汇总显示所填写的信息。

(1) 按要求在网页中添加相应控件,把性别和学历单选按钮进行分组,设置行星单选按钮组的 AutoPostBack 属性为"True",以及每一个单选项的 Value 和 Text 属性,产生的源视图主要标记如下:

```
<form id="form1" runat="server">
<div>请输入您的信息:<br />
<table cellpadding="2" style="border: 1px ridge #FF00FF;">
    <tr><td colspan="2">姓名:<asp:TextBox ID="TextBox1" runat="server"></asp:TextBox></td>    </tr>
    <tr><td colspan="2">性别:
        <asp:RadioButton ID="rdbMale" runat="server" GroupName="sex"
        Text="男" Checked="True" />
        <asp:RadioButton ID="rdbFemale" runat="server" GroupName="sex" Text="女" /></td>
    </tr>
```

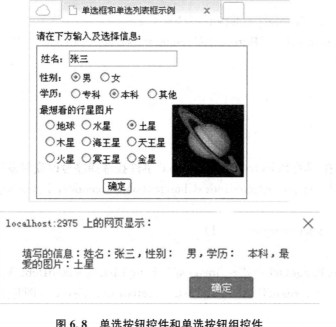

图 6.8 单选按钮控件和单选按钮组控件

〈tr〉〈td colspan="2"〉学历：

　〈asp：RadioButton ID="rdbZK" runat="server" GroupName="xl" Text="专科" Checked="True" /〉

　〈asp：RadioButton ID="rdbBK" runat="server" GroupName="xl" Text="本科" /〉

　〈asp：RadioButton ID="rdbQT" runat="server" GroupName="xl" Text="其他" /〉

　〈/td〉〈/tr〉

〈tr〉〈td〉最想看的行星图片

　〈asp：RadioButtonList id="myList" runat="server" RepeatColumns="3" AutoPostBack="True" onselectedindexchanged="myList_SelectedIndexChanged"〉

　　　〈asp：listitem selected="True" value="earth.gif" text="地球"/〉

　　　〈asp：listitem value="jupiter.gif" text="木星"/〉

　　　〈asp：listitem value="mars.gif" text="火星"/〉

　　　〈asp：listitem value="mercury.gif" text="水星"/〉

　　　〈asp：listitem value="neptune.gif" text="海王星"/〉

　　　〈asp：listitem value="pluto.gif" text="冥王星"/〉

　　　〈asp：listitem value="saturn.gif" text="土星"/〉

　　　〈asp：listitem value="uranus.gif" text="天王星"/〉

　　　〈asp：listitem value="venus.gif" text="金星"/〉

　〈/asp：RadioButtonList〉

〈/td〉

〈td〉〈asp：Image id="Image" runat="server" ImageUrl="~/images/earth.gif" /〉〈/td〉

```
        </tr>
        <tr><td align="center" colspan="2">
            <asp:Button ID="ButtonOK" runat="server" onclick="ButtonOK_Click" Text="确定" />
        </td></tr>
        </table>
    </div>
    </form>
```
(2) 行星单选按钮的 SelectedIndexChanged 事件在选择序号改变时发生，代码如下：
```
protected void myList_SelectedIndexChanged(object sender, EventArgs e)
{
    if (myList.SelectedIndex > -1)
    {
        Image.ImageUrl = "~/images/" + myList.SelectedItem.Value;
        Image.AlternateText = myList.SelectedItem.Text; //图片上的提示文本
    }
}
```
(3) "确定"按钮的 Click 事件代码如下：
```
protected void btnOK_Click(object sender, EventArgs e)
{
    string str1, str2, str3, str4;
    if (TextBox1.Text == "")
        Response.Write("<script>alert('用户名不能为空！');</script>");
    else
    {
        str1 = TextBox1.Text;
        if (rdbMale.Checked)
            str2 = "  男";
        else
            str2 = "  女";
        if (rdbZK.Checked)
            str3 = "  专科";
        else
        {
            if (rdbBK.Checked)
                str3 = "  本科";
            else
                str3 = "  其他";
        }
        str4 = this.myList.SelectedItem.Text;
```

```
        string msg = "<script>alert('填写的信息:姓名:" + str1 + ",性别:" + str2 +
",学历:" + str3 + ",最爱的图片:" + str4 + "');</script>";
        Response.Write(msg);
    }
}
```

6.2.6 列表控件(DropDownList 和 ListBox)

与单选控件组和复选按钮组一样,DropDownList 和 ListBox 都继承自 ListControl 抽象基类,也是在开始标记和结束标记之间放置 ListItem 元素来创建所要显示的项,与单选按钮组 RadioButtonList 及复选按钮组 CheckBoxList 一样,该元素有 Text 属性值和 Value 属性,分别是其显示属性和值属性,所以有很多属性与使用方法与前两者类似,可以把前两者学习技能应用到这里。

1. 下拉列表框控件(DropDownList)

DropDownList 是用下拉列表框方式显示列表选项,主要属性如下:

① AutoPostBack 属性:设定事件是否自动回传。

② Items 属性:设置下拉列表框的静态数据列表项,可用属性工具窗口可视化设置。

③ AppendDataBoundItems 属性:是否将数据绑定项追加到静态数据项的后面,默认为"False",表示覆盖方式,为"True"表示追加方式,原来的静态数据项保留。

④ DataSource 属性:设置控件的数据源。

⑤ DataTextField 属性:指定将数据源中的哪个字段作为列表项的 Text 属性。

⑥ DataValueField 属性:指定将数据源中的哪个字段作为列表项的 Value 属性。

⑦ SelectedItem 属性:值为 ListItem 类型,表示在下拉列表框中选中的项。

⑧ SelectedValue 属性:值为 String 类型,选中项的 Value 值,等同 SelectedItem.Value。

⑨ SelectedIndex 属性:值为 Int 类型,表示在下拉列表框中选中项的序号,起始为 0。

DropDownList 常用事件:

SelectedIndexChanged 事件:当选择项发生变化时,触发此事件,默认情况下,此事件不会立即发往服务器端执行,但当 AutoPostBack 属性为"True"时则立即发送。

2. 列表框控件(ListBox)

ListBox 列表框控件同时可以显示多个列表项,相对于 DropDownList 下拉列表框,它可以设定是否允许多选。除了允许多选外,其他方面与下拉列表框非常相似。

下拉列表框的九个属性和事件,列表框都有,且用法基本相同,不同的是,由于列表框允许多选,所以,SelectedItem 属性表示选定项中索引最小的项,SelectedIndex 属性表示选定项中索引最小的项的索引号,SelectedValue 属性表示选定项中索引最小的项的值。

ListBox 列表框控件还具有下面两个属性:

① Rows 属性:表示列表框可以显示的行数。

② SelectionMode 属性:指定列表框是否可以多选,默认值为"Single"表示只能选一项,"Multiple"表示可以多选。

6.2.7 超链接控件(HyperLink)

HyperLink 超链接控件的功能就是使用服务器端代码在网页上创建一个超链接,可以是一

个文本超链接,也可以是图像超链接,取决于其 Text 属性和 ImageUrl 属性。它有下面四个重要的属性:

① Text 属性:设置此控件显示的超链接文本标题。

② ImageUrl 属性:设置此控件显示的图像超链接的图像。HyperLink 控件可以将超链接显示为文本效果,也可显示为图像效果。如果同时设置了 Text 属性和 ImageUrl 属性,则 ImageUrl 属性优先,显示为图像效果,Text 属性则作为鼠标悬停在图像上的提示文本;如果没设置 ImageUrl 属性或 ImageUrl 属性设置出错,则按 Text 属性显示。

③ NavigateUrl 属性:超链接定位的目标 URL。

④ Target 属性:指定超链接是在哪个 Web 窗口或页框架中显示。

使用 HyperLink 控件而不用传统的 HTML 超链接标签"〈a〉〈/a〉"的好处有两点:第一,可以在服务器端用代码动态设置链接属性;第二,可以使用数据绑定来指定链接的属性。但是要注意,与大多数 Web 服务器不同,单击此控件时不能引发任何事件,它只用于页面跳转。

6.2.8 图像显示控件(Image)

利用 Image 图像控件可以在 Web 窗体页上显示图像,并用服务器端代码管理这些图像。图像源文件可以在设计时确定,也可以在程序运行中指定,还可以将控件的 ImageUrl 属性绑定到数据源上,根据数据库的数据信息来设置图像。

Image 控件不支持 Click 单击事件,如果需要单击事件,可以使用 ImageButton 控件来代替 Image 控件。Image 控件的常用属性有:

① ImageUrl 属性:指定所显示图像的图像文件路径。

② AlternateText:图像不可用时代替图像显示的文本及鼠标悬停在图像上的提示。

6.2.9 视图控件(MultiView 和 View)

视图控件类似在 WinForm 开发中的 TabControl 选项卡控件。在一个 MultiView 控件中,可以放置多个 View 控件(选项卡),在每一个 View 控件中,都可以包含若干子控件,当用户点击到关心的选项卡时,可以显示相应的内容。无论是 MultiView 还是 View,都不会在 HTML 页面中生成任何标记。

在 MultiView 控件中,一次只能将一个 View 控件定义为活动视图,可以实现视图切换功能。如果某个 View 控件定义为活动视图,它所包含的视图就呈现出来,其他的 View 控件所包含的视图就自动隐藏掉。

可以使用 MultiView 控件的 ActiveViewIndex 属性或 SetActiveView 方法定义活动视图,ActiveViewIndex 属性值默认为-1,表示没有 View 控件被激活。

注意:在 MultiView 控件中,第一个被放置的 View 控件的索引为 0 而不是 1,后面的 View 控件的索引依次递增。

6.2.10 隐藏控件(HiddenField)

HiddenField 控件,习惯上称为隐藏域,它可以建立一个 Input 隐藏域,此控件在浏览器上呈现为一个标准的 HTML 隐藏域,即呈现为"〈input type = "hidden"/〉"标记。可以把信息存储在隐藏域中,它在浏览器中不显示,当向服务器提交页面时,隐藏域的内容将随其他控件一起提交。

HiddenField 隐藏域控件最主要的属性是 Value，可通过 Value 设置或获取隐藏域的值。隐藏域可作为一个储存库，将希望直接存储在页面中的特定于本页的信息放置到其中。由于隐藏域的值是以字符串的形式保存的，所以最好用来存储少量的简单数据，不要存储复杂数据类型。注意：恶意用户可以很容易地查看和修改隐藏域的内容。请不要在隐藏域中存储任何敏感信息。

6.2.11 文件上传控件(FileUpLoad)

应用程序中可以通过使用 FileUpload 控件把文件上传到 Web 服务器。该控件包含一个文本框和一个浏览按钮，让用户浏览和选择用于上传的文件。单击"浏览"按钮，然后在"选择文件"对话框中找到要上传的文件，就可以调用 FileUpload 的 SaveAs( )方法把文件上传到 Web 服务器的磁盘上。

当用户选择要上传的文件后，FileUpload 控件不会自动将该文件发送到服务器，必须提供一个允许用户提交的控件，使用户能提交指定的文件，这个控件一般是一个命令按钮。另外，要注意的一点是，要允许服务器保存上载文件的文件夹具有写文件所必需的权限，一般是赋予它对 Everyone 用户组的写权限。

FileUpload 控件具有如下的重要属性和方法。

① FileName 属性：获取客户端上传的文件的名称，包含文件的主干名和扩展名，但不包含文件的路径。

② FileBytes 属性：以字节数组的形式获取文件上传的内容（需要将文件保存到数据库时要用到它）。

③ FileContent 属性：以 Stream 流方式获得上传文件内容，可以使用 FileContent 属性来访问文件的内容。例如，可以使用该属性返回的 Stream 流，以字节方式读取文件内容并将它们存储在一个字节数组中。

④ PostedFile 属性：用于获得包装成 HttpPostedFile 对象的上传文件，此属性的子属性还可获取上传文件的其他属性，如用 ContentLength 子属性获得上传文件以字节为单位的文件长度，用 ContentType 子属性获得上传文件的 MIME 类型，如 Text/Html、Image/Jpg 等。

⑤ HasFile 属性：指示上传控件是否选择了上传文件。

⑥ SaveAs 方法：用于把上传文件保存到 Web 服务器中。

为了防止上传的文件过大，可以在 Web.config 配置文件中设置上传文件的最大值，以及上传最大时间，配置代码如下：

〈system.Web〉
　　〈httpRuntime maxRequestLength="10240" executionTimeout="120" /〉
〈/system.Web〉

这里 maxRequestLength 指示 ASP.NET 支持的最大上载文件大小，指定的大小以 kB 为单位，默认值为"4096 kB"(4 MB)，超过指定大小拒绝上载。当然也可以在上载代码中获取文件大小，确定是否允许上传。executionTimeout 指示上载允许执行的最大时间，以秒为单位，默认 90 秒，超时自动关闭。

6.3 应用1:标准服务器控件综合应用

6.3.1 网上购物系统前台顾客登录界面设计

【例6.9】 用Web服务器控件设计如图6.9左侧的登录界面,要求如下,在没有输入用户名前,用户名文本框显示"输入用户名",单击用户名文本框,"输入用户名"消失,这个效果要求用客户端JS代码实现。输入用户名和密码后,若登录成功,隐藏登录界面,显示右侧的欢迎界面。本例既有客户端事件应用,也有服务器端事件应用。

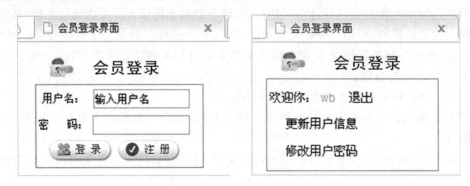

图6.9 前台顾客登录界面设计

(1) 在网页添加两个文本框、两个ImageButton按钮和三个DIV,设好控件的相应属性,产生的源视图主要标记如下:

```
<form id="form1" runat="server">
<div style="width:200px;">
  <table style="width:200px;" cellspacing="0">
    <tr style="background-image:url(Images/loginLogo.jpg);"><td></td></tr>
  </table>
</div>
<div id="divLogin" runat="server">
  <table style="text-align:center">
    <tr><td>用户名:</td>
        <td>
          <asp:TextBox ID="txtUserName" runat="server" MaxLength="30">
          </asp:TextBox>
        </td>
    </tr>
    <tr><td>密  码:</td>
        <td>
          <asp:TextBox ID="txtPwd" runat="server" TextMode="Password">
          </asp:TextBox>
```

                    </td>
                </tr>
                <tr><td colspan="2">
                    <asp:ImageButton ID="ibnLogin" runat="server" ImageUrl="~/Images/login.gif" onclick="ibnLogin_Click" />
                    <asp:ImageButton ID="ibnRegister" runat="server" ImageUrl="~/Images/registe.gif" onclick="ibnRegister_Click" /></td>
                </tr>
            </table>
        </div>
        <div id="divUserDisplay" runat="server" style="display:none;">
            <table>
                <tr><td>欢迎你:<asp:Label ID="lblUserName" runat="server" >
                    </asp:Label>
                    <asp:LinkButton ID="lbnExit" runat="server" onclick="lbnExit_Click">退出
                    </asp:LinkButton></td>
                </tr>
                <tr><td><a href="#" target="_self">更新用户信息</a></td></tr>
                <tr><td><a href="#" target="_self">修改用户密码</a></td></tr>
            </table>
        </div>
    </form>
```

(2) 数据访问类 UserShopDAL 已经设计好，其中包含 User_Login 方法实现登录，这里略去。

(3) 窗体的 Page_Load 事件代码如下：

```
protected void Page_Load(object sender, EventArgs e)
{
    if (!IsPostBack)
    {
        txtUserName.Attributes.Add("value","输入用户名");//添加控件属性值
        txtUserName.Attributes.Add("OnFocus","if(this.value=='输入用户名'){this.value=''}");
        txtUserName.Attributes.Add("OnBlur","if(this.value==''){this.value='输入用户名'}");
        if (Session["UserName"] == null)
        {
            divLogin.Style.Add("display", "block");   //显示登录界面
            divUserDisplay.Style.Add("display", "none"); //隐藏欢迎界面
        }
        else
```
```

```csharp
    {
        string username = (string)Session["UserName"];
        lblUserName.Text = username;
        divLogin.Style.Add("display", "none");           //隐藏登录界面
        divUserDisplay.Style.Add("display", "block");    //显示欢迎界面
    }
}
```

上面代码中,代码"txtUserName.Attributes.Add("value","输入用户名")"是为服务器控件 txtUserName 添加客户端 Value 属性值,因为服务器控件运行最终仍是向客户端发送 HTML 标记,这时的文本框被映射成"<input>"HTLM 控件,它有 Value 属性。代码"txtUserName.Attributes.Add("OnFocus","if(this.value=='输入用户名'){this.value=''}")",是为服务器控件 txtUserName 注册客户端得到焦点事件,下一行是注册客户端失去焦点事件。

(4)"登录"按钮的单击事件代码如下:

```csharp
protected void ibnLogin_Click(object sender, ImageClickEventArgs e)
{
    UserShopDAL oUserShopDAL = new UserShopDAL();
    string username = this.txtUserName.Text.Trim();
    string pwd = this.txtPwd.Text.Trim();
    bool result = oUserShopDAL.User_Login(username, pwd);
    if (result == False)
        Response.Write("<script>alert('用户名或密码错,请重新登录!')</script>");
    else
    {
        Session.Add("UserName", username);
        divLogin.Style.Add("display", "none");           //隐藏登录界面
        divUserDisplay.Style.Add("display", "block");    //显示欢迎界面
        lblUserName.Text = username;
        Response.Write("<script>alert('登录成功!')</script>");
    }
}
```

上述代码,如果登录成功,通过代码"Session.Add("UserName",username)"把用户名写入 Session 中保存,以便其他网页用到用户名,同时隐藏登录界面,显示欢迎界面,否则,仅弹出登录错误消息。

在其他页面中,就是根据"Session["UserName"]"是否有数据,来确定用户是否登录,需要的时候从中提取用户名。

(5)"退出"按钮的单击事件代码如下:

登录成功的用户,单击"退出"按钮,主动退出,退出时,把当前用户信息从 Session 中删除,同时,使登录界面显示出来。

```csharp
protected void lbnExit_Click(object sender, EventArgs e)
```

```
        {
            if (Session["userModel"] != null)
            {
                Session.Remove("userModel");
                if (Session["userModel"] == null)
                {
                    loginDiv.Style.Add("display", "block");
                    myusernameDiv.Style.Add("display", "none");
                }
                else
                {
                    loginDiv.Style.Add("display", "none");
                    myusernameDiv.Style.Add("display", "block");
                }
            }
        }
```

6.3.2 网上购物系统图书在线投票页面设计

【例 6.10】 在网上购物系统中,需要收集用户的购物习惯,以便有针对性进行宣传。用单选按钮组和复选按钮组设计如图 6.10 所示的图书在线调查,在线调查题目和备选答案都来自数据库。单击"提交"后,能把调查结果写回数据库,用"查看结果"可以看到调查投票的结果。

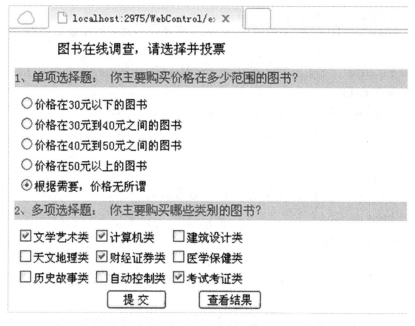

图 6.10　图书在线调查

(1) 根据要求,在数据库 BookShopOnNet 中,增加设计了两张数据库表,一个是调查题目表,另一个调查题备选答案表。VoteTitle 是调查题表,含有 VoteTitleId(调查题号)、VoteTitle

(调查题目)、VoteTotalCount(本题投票人数)三个字段。VoteAnswer 是调查题备选答案表,含有 VoteTitleId(调查题号)、VoteAnserId(备选答案序号)、VoteAnser(备选答案)、VoteCount(备选项得票数)四个字段,表结构如图 6.11 所示。注意,数据库中不区分是单选题还是复选题,都是一样的。

表 - dbo.VoteTitle

列名	数据类型	允许空
VoteTitleId	int	☐
VoteTitle	nvarchar(100)	☐
VoteTotalCount	int	☐
		☐

表 - dbo.VoteAnswer

列名	数据类型	允许空
VoteTitleId	int	☐
VoteAnswerId	int	☐
VoteAnswer	nvarchar(30)	☐
VoteCount	int	☐

图 6.11 VoteTitle 与 VoteAnswer 表

(2) 针对以上两个表,添加数据访问类 VoteTitleDAL 和 VoteAnswerDAL,分别用于对相应的表进行数据访问,这两个类将在投票页面中使用。

VoteTitleDAL 类用来访问 VoteTitle 数据库表,代码为:

```
public class VoteTitleDAL
{
  string connStr = ConfigurationManager.ConnectionStrings["strConn"].ConnectionString;
  private SqlConnection cn;
  public VoteTitleDAL ()                    //构造函数
  {
    cn = new SqlConnection(connStr);   //构造函数中实例化 SqlConnection
  }
  public string GetTitle(int voteId)        //根据题号获取投票题目内容
  {
    string sqltext="Select VoteTitle From VoteTitle Where VoteTitleId=
    @VoteTitleId" ;
    SqlCommand com = new SqlCommand(sqltext, cn);
    com.Parameters.AddWithValue("@VoteTitleId", voteId);
    string voteTitle;
    cn.Open();
    voteTitle = com.ExecuteScalar().ToString();
    cn.Close();
    return voteTitle;
  }
  public DataTable GetAnswer(int voteId) //根据题号,获取该题所有备选答案
  {
    string sqltext = "Select VoteAnswerId,VoteAnswer From VoteAnswer Where VoteTitleId
  = @VoteTitleId";
    SqlCommand com = new SqlCommand(sqltext, cn);
    com.Parameters.AddWithValue("@VoteTitleId", voteId);
```

```csharp
        SqlDataAdapter da = new SqlDataAdapter();
        da.SelectCommand = com;
        DataSet ds = new DataSet();
        cn.Open();
        da.Fill(ds, "VoteAnswer");
        cn.Close();
        return ds.Tables["VoteAnswer"];
    }
}
```

VoteAnswerDAL 类用来访问 VoteAnswer 数据库表,代码为:

```csharp
public class VoteAnswerDAL
{
    string connStr = ConfigurationManager.ConnectionStrings["strConn"].ConnectionString;
    private SqlConnection cn ;
    public VoteAnswer_DataAccess()        //构造函数
    {
        cn = new SqlConnection(connStr);   //构造函数中实例化 SqlConnection
    }
    public DataTable GetVoteResult(int voteId)
    //根据题号获取本题所有选项的投票结果
    {
        string sqltext = "Select VoteAnswerId As 编号,VoteAnswer As 备选答案,VoteCount As 投票数 From VoteAnswer Where VoteTitleId=" + voteId.ToString();
        SqlDataAdapter da = new SqlDataAdapter(sqltext, cn);
        DataSet ds = new DataSet();
        cn.Open();
        da.Fill(ds);
        cn.Close();
        return ds.Tables[0];
    }
}
```

(3) 添加网页 VoteTitleOnLine.aspx,这就是进行投票的页面,向其中添加一个单选按钮组、一个复选按钮组及两个按钮,设置复选按钮组每行显示三个选项。这个页面的 Page_Load 事件中,分别把投票题目及备选答案取出来,显示在页面上,代码为:

```csharp
protected void Page_Load(object sender, EventArgs e)
{
    if (!IsPostBack)
    {
        VoteTitle_DataAccess oVoteTitle_DataAccess = new VoteTitle_DataAccess();
```

```csharp
        this.lblTitle1.Text = oVoteTitle_DataAccess.GetTitle(1);  //获取第1题题目
        this.lblTitle2.Text = oVoteTitle_DataAccess.GetTitle(2);  //获取第2题题目
        this.rblOne.DataSource=oVoteTitle_DataAccess.GetAnswer(1);  //获第1题答案
        this.rblOne.DataTextField = "VoteAnswer";  //设置显示字段
        this.rblOne.DataValueField = "VoteAnswerId";  //设置值字段
        this.rblOne.DataBind();
        this.cblTwo.DataSource = oVoteTitle_DataAccess.GetAnswer(2);
        //获第2题答案
        this.cblTwo.DataTextField = "VoteAnswer";
        this.cblTwo.DataValueField = "VoteAnswerId";
        this.cblTwo.DataBind();
    }
}
```

(4)"提交"按钮的单击事件,这里把投票结果数据分别写入调查题备选答案表和调查题表对应字段,同时作为整体完成,实现原子性操作,所以代码采用基于连接的事务处理功能。

```csharp
protected void btnSubmit_Click(object sender, EventArgs e)
{
    string connStr = ConfigurationManager.ConnectionStrings["strConn"].ConnectionString;
    SqlConnection cn = new SqlConnection(connStr);
    SqlCommand com = new SqlCommand();
    com.Connection = cn;
    string sqltext = "";
    SqlTransaction tran = null;
    try
    {
        cn.Open();
        tran = cn.BeginTransaction();
        com.Transaction = tran;
        if (this.rblOne.SelectedValue != "")
        {
            sqltext = "Update VoteAnswer Set VoteCount = VoteCount + 1 Where VoteTitleId = 1 and VoteAnswerId=" + rblOne.SelectedValue.ToString();
            com.CommandText = sqltext;
            com.ExecuteNonQuery();
            sqltext="Update VoteTitle Set VoteTotalCount=VoteTotalCount+1 Where VoteTitleId=1";
            com.CommandText = sqltext;
            com.ExecuteNonQuery();
            this.rblOne.SelectedIndex = -1;
        }
```

```
            for (int i = 0; i < cblTwo.Items.Count; i++)
            {
              if (cblTwo.Items[i].Selected)
              {
                  sqltext = "Upate VoteAnswer Set VoteCount = VoteCount+1 Where VoteTitleId = 2 And VoteAnswerId="+ cblTwo.SelectedValue.ToString();
                  com.CommandText = sqltext;
                  com.ExecuteNonQuery();
                  cblTwo.Items[i].Selected = False;
              }
            }
            sqltext=" Update VoteTitle Set VoteTotalCount=VoteTotalCount+1 Where VoteTitleId = 2";
            com.CommandText = sqltext;
            com.ExecuteNonQuery();
            tran.Commit();
            Response.Write("<script>alert('提交成功！')</script>");
        }
        catch
        {
           tran.Rollback();
           Response.Write("<script>alert('事务提交失败！')</script>");
        }
        finally
        {
           cn.Close();
        }
}
```

提交后，点击"查看结果"，得到如图 6.12 所示的投票结果页面。当然在网上购物系统中，这个页面位于后台子系统中，前台没有这个页面。

6.3.3 网上购物系统搜索图书页面设计

【例 6.11】 利用多视图控件设计图书搜索界面，实现按书名、作者和出版社进行搜索，设计时的界面如图 6.13 所示。在这个页面中，横线下方是三个单选按钮，当点选某个搜索类别时，显示相关视图，其他视图隐藏，运行效果如图 6.14(a)~(c)所示，其中图 6.14(c)是按照作者名进行搜索显示出来的结果。这样，如果在"搜索"按钮下方放置一个用来显示搜索结果的 DataList 控件或 GridView 控件，一个搜索页面就建成了。

(1) 添加网页 MultiView.aspx，按要求进行布局。添加三个单选按钮，设置它们的 GroupName 和 AutoPostBack 属性，添加多视图控件，设置相应的属性。得到的主要 HTML 标记为：

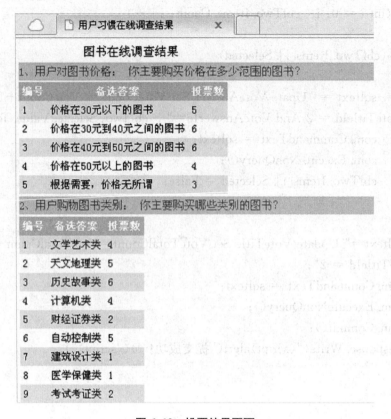

图 6.12 投票结果页面

图 6.13 多视图控件设计搜索界面的设计视图

〈div style="width:500px; text-align:center"〉
〈div〉请选择按何种类别搜索图书！
　　〈hr style="width:70%; color:#0000FF; " /〉
　　〈asp:RadioButton ID="rbnName" runat="server" AutoPostBack="True" Checked="True" GroupName="SearchType" Text="书名" oncheckedchanged="rbnName_CheckedChanged" /〉
　　〈asp:RadioButton ID="rbnAuthor" runat="server" AutoPostBack="True" GroupName="SearchType" Text="作者" oncheckedchanged="rbnAuthor_

第6章 ASP.NET常用服务器控件

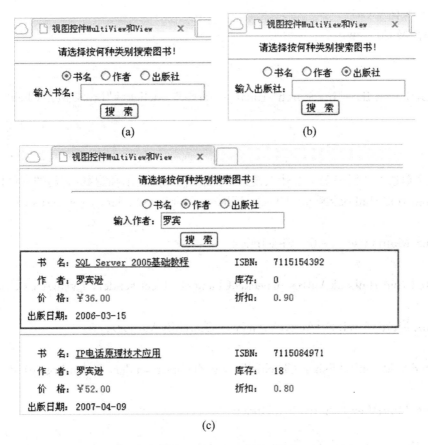

图6.14 多视图控件设计搜索界面的运行视图

CheckedChanged"/>
〈asp:RadioButton ID="rbnPublish" runat="server" AutoPostBack="True" GroupName="SearchType" Text="出版社" oncheckedchanged="rbnPublish_CheckedChanged"/>
〈/div〉
〈div〉
　〈asp:MultiView ID="MultiView1" runat="server" ActiveViewIndex="0"〉
　　〈asp:View ID="viewSearchByName" runat="server"〉
　　　输入书名:〈asp:TextBox ID="txtBookName" runat="server"〉〈/asp:TextBox〉
　　〈/asp:View〉
　　〈asp:View ID="viewSearchByAuthor" runat="server"〉
　　　输入作者:〈asp:TextBox ID="txtAuthor" runat="server"〉〈/asp:TextBox〉
　　〈/asp:View〉
　　〈asp:View ID="viewSearchByPublisher" runat="server"〉
　　　输入出版社:〈asp:TextBox ID="txtPublisher" runat="server" "〉〈/asp:TextBox〉

```
        </asp:View>
    </asp:MultiView>
</div>
<div>
    <asp:Button ID="btnSearch" runat="server" onclick="btnSearch_Click" Text="搜索" />
</div>
</div>
```

(2) 三个单选按钮用来确定按什么搜索，并控制视图的显示和隐藏，它们的事件代码为：

```
protected void rbnBookName_CheckedChanged(object sender, EventArgs e)
{
    this.MultiView1.ActiveViewIndex = 0;
}
protected void rbnBookAuthor_CheckedChanged(object sender, EventArgs e)
{
    this.MultiView1.SetActiveView(viewSearchByAuthor);
}
protected void rbnPublisher_CheckedChanged(object sender, EventArgs e)
{
    this.MultiView1.ActiveViewIndex = 2;
}
```

(3) "搜索"按钮的功能，主要是构建 SQL 命令的查询条件，然后把查询条件代入 BookDAL 数据访问类的 Book_GetListByWhere 方法中，获取搜索结果，最后把搜索结果用 DataList 控件或 GridView 控件显示出来。由于这两个数据绑定控件暂未学到，这里就不继续介绍了，更详细的内容直接打开网上购物系统中的 SearchBook.aspx 页面查看源代码，自习研读体会。"搜索"按钮的代码为：

```
protected void btnSearch_Click(object sender, EventArgs e)
{
    BookBLL oBookBLL = new BookBLL();
    string strCondition = "";
    if (rbnBookName.Checked)
    {
        strCondition = string.Format(" BookName like '%{0}%'", txtBookName.Text.Trim());
    }
    else if (rbnBookAuthor.Checked)
    {
        strCondition = string.Format(" Author like '%{0}%'", txtAuthor.Text.Trim());
    }
    else
```

        {
            strCondition = string.Format(" Publisher like '%{0}%'", txtPublisher.Text.Trim());
        }
        this.DataList1.DataSource = oBookBLL.GetListByWhere(strCondition);
        this.DataList1.DataBind();
}

6.3.4 书信息添加页面设计

【例6.12】 下面通过实例，对前面所学的下拉列表框、图片框、隐藏控件和文件上传控件进行综合应用。设计如图6.15所示界面，实现向Book图书数据库表中添加图书记录。在这个页面中，图书类别下拉列表框的数据是从数据库中读取数据进行填充的，出版日期用的是日期控件，利用文件上传控件上传图书封面，上传成功后在右边的封面预览中使用图片框控件显示出来。单击"新增"时，如果没有选择图书类别，会弹出消息框提示选择，全部数据输入完成，则可以把数据添加到Book表中，单击"清空"可以清空所有控件。

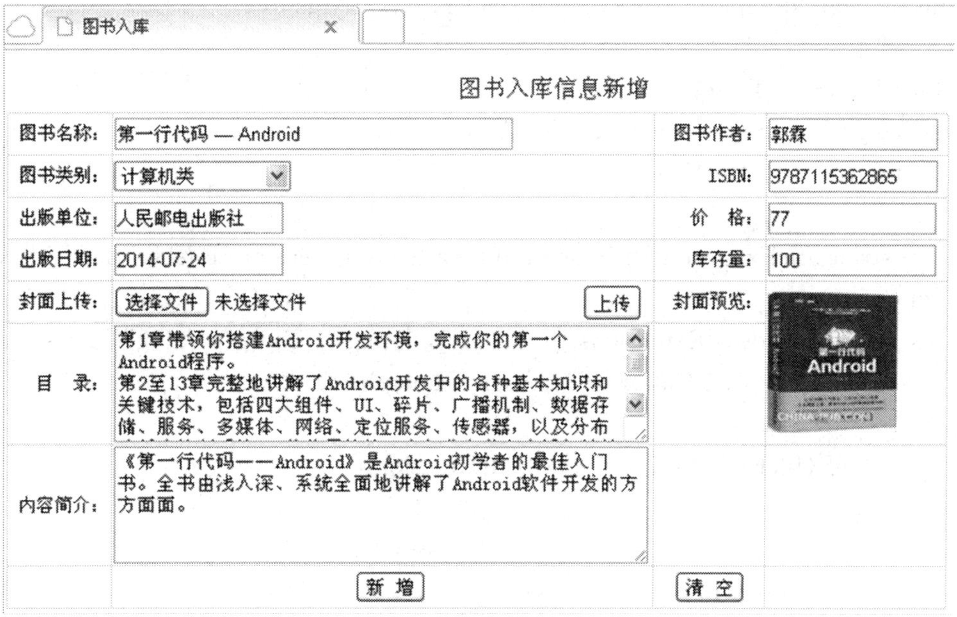

图6.15 新增图书入库信息

（1）添加页面，进行页面布局。注意，在文件上传控件下，添加一个HiddenField隐藏控件。之所以添加这个控件，是为了克服无状态这个缺陷。

（2）添加对应于Book图书表的实体类和数据访问类。本章没有采用三层架构，故添加后出现在App_Code文件夹中，其中实体类中部分字段，如销量Sales设置了默认值。故页面中没有对应控件为这些字段赋值，这两个类的定义请对照源代码自行编写。

（3）在页面的Page_Load事件中，为下拉列表框设置数据项，代码如下：

```
protected void Page_Load(object sender, EventArgs e)
{
```

```csharp
    if (!IsPostBack)
    {
        BookTypeDAL oBookTypeDAL = new BookTypeDAL();
        DataTable dt = oBookTypeDAL.BookType_GetList();
        ListItem lt = new ListItem("=请选择=", "0");
        this.ddlBookType.Items.Add(lt);
        foreach (DataRow dr in dt.Rows)
        {
            ListItem Item = new ListItem(dr["TypeName"].ToString(), dr["BookTypeId"].ToString());
            this.ddlBookType.Items.Add(Item);
        }
    }
}
```

(4) 页面的文件上传事件代码如下：

```csharp
protected void btnUpload_Click(object sender, EventArgs e)
{
    bool fileOK = False;
    string path = Server.MapPath("~/Upload/");
    if (FileUpload1.HasFile)
    {
        string fileExtension = System.IO.Path.GetExtension(FileUpload1.FileName).ToLower();
        string[] allowedExtensions = { ".gif", ".png", ".jpeg", ".jpg" };
        for (int i = 0; i < allowedExtensions.Length; i++)
        {
            if (fileExtension == allowedExtensions[i])
            {
                fileOK = True;
                break;
            }
        }
        if (fileOK)
        {
            try
            {
                int length = FileUpload1.PostedFile.ContentLength / 1024;
                FileUpload1.SaveAs(path + FileUpload1.FileName);
                HiddenField1.Value = FileUpload1.FileName;
                string s = string.Format("<script>alert('上传成功,大小为{0}kB!')
```

```
            </script>", length);
                Response.Write(s);
                imgCover.ImageUrl = "~/Upload/" + FileUpload1.FileName;
            }
            catch
            {
                Response.Write("<script>alert('文件上传失败!')</script>");
            }
        }
        else
        {
            Response.Write("<script>alert('上传的文件不是图片,不允许上传!')</script>");
        }
    }
    else
    {
        Response.Write("<script>alert('请选择上传的文件!')</script>");
    }
}
```

(5) 新增事件中把所有数据打包到实体类并将信息添加数据库,代码如下:

```
protected void btnBook_Add_Click(object sender, EventArgs e)
{
    if (ddlBookType.SelectedValue == "0")
    {
        Response.Write("<script>alert('请选择图书类别!')</script>");
        return;
    }
    else
    {
        BookModel oBookModel = new BookModel();
        oBookModel.BookTypeId = Convert.ToInt32(ddlBookType.SelectedValue);
        oBookModel.BookName = txtBookName.Text;
        oBookModel.Author = txtAuthor.Text;
        oBookModel.ISBN = txtISBN.Text;
        oBookModel.Publisher = txtPublisher.Text;
        oBookModel.PublishDate = Convert.ToDateTime(txtPublishDate.Text);
        oBookModel.Price = Convert.ToDecimal(txtPrice.Text);
        oBookModel.Amount = Convert.ToInt32(txtAmount.Text);
        oBookModel.Cover = HiddenField1.Value;
```

```
            oBookModel.Directory = txtDirectory.Text;
            oBookModel.Description = txtDirectory.Text;
            BookDAL oBookDAL = new BookDAL();
            bool result = oBookDAL.Book_Add(oBookModel);
            if (result == True)
                Response.Write("<script>alert('图书新增成功！')</script>");
            else
                Response.Write("<script>alert('图书新增失败！')</script>");
        }
}
```

本例中,图书的目录和说明信息在普通的文本框控件中显示,不能进行恰当的分段,更不能设置字体、字号、颜色等,显示效果单一,后续章节会介绍一个功能强大的第三方控件FCKEditor来完善显示效果。

6.4 数据验证控件

6.4.1 验证控件概述与分类

ASP.NET经常用输入控件收集用户填写的数据,为了确保用户提交到服务器的数据在内容和格式上都是合法的,就必须编写代码进行验证。我们可以编写客户端JS代码进行验证,但其缺点是精通技术的攻击者可以下载该页面并删除验证JS代码保存新的页面,然后使用该页面来提交伪造的数据进行系统攻击,系统将变得脆弱,并且这样编程工作量较大。ASP.NET为我们提供了数据验证控件,可以帮助我们快速方便安全地进行数据验证。

当我们在程序中添加了验证控件以后,会发现控件中有"runat="server"",那么它们是不是只在服务器端进行数据验证? 如果是在服务器端进行数据验证,则网页的回传次数大大增加,那么将极大地降低系统的运行效率。

不用担心,虽然ASP.NET提供的数据验证控件是服务器端控件,运行在服务器端,但是数据验证控件在服务器运行后,产生客户端验证代码,对数据的验证在客户端进行。

ASP.NET验证控件只是封装了客户端验证脚本的控件,使用这些控件,在页面加载的时候,验证控件在服务器端运行,产生客户端验证脚本发送到客户端,以后的数据验证就在客户端进行了。

在一个页面中分别加入和去掉ASP.NET数据验证控件,运行后查看页面的源代码有什么区别。查看有验证控件的页面客户端源代码,可以看到类似下面的脚本引用:

<script src="/WebResource.axd?d=QyLi0kw1LI1UqsNoUUmFxQ2&t=633891413859531250" type="text/javascript"></script>

但是,在客户端我们只能看到验证脚本对象的相关定义,具体的验证过程在另外的引用脚本里,验证时,一个控件可以接收多个验证控件的验证。

ASP.NET共有六种验证控件,具体见表6.3所示。

表 6.3 ASP.NET 验证控件

验证类型	控件	功能说明
必填验证	RequiredFieldValidator	确保用户不会漏填某一项
比较验证	CompareValidator	将用户输入与一个常数或者另一个控件的值或者特定数据类型的值或类型进行比较(使用小于、等于或大于等比较运算符)
范围检查	RangeValidator	检查用户的输入是否在指定的上下限内。可以检查数字对、字母对和日期对限定的范围
模式匹配	RegularExpressionValidator	检查输入项与正则表达式定义的模式是否匹配。此类验证能够检查可预知的字符序列,如电子邮件地址、电话号码、邮政编码等内容中的字符序列
自定义验证	CustomValidator	使用编写的验证逻辑检查用户输入。此类验证能够检查在运行时产生的值
验证汇总	ValidationSummary	汇总显示页面上所有验证程序的验证错误信息

最后一个控件 ValidationSummary 只能与前五种验证控件一道使用,不能单独使用。另外,除 RequiredFieldValidator 外,其他几个验证控件都认为空字段是合法的。

RequiredFieldValidator、CompareValidator、RangeValidator、RegularExpressionValidator、CustomValidator 这五个验证控件都直接或间接地继承自 BaseValidator 基类,因此它们有一些共公有属性。表 6.4 显示了 BaseValidator 基类为前五个验证控件提供的公有属性,这些公有属性在后面各控件中不再另作说明。

表 6.4 验证控件的公有属性

属性	功能
ControlToValidate	指定需要验证控件的 ID
Display	指定错误消息的显示方式,有三个值。①None:原位置不显示,有错误显示在汇总消息框中;②Static:不论验证有无错误,都占用控件设计时的位置;③Dynamic:验证无错误时不占用位置
ErrorMessage	引用 ValidationSummary 控件中的有效性验证控件的错误消息。当 Text 属性为空时,也用 ErrorMessage 值作为出现在页面上的文本
Text	用作验证控件显示在页面上的文本。它可以有一个星号(*),表示错误或必需的字段,或者是"Please enter your name."这样的提示文本
SetFocusOnError	确定是否将焦点自动放置在验证产生错误的第一个控件上,默认情况下这个设置是 False
IsValid	通常在设计时不会设置这个属性,在运行时指设定了有没有通过验证测试

默认情况下，在单击按钮控件（Button、ImageButton 和 LinkButton）时执行验证。每个验证控件及 Page 对象本身，都有一个 IsValid 属性，当一个验证控件通过时，其 IsValid 变为"True"，只有当页面上所有验证控件都通过验证时，Page.IsValid 的值才为"True"。此时，页面才可以向服务器发送。其为"False"时，不会向服务器发送。

在有些情况下，数据验证会带来麻烦，这时不需要进行验证。比如，在用户注册页面，通过单击"退出"或"清空"按钮，跳转到其他页面，但是在单击后，显示页面上验证错误信息，不能跳转。这时，我们可以把这个按钮控件的 CausesValidation 属性设置为"False"禁用触发验证，这时再单击，就不会进行验证了。

6.4.2 验证控件

1. 必填验证 RequiredFieldValidator 控件

该控件用于对一些必须输入的信息进行检验，如果一些必须输入的数据没有输入时，将提示错误信息。它有一个属性 InitValue，用来指定什么情况属于未输入值。这个属性在下拉列表框的验证中很有用，若下拉列表框有一个项"＝请选择＝"，对应的值为"－1"，用必填验证控件时，设置必填验证控件的 InitValue 属性为"－1"，则选中"＝请选择＝"项时，表示未选数据，从而强制我们选择。

2. 比较验证 CompareValidator 控件

该控件用来将输入到控件中的值与一个常数或者另一个控件的值或者特定数据类型的值或类型进行比较，可以使用小于、等于、大于等比较运算符。它还有下面几个属性：

① ControlToCompare 属性：设置为要与之进行比较的控件的 ID。如果是与某个常数进行比较，此属性不用设置，只需设置 ValueToCompare 属性为与之比较的常数。

② Type 属性：设置比较数据的类型，类型比较就是规定控件输入数据的类型。

③ Operator 属性：指定比较的方法，如大于、等于、小于。如果设置为"DataTypeCheck"，则此属性与 Type 属性配合使用。

3. 范围检查 RangeValidator 控件

检查用户的输入是否在一个特定的范围内。可以检查数字对、字母对和日期对限定的范围，边界表示为常数。其中 MinimumValue 属性和 MaximumValue 属性分别指定有效范围的最小值和最大值。Type 属性指定数据的类型。

4. 正则表达式模式匹配 RegularExpressionValidator 控件

如果要求输入的是具有特定格式的数据，就必须使用正则表达式，用正则表达式所定义的模式来限定数据的输入。该控件的 ValidationExpression 属性是最主要的属性，用来指定正则表达式。正则表达式的常用字符及其含义如表 6.5 所示。

表 6.5　正则表达式常用字符及其含义

正则表达式字符	描　述
［……］	匹配括号中的任何一个字符
［^……］	匹配不在括号中的任何一个字符（^为取反符）
［a-z］	表示某个范围内的字符，［a-z］匹配 a 与 z 之间的任何一个小写字母
\w	匹配任何一个字符（a~z、A~Z 和 0~9）

续表

正则表达式字符	描述
\W	匹配任何一个空白字符
\s	匹配任何一个非空白字符
\S	与任何非单词字符匹配
\d	匹配任何一个数字(0~9)
\D	匹配任何一个非数字(`0~9)
[\b]	匹配一个退格键字母
{n,m}	最少匹配前面表达式 n 次,最大为 m 次(n~m 次数范围)
{n,}	最少匹配前面表达式 n 次(上限不定)
{n}	恰恰匹配前面表达式为 n 次
?	匹配前面表达式 0 或 1 次,即{0,1}
+	至少匹配前面表达式 1 次,即{1,}
*	至少匹配前面表达式 0 次,即{0,}
|	逻辑或:即匹配前面表达式或后面表达式,表达式多用小圆括号括起来
(…)	在单元中组合项目,多与逻辑或"|"连用
^	匹配字符串的开头,表示正则表达式的开始
$	匹配字符串的结尾,表示正则表达式的结束

5. 自定义验证 CustomValidator 控件

该控件用自定义函数界定验证方式,其标准代码如下:

〈asp:CustomValidator ID="xxx" runat="Server" ControlToValidate="要验证的控件" OnServerValidate="服务器端验证函数" ClientValitationFunction="客户端验证函数" ErrorMessage="错误信息" Display="Static|Dymatic|None"〉〈/asp:CustomValidator〉

以上代码中,用户必须定义一个函数来验证输入。ClientValitationFunction 表示在客户端执行验证的函数,OnServerValidate 表示在服务器端执行验证的事件,ErrorMessage 属性中填写验证出错时的提示信息。

在 ServerValidate 事件处理程序中,可以从 ServerValidateEventArgs 参数的 Value 属性中获取输入到被验证控件中的字符串,验证的结果存储到 ServerValidateEventArgs 的属性 IsValid 中。

6. 验证汇总 ValidationSummary 控件

ValidationSummary 控件不对 Web 窗体中输入的数据进行验证,而是收集本页的所有验证错误信息,并将它们组织在一起显示出来,主要属性为 ShowMessageBox 和 ShowSummary。其标准代码如下:

〈asp:ValidationSummary ID="xxx" runat="Server" ShowSummary="True|False" HeaderText="头信息" ShowMessageBox="True|False" DiaplayMode="List|BulletList|SingleParagraph" /〉

在以上标准代码中,"HeadText"相当于表的表头信息。"DisplayMode"表示错误信息显示方式:"List"相当于 HTML 中的"
";"BulletList"相当于 HTML 中的"<li>";"SingleParegraph"表示错误信息之间不作任何分割。"ShowMessageBox"表示是否以消息框方式显示错误信息,"ShowSummary"表示是否在窗体的验证汇总控件中显示错误信息。

有些情况下显示的不是文字而是图片或声音,可以将验证控件的 ErrorMessage 属性的值设置为一个 HTML 字符串,例如"ErrorMessage='<img src="picture.gif">'",这样可使页面更加生动。

6.5 应用2:网上购物系统顾客信息验证注册

首先介绍利用 JavaScript 进行客户端验证的例子。

【例6.13】 如图6.16所示的界面利用 JS 进行客户端验证,要求在提交表单前,对文本框中输入的数据进行验证,要求输入的字符串长度必须在 6~10 之间。

图 6.16 客户端 JS 数据验证

相关的标记及 JS 代码如下:

```
<html xmlns="http://www.w3.org/1999/xhtml">
<head runat="server">
  <script language="javascript" type="text/javascript">
    function checkForm()//当返回 False 时下不会向服务器提交数据
    {
      if (document.form1.txtUserName.value == "") {
        alert("用户名不能为空!");
        return False;
      }
      var length = document.form1.txtUserName.value.length;
      if (length < 6 || length > 10) {
        alert("用户名必须是 6 到 10 个字符!");
        return False;
      }
      else {
        return True;
      }
```

```
        }
    </script>
</head>
<body>
    <form id="form1" runat="server">
    <div><table class="style1">
        <tr><td >输入用户名：</td><td>
            <asp:TextBox ID="txtUserName" runat="server"></asp:TextBox>
            </td></tr>  <tr><td>
                <asp:Button ID="Button1" runat="server" onclientclick="javascript:
                return checkForm();" Text="提交"   onclick="Button1_Click" />
            </td><td><asp:Button ID="Button2" runat="server" Text="清空" /></td>
        </tr>
        </table>
    </div>
    </form>
</body>
</html>
```

上述 HTML 代码中，若客户端验证未通过，JS 函数返回"False"，按钮收到返回值"False"，不向服务器提交页面，避免无效的数据传输入。

【例 6.14】 设计如图 6.17 所示的页面，实现用户注册，数据输入不合法时，显示图中所示的验证错误提示。这里要求用户名不能为空，密码为 6～10 位字母和数字，性别必须选择，固定电话必须以"0551-"开头，后面是 7 位或 8 位的电话号码，若输入电子邮箱，格式必须正确。另外，如果所有数据输入都合法，还要判断用户名是否已存在，这里用自定义验证控件 CustomValidator 进行服务器端验证，判断输入的用户名是否已存在，如果用户名已存在，弹出如图 6.17 所示下方的消息框。

(1) 添加网页 ex16_AspnetValidator.aspx，按要求进行布局，得到的主要 HTML 标记为：

```
<form id="form1" runat="server">
<div>用户信息注册
<table>
    <tr><td>用户名：</td>
    <td><asp:TextBox ID="txUserName" runat="server"></asp:TextBox> *
        <asp:RequiredFieldValidator ID="RequiredFieldValidator1" runat="server"
        ControlToValidate="txUserName" ErrorMessage="用户名不能空！" Display=
        "Dynamic"></asp:RequiredFieldValidator>
        <asp:CustomValidator ID="CustomValidator1" runat="server" ControlToValidate=
        "txUserName" Display = " Dynamic " ErrorMessage = "用户名已存在！"
        onservervalidate="CustomValidator1_ServerValidate">
        </asp:CustomValidator></td></tr>
    <tr><td >密码：</td>
```

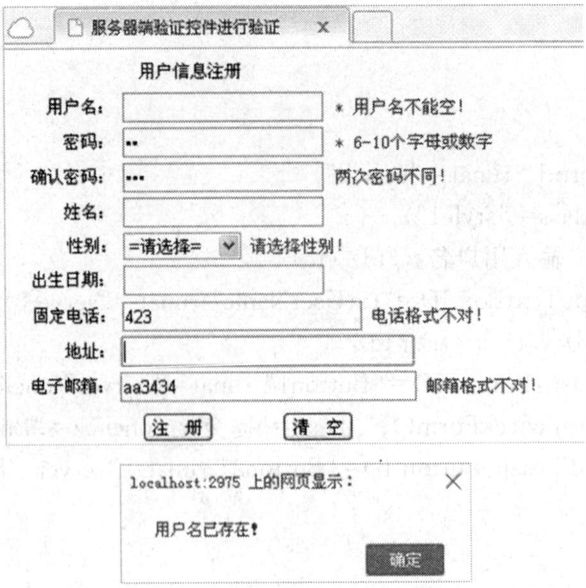

图 6.17 用户注册中的数据验证

```
<td><asp:TextBox ID="txtPwd1" runat="server" TextMode="Password"></asp:TextBox>*
    <asp:RequiredFieldValidator ID="RequiredFieldValidator2" runat="server"
ControlToValidate="txtPwd1" ErrorMessage="密码不能空!" Display="Dynamic">
    </asp:RequiredFieldValidator>
    <asp:RegularExpressionValidator ID="RegularExpressionValidator3" runat=
"server" ControlToValidate="txtPwd1" ErrorMessage="6-10 个字母或数字"
    ValidationExpression="[0-9A-Za-z]{6,9}" Display="Dynamic">
    </asp:RegularExpressionValidator>
</td>
</tr><tr><td>确认密码:</td>
    <td ><asp:TextBox ID="txtPwd2" runat="server" TextMode="Password"/>
        <asp:CompareValidator ID="CompareValidator1" runat="server" ControlToCompare
        ="txtPwd1" ControlToValidate="txtPwd2" ErrorMessage="两次密码不同!"
        Display="Dynamic">
        </asp:CompareValidator>
    </td></tr>
<tr><td>姓名:</td>
    <td >
        <asp:TextBox ID="txtXingMing" runat="server"></asp:TextBox></td></tr>
<tr><td >性别:</td>
    <td><asp:DropDownList ID="ddlSex" runat="server" Width="90px">
        <asp:ListItem Selected="True" Value="-1">=请选择=</asp:
    ListItem>
```

```
            <asp:ListItem Value="0">男</asp:ListItem>
            <asp:ListItem Value="1">女</asp:ListItem>
        </asp:DropDownList>
        <asp:RequiredFieldValidator ID="RequiredFieldValidator3" runat="server" ControlToValidate="ddlSex" ErrorMessage="请选择性别!" InitialValue="-1" Display="Dynamic">
            </asp:RequiredFieldValidator>
        </td></tr>
<tr><td>出生日期:</td>
    <td><asp:TextBox ID="txtBirthday" runat="server" onFocus="WdatePicker()" />
        <asp:RangeValidator ID="RangeValidator1" runat="server" ControlToValidate="txtBirthday" ErrorMessage="日期无效!" MaximumValue="2020-1-1" MinimumValue="1920-1-1" Type="Date" Display="Dynamic"></asp:RangeValidator></td></tr>
<tr><td>固定电话:</td>
    <td><asp:TextBox ID="txtTel" runat="server" Width="179px"></asp:TextBox>
        <asp:RegularExpressionValidator ID="RegularExpressionValidator1" runat="server"
            ControlToValidate="txtTel" ErrorMessage="电话格式不对!"
            ValidationExpression="0551-[0-9]{7,8}" Display="Dynamic"/></td></tr>
<tr><td>地址:</td>
    <td><asp:TextBox ID="txtAddress" runat="server"></asp:TextBox></td>
</tr>
<tr><td>电子邮箱:</td>
    <td><asp:TextBox ID="txtEmail" runat="server" Width="222px"></asp:TextBox>
        <asp:RegularExpressionValidator ID="RegularExpressionValidator2" runat="server" ControlToValidate="txtEmail" ErrorMessage="邮箱格式不对!" Display="Dynamic" ValidationExpression="\w+([-+.']\w+)*@\w+([-.]\w+)*\.\w+([-.]\w+)*" />
        </td></tr>
<tr><td>
    <asp:Button ID="btnRegist" runat="server" Text="注册" OnClick="btnRegist_Click" />
    <asp:Button ID="btnClear" runat="server" CausesValidation="False" onclick="btnClear_Click" Text="清  空" />
    </td></tr>
</table>
```

</div>
　　</form>

在上面的标记代码中,为用户名添加了自定义验证控件,在服务器端验证用户名是否存在。对性别使用必填验证控件,设置此验证控件的 InitValue 属性来控制用户必须对性别进行选择。

对出生日期,使用范围验证控件,设定有效值只能在"1920-1-1"到"2020-1-1"。

对固定电话,使用正则表达式验证控件,设定电话必须以"0551-"开头,后面是 7~8 个数字,正则表达式为:"0551-[0-9]{7,8}"。

对"清空"按钮,设置其属性"CausesValidation="False"",这样,单击它时,不会触发页面验证功能。

(2) 自定义验证控件的服务器端验证事件代码为:

```
protected void CustomValidator1_ServerValidate(object source, ServerValidateEventArgs args)
{
    string username = args.Value;
    UserShop_DataAccess oUserShop = new UserShop_DataAccess();
    if (oUserShop.UserShop_ExistByUserName(username))
        //判断用户名是否存在的方法
        args.IsValid = False;  //没通过验证,设置该验证控件的 IsValid 为 False
    else                       //从而 Page 的 IsValid 也为 False
        args.IsValid = True;
}
```

当一个页面有任何验证控件未通过验证时,Page 对象的 IsValid(是否通过验证)属性的值就是"False",所以设置 CustomValidator1 的 IsValid 为"False",则 Page 的 IsValid 也为"False"。

(3) 注册按钮的单击事件代码为:

```
protected void btnRegist_Click(object sender, EventArgs e)
{
    if(Page.IsValid)
        Response.Write("<script>alert('验证全部通过,其他代码自己补充!')</script>");
    else
        Response.Write("<script>alert('用户名已存在!')</script>");
}
```

进一步应用:对于本例,如果希望把所有的验证错误信息汇总在如图 6.18 所示的一个弹出式消息框中显示,页面上不直接显示验证错误信息,那该怎么办呢?其实很简单,只需稍加处理即可达到目的。

在表格最下方,添加一个 ValidationSummary 验证汇总控件,把前面的所有验证控件的 Display 属性设置为"None",表示验证出错时,验证控件位置不显示出错信息,而是将验证错误信息在验证汇总控件中进行显示。

再把验证汇总控件 ValidationSummary 的属性 ShowMessageBox 设为"True",它表示以弹出式消息框方式显示错误信息,把属性 ShowSummary 设置为"False",它也表示不把汇总的错误信息显示在验证汇总控件上,而是在弹出框中显示。

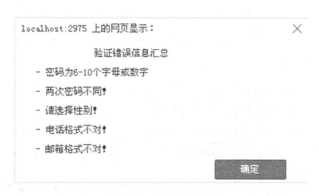

图 6.18　验证错误信息的弹出式汇总显示

在后面的数据绑定控件中,经常需要对数据绑定控件中的输入数据进行验证,比如对购物中输入的购买数量进行验证,这时,以弹出式消息框方式显示错误信息就比在验证控件中直接显示的方式效果好。

6.6　第三方控件的应用——FCKEditor 富文本框

在开发 Web 应用程序时,经常需要制作图文并貌、格式丰富的网页效果,最典型的就是新闻发布系统。文章中要求能添加图片、调整图片大小、能对文字进行格式化及对版面进行编排、可以添加超链接等。在这种情况下,文本框满足不了要求,必须采用第三方控件。常见的有 RichTextBox、FreeTextBox、FCKeditor、CuteEditor 等多种文字编辑器。其中,RichTextBox 及 FreeTextBox 免费版功能较差,CuteEditor 本身比较庞大,而 FCKeditor 功能强大,使用方便,现在新版的 FCKeditor 已更名为 CKeditor。

FCKeditor 是一款专门在网页上使用,属于开放源代码的所见即所得网页编辑器,不需要太复杂的配置步骤即可使用,可与 ASP.NET、JSP、PHP、ASP 等不同的编程语言相结合。下面以使用较为成熟广泛的 FCKeditor2.6 版本为例,介绍它在 ASP.NET 环境下的使用。

1. 下载 FCKeditor

要使用 FCKeditor,我们可以从 FCKeditor 官网 http://ckeditor.com 的"download"下载区进行下载。

FCKeditor 压缩包包含两个部分:一个是 FCKeditor 资源文件夹,包含了 FCKeditor 所使用的全部图片和各种 JavaScript 脚本文件以及网页文件;另一个是 FCKeditor.NET.dll(老版本叫 FredCK.FCKeditorV2.dll)程序集文件。

2. 配置 FCKeditor

配置 FCKeditor,需要对 FCKeditor 的两部分分别进行。

(1) 在 VS 开发环境的工具箱中,添加 FCKeditor 工具。

首先在项目中添加引用。方法是在 VS 开发环境中右击"解决方案资源管理器"中 Web 站点项目名,选"添加引用",如图 6.19 所示,在下载的 FCKeditor 解压的文件夹中,找到文件 FredCK.FCKeditorV2.dll(不同版本文件名可能不一样,但扩展名都是 dll),确定后这个".dll" 文件就自动复制到当前 Web 站点的 bin 文件夹下。

然后在 VS 工具箱中,添加 FCKeditor 工具。方法是右击"标准工具栏",在弹出的菜单中选

"选择项",如图 6.20 所示,接着出现"选择工具箱项"对话框,单击"浏览(B)…"按钮,出现"打开"对话框,找到它所在的文件夹,选中"FredCK.FCKeditorV2.dll",确定后,FCKeditor 工具就出现在 VS 的标准工具箱中。

图 6.19　添加对的 FCKeditor 引用　　　　图 6.20　把 FCKeditor 添加到工具箱

(2) 把资源文件夹存放在 Web 站点项目相应目录下。

下载的 FCKeditor 压缩包解压后,找到 fckeditor 文件夹,可以看到里面有很多文件和文件夹,其中有些是应用举例文件,所以这些文件是不需要的,只需要保留 editor 文件夹和 fckconfig.js、fckeditor.js、fckstyles.xml、fcktemplates.xml、fckpackager.xml 五个文件,其他多余的可以删去。最后把这个 fckeditor 的资源文件夹存放到 Web 站点项目的根目录或其子目录下,这样资源文件夹就处理好了。

(3) 修改 Web.config 配置文件。

FCKeditor 的资源文件夹 fckeditor 存放在 Web 站点项目的根目录或其子目录都可以,具体放在哪个地方,需要在 Web.config 用节点指明。

使用 FCKeditor 进行在线编辑时,插入的不仅仅是文字,还可以有图片、动画及视频等,这些对象上传后到底存放在什么文件夹,也需要在 Web.config 用节点指明。

为此,在 Web.config 的节点 appSettings 中添加形如以下代码:

〈appSettings〉
　　〈add key="FCKeditor:BasePath" value="~/fckeditor/"/〉
　　〈add key="FCKeditor:UserFilesPath" value="~/UserFiles/"/〉
〈/appSettings〉

其中,"FCKeditor:BasePath"指出了 FCKeditor 资源文件夹 fckeditor 所在路径,这里 fckeditor 是直接放站点根目录下的,如果不在站点根目录应适当调整路径层次。"FCKeditor:UserFilesPath"设定了所有上传文件的存放目录,"~"代表站点根目录,"~/UserFiles/"表示存放在站点根目录下的 UserFiles 文件夹中,可以根据实际情况进行设置。

(4) 设置保存上传文件的文件夹权限

最后还要设置存放上传文件的 UserFiles 文件夹的权限。因为默认情况下远程用户对文件没有写权限，所以若没有配置文件夹写权限的话，上传文件时会出现异常。一般配置方法是设置 Everyone 用户对此文件夹具有完全控制权。方法是右击此目录，选"属性"/"安全"，添加 Everyone 用户组，赋予它完全控制权，如图 6.21 所示。

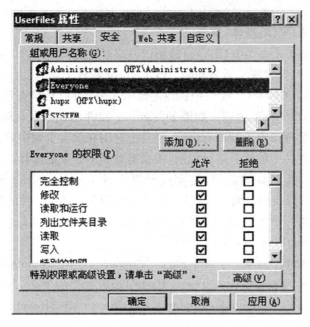

图 6.21 存放上传资源文件夹权限的配置

(5) 修改 fckeditor/fckconfig.js 文件，使 FCKeditor 与具体开发环境配套

在 fckconfig.js 中找到下面两行：

var _FileBrowserLanguage = 'asp' ; // asp | aspx | cfm | lasso | perl | php | py
var _QuickUploadLanguage = 'asp' ; // asp | aspx | cfm | lasso | php

把它们改为如下代码，以便与 ASP.NET 开发环境配套。

var _FileBrowserLanguage = 'aspx' ; // asp | aspx | cfm | lasso | perl | php | py
var _QuickUploadLanguage = 'aspx' ; // asp | aspx | cfm | lasso | php

由于 FCKeditor 默认语言是英语，我们需要将其设定为中文，所以找到此行：

FCKConfig.DefaultLanguage= ' en ' ;

把"en"改为"zh-cn"以支持中文。

3. FCKeditor 工具的定制

通过以上的配置处理，所见即所得的 FCKeditor 可视化网页编辑器就可以使用了。添加一个网页，从工具箱中把 FCKeditor 拖动到网页中，就可以使用它进行可视化网页编辑，其操作如同 Word 软件。在 FCKeditor 控件中输入的所有内容，都保存在 Value 属性中，通过 Value 属性就可以获取所有输入内容。我们会发现 Value 属性获取的内容，不仅有文本本身，还有各种 HTML 标记。但是运行这个网页，发现对文本不能设置中文字体，不能按像素精确设计字号。

由于 FCKeditor 是国外软件，默认情况没有中文字体和字号设置，在 fckeditor/fckconfig.js 中，原来的代码是这样的：

FCKConfig.FontNames = 'Arial;Courier New;Tahoma;Times New Roman;Verdana;';
FCKConfig.FontSizes = 'smaller;larger;xx-small;x-small;small;medium;large;x-large;xx-large;';

为了在FCKeditor中字体出现中文字体及以像素值设置字号，把上两行改为如下代码（完全根据个人的需要定制，请试一试）：

FCKConfig.FontNames = 'Arial;Comic Sans MS;Courier New;Tahoma;Times New Roman;Verdana;黑体;宋体;楷体;隶书;';

FCKConfig.FontSizes = '10;12;14;16;18;20;22;24;28;32;36;40;44;50;60;72;';

上面的问题解决了，又发现了新的问题。FCKeditor控件上，工具太多，很多工具很少用，这还不算大问题，关键是，FCKeditor控件中提供的部分工具，可以直接查看并管理站点文件夹下的资源，暴露站点中不想外露的内容。如果FCKeditor控件用在后台页面中，则没有问题，管理员本来就需要查看并管理站点下的所有内容，但是把它用在前台页面中就非常不合适了。为此，需要能对FCKeditor控件中的工具进行定制，根据需要显示必要的工具，去掉不需要的工具。

FCKeditor控件对其工具的定制，是通过配置文件fckeditor/fckconfig.js来实现的。在fckconfig.js文件中，可以找到下面一段代码，它对应着FCKeditor控件的默认工具栏，其中每对单引号中的单词对应着一个工具，从单词的意思上大家也能知道其含义。

FCKConfig.ToolbarSets["Default"] = [
    ['Source','DocProps','-','NewPage','Preview','-','Templates'],
    ['Cut','Copy','Paste','PasteText','PasteWord','-','Print','SpellCheck'],
    ['Undo','Redo','-','Find','Replace','-','SelectAll','RemoveFormat'],
    '/',
    ['Bold','Italic','Underline','StrikeThrough','-','Subscript','Superscript'],
    ['OrderedList','UnorderedList','-','Outdent','Indent','Blockquote','CreateDiv'],
    ['JustifyLeft','JustifyCenter','JustifyRight','JustifyFull'],
    ['Link','Unlink','Anchor'],
    ['Image','Flash','Table','Rule','Smiley','SpecialChar','PageBreak'],
    '/',
    ['Style','FontFormat','FontName','FontSize'],
    ['TextColor','BGColor'],['FitWindow','ShowBlocks','-']
];

默认情况下，添加的FCKeditor控件，运行的效果如图6.22所示，从代码和运行效果图不难理解代码中"/'"、"[ ]"的含义及书写规则。

上面的FCKeditor对应的标记如下，其ToolbarSet属性指定工具集。

〈FCKeditorV2:FCKeditor ID="FCKeditor1" runat="server" ToolbarSet=" Default "〉
〈/FCKeditorV2:FCKeditor〉

仿照上面的代码，在fckeditor/fckconfig.js文件中，加入如下的代码来自定义工具集：

FCKConfig.ToolbarSets["MySetTool"] = [
    ['Find','Replace'],['Bold','Italic','-','OrderedList','UnorderedList','-','JustifyLeft','JustifyCenter','JustifyRight','JustifyFull'],
    ['FontName','FontSize','TextColor','BGColor']
]

];

图 6.22　FCKeditor 控件默认的工具集

然后在网页中添加一个 FCKeditor 控件,在属性窗口中,设置它的 ToolbarSet 属性的值为"MySetTool",运行后效果如图 6.23 所示。

上面的 FCKeditor 对应的标记如下,通过其 ToolbarSet 属性定制工具集。

〈FCKeditorV2:FCKeditor ID="FCKeditor1" runat="server" ToolbarSet=" MySetTool "〉
〈/FCKeditorV2:FCKeditor〉

图 6.23　FCKeditor 控件自定义的工具集

6.7　应用3:网上购物后台子系统图书更新页面设计

本节介绍网上购物系统的后台子系统中图书更新页面设计,通过这个页面的设计,进一步深入地学习下拉列表框、隐藏控件、文件上传控件、图片控件以及 FCKeditor 和 My97DatePicker 这两个第三方控件的使用。

【例 6.15】　在网上购物系统站点后台子系统 Admin 文件中,利用后台系统的母版 treeMasterPage.master 添加网页 BookUpdateByBookId.aspx 并进行页面的布局,布局后的页面效果如图 6.24 所示,在这个页面通过 URL 后的"? BookId=x"把参数 BookId 的值 x 带入页面。即"…/BookUpdateByBookId.aspx? BookId=30"。在页面加载事件中,根据主键 BookId 的值 x,访问数据库,把此图书信息读取到页面控件中。然后对图书信息进行更新,更新完成后,单击"更新",把修改后数据写回数据库表,为了确保数据的正确,利用服务器验证控件,对页面中数据进行了验证。图书的目录和内容简介是利用 FCKeditor 控件进行设计的。在文件上传控件下,添加隐藏控件。

设计说明:

1. FCKeditor 的使用

在如图 6.24 所示的更新页面中,目录和内容简介两行,采用的是 FCKeditor 控件,工具栏中只提供了必要的工具,用不到的工具被隐去,这样做一来界面简洁,二来也安全。

第一步,找到 FredCK.FCKeditorV2.dll 文件,右击站点项目,添加对它的引用,这样,这个文件就出现在站点的 bin 文件夹中,然后右击工具箱中标准工具,利用"添加项"把这个第三方控件加到工具箱中。

第二步,把 FCKeditor 控件的资源文件夹 fckeditor 复制到当前站点下,只保留此文件夹下的 editor 文件夹和 fckconfig.js、fckeditor.js、fckstyles.xml、fcktemplates.xml、fckpackager.xml 等五个文件,其他多余的文件可以删去。然后在站点下新建 UserFiles 文件夹用于存放 FCKeditor 上传的各种文件,并赋予 Everyone 用户对它拥有完全控制权。

第三步,修改 Web.config 配置文件,在 Web.config 的节点 appSettings 中添加代码:
〈appSettings〉
　　〈add key="FCKeditor:BasePath" value="~/fckeditor/"/〉
　　〈add key="FCKeditor:UserFilesPath" value="~/UserFiles/"/〉
〈/appSettings〉

图 6.24　图书信息更新页面设计

第四步,修改 fckeditor/fckconfig.js 文件,以使 FCKeditor 与具体开发环境配套。在 fckconfig.js 中找到下面两行:

var _FileBrowserLanguage = 'asp' ; // asp | aspx | cfm | lasso | perl | php | py
var _QuickUploadLanguage = 'asp' ; // asp | aspx | cfm | lasso | php

把它们改为如下代码,以便与 ASP.NET 开发环境配套。

var _FileBrowserLanguage = 'aspx' ; // asp | aspx | cfm | lasso | perl | php | py
var _QuickUploadLanguage = 'aspx' ; // asp | aspx | cfm | lasso | php

找到下面设置默认语言是英语的这一行:
FCKConfig.DefaultLanguage= ' en ' ;
把"en"改为"zh-cn"以支持中文。

第五步,修改 fckeditor/fckconfig.js 文件,定制工具栏,使字体出现中文字体,以像素为单位的字号等,具体见前面所述步骤,不再详述。

最后,把 FCKeditor 控件从工具箱中拖动到网页中相应位置即可应用,使用时 FCKeditor 控件中的内容用 Value 属性来引用。

2. 实体类,数据访问类和业务逻辑类的编写

这些内容难度不大,请见前面章节中已有的叙述。

3. 事件的编写

(1) 网页加载事件 Page_Load,实现首次加载时,把图书信息取出并显示在相应的控件中。

```
protected void Page_Load(object sender, EventArgs e)
{
    if (! IsPostBack)
    {
        DataBindToBookType();
        int BookId = Convert.ToInt32(Request.QueryString["BookId"]);
        BookBLL oBookBLL = new BookBLL();
        BookModel oBookModel = oBookBLL.Book_GetModelById(BookId);
        ddlBookType.SelectedValue = oBookModel.BookTypeId.ToString();
        txtBookName.Text = oBookModel.BookName;
        txtAuthor.Text = oBookModel.Author;
        txtISBN.Text = oBookModel.ISBN;
        txtPublisher.Text = oBookModel.Publisher;
        txtPublicDate.Text = oBookModel.PublishDate.ToShortDateString();
        txtPrice.Text = oBookModel.Price.ToString();
        txtDiscount.Text = oBookModel.Discount.ToString();
        if (oBookModel.Cover ! = "")
            HiddenField1.Value = oBookModel.Cover;
        imgCover.ImageUrl = "~/Upload/" + HiddenField1.Value;
        txtAmount.Text = oBookModel.Amount.ToString();
        fckDirectory.Value = oBookModel.Directory;
        fckDescription.Value = oBookModel.Description;
    }
}
```

```csharp
private void DataBindToBookType()
{
    BookTypeBLL oBookTypeBLL = new BookTypeBLL();
    List<BookTypeModel> types = oBookTypeBLL.BookType_GetList();
    ListItem lt = new ListItem("=请选择=", "-1");
    this.ddlBookType.Items.Add(lt);
    if (types != null)
    {
        foreach (BookTypeModel oBookTypeModel in types)
        {
            ListItem Item = new ListItem(oBookTypeModel.TypeName, oBookTypeModel.BookTypeId.ToString());
            this.ddlBookType.Items.Add(Item);
        }
    }
}
```

(2)"上传"按钮的事件。利用文件上传控件上传图书封面,其代码与例 6.12 中图书封面上传相同,限于篇幅,不再赘述。

(3)"提交"按钮的单击事件。实现数据库的更新。

```csharp
protected void btnSubmit_Click(object sender, EventArgs e)
{
    BookModel oBookModel = new BookModel();
    oBookModel.BookId = Convert.ToInt32(Request.QueryString["BookId"]);
    oBookModel.BookName = txtBookName.Text;
    oBookModel.Author = txtAuthor.Text;
    oBookModel.ISBN = txtISBN.Text;
    oBookModel.Translator = txtTranslator.Text;
    oBookModel.Publisher = txtPublisher.Text;
    oBookModel.PublishDate = Convert.ToDateTime(txtPublishDate.Text);
    oBookModel.Price = Convert.ToSingle(txtPrice.Text);
    oBookModel.Discount = Convert.ToSingle(txtDiscount.Text);
    oBookModel.Cover = HiddenField1.Value;
    oBookModel.Amount = Convert.ToInt32(txtAmount.Text);
    oBookModel.Directory = fckDirectory.Value;
    oBookModel.Description = fckDescription.Value;
    BookDAL oBookDAL = new BookDAL();
    int result = oBookDAL.Book_UpdateById(oBookModel);
    if (result > 0)
    {
        Response.Write("<script>alert('图书信息更新成功!');window.location= 'ex_
```

15_GridviewFCKEditor.aspx';</script>");
                //弹出消息框,确定后跳转到另一网页
            }
            else
            {
                Response.Write("<script>alert('图书信息更新失败!')</script>");
            }
        }

其实,FCKeditor 控件在处理图文混排的页面时非常有效,利用其中的工具,可以上载图片并调整大小,也可以上载 Flash 及其他格式的文件,还可以建超链接、创建表格等,使用方法与 Word 相似。下面仅抓取上传并调整图片时的对话框,如图 6.25 所示。

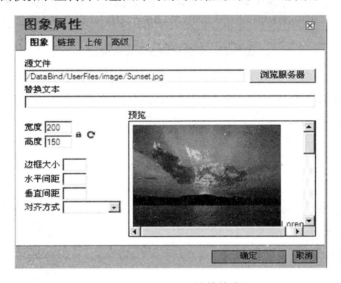

图 6.25　FCKEditor 控件的应用

思 考 练 习

1. 设计如图 6.26 登录页面,密码以星号显示,根据顾客表 ShopUser 中用户信息,输入用户名和密码进行登录,如果登录成功,弹出消息"登录成功,欢迎光临!",否则显示"登录失败,请重新输入!",如果单击"清空",清空文本框中信息。

2. 设计如图 6.27 所示多关键字搜索页面,分别输入书名、作者和出版社,可以分别实现按相关内容模糊搜索图书,并把搜索到的图书的书名、作者、ISBN、出版社和价格信息用 GridView 控件显示出来(说明,只需简单添加 GridView 控件,并把结果集作为 GridView 控件的数据源,然后绑定一次即可,

图 6.26　用户登录

代码形式如：GridView1.DataSource = xxx; GridView1.DataBind();）。

图6.27 多关键字搜索页面设计

3. 设计如图6.28所示图书入库页面，实现添加图书信息到图书表Book中。要求，图书类别下拉列表框中数据是从图书类别表BookType中读取得到的，出版日期用第三方控件My97DatePicker，图书的封面利用文件上传控件实现。

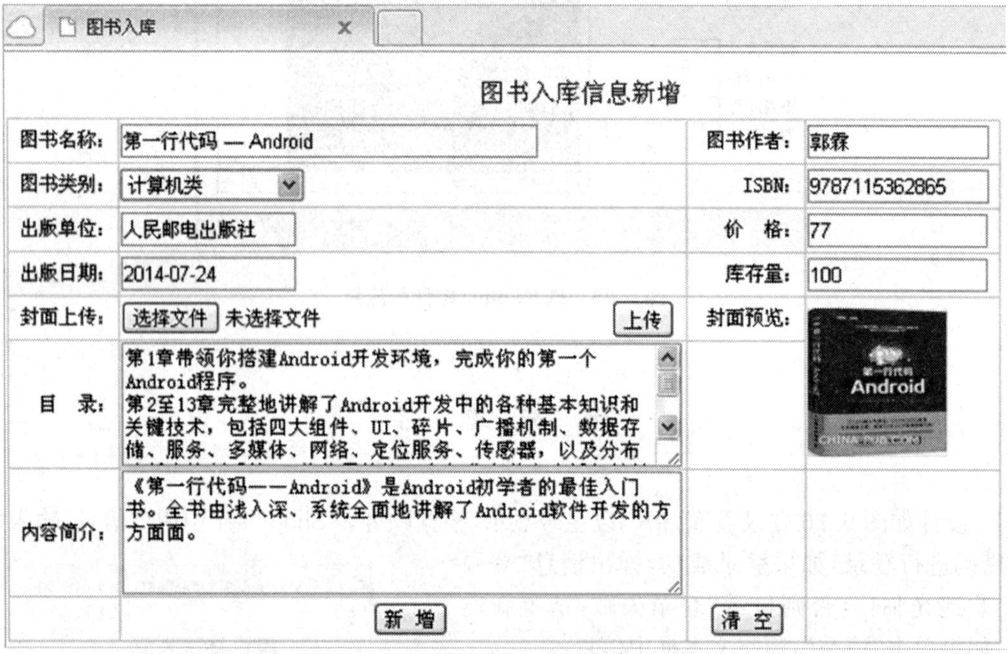

图6.28 图书入库

第 7 章　ASP.NET 数据绑定技术

数据绑定技术是 ASP.NET 中非常重要的控件技术,它使得应用程序能够轻松地与数据库进行交互。它将页面中的控件与数据源中的数据进行绑定,用来显示和操作数据。

7.1　数据绑定概述

ASP.NET 系统典型的特征是后台代码文件对数据的访问和处理与前台文件对数据的显示分离,前台的显示是通过 HTML 来实现的。

数据绑定实际上就是把数据按照要求,根据某种样式、布局呈现到前台页面的过程。对于页面中的 HTML 标记,可以直接嵌入数据或绑定表达式来设置要显示的数据,而对于服务器控件,通常是通过设置控件属性或指定数据源来完成数据的绑定的。

控件的数据绑定包含下面两个过程,缺一不可:

(1) 为控件指定绑定表达式,多值集合型数据绑定时需要先设定好数据源。

(2) 调用控件的 DataBind() 方法对控件的数据绑定进行显示。

数据绑定表达式的基本格式:

〈%# 绑定的数据 %〉

其功能是把绑定表达式绑定在指定位置上,但是有这个绑定表达式,并不能把这个绑定表达式显示在指定的位置上,必须用相应控件的 DataBind() 方法将其显示出来。可绑定的数据有简单属性、表达式、集合、方法调用的结果。

数据绑定的触发方法:

对象名.DataBind()

DataBind() 方法的功能是计算数据绑定的值,并把绑定的数据显示出来,当调用父控件的 DataBind() 的时候,它会依次调用其所有子控件的 DataBind() 方法,把绑定数据的值显示出来。比如调用 Page.DataBind(),它会把整个网页绑定的数据都显示出来,因为页面的所有控件都是 Page 的子控件。

在 ASP.NET 中提供了三类可以进行数据绑定的控件,分别是:单值绑定控件(如 TextBox)、列表控件(如 DropDownList)和复杂数据绑定控件(如 GridView,DataList),本章主要介绍最后一类数据绑定控件。

7.1.1　单值数据绑定

单值数据绑定就是把单个值绑定到控件。比如可以把变量、属性、方法或表达式等绑定到简单控件上,或者直接嵌入 HTML 中显示出来。

单值数据绑定的基本格式:

〈%＃ 绑定的数据 %〉

下面通过例子来介绍通过绑定表达式进行单值绑定的方法。

【例 7.1】 新建网页，在页面的后台代码文件中定义一个简单变量和一个方法，然后分别把这两个变量和方法绑定到前台的文本框（当然也可以是标签）及直接嵌入 HTML 中显示。再添加一个文本框和标签，把文本框的值绑定到标签中显示，效果如图 7.1 所示。

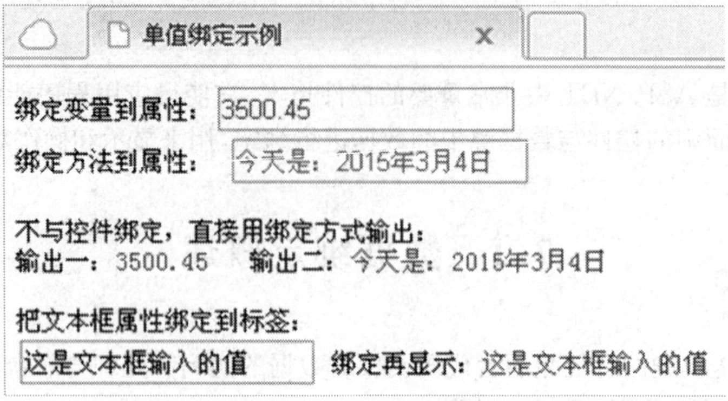

图 7.1 单值数据绑定

（1）添加网页，向网页中添加文本和控件，嵌入绑定表达式，生成的源代码标记如下：

〈form id="form1" runat="server"〉

〈div〉

绑定变量到属性：〈asp：TextBox ID="TextBox1" runat="server" Text="〈%＃ strSingleValue %〉" ForeColor="Red"〉〈/asp：TextBox〉〈br /〉

绑定方法到属性：〈asp：TextBox ID="TextBox2" runat="server" Text="〈%＃ getdate() %〉" ForeColor="＃FF3300"〉〈/asp：TextBox〉〈br /〉〈br /〉

不与控件绑定，直接用绑定方式输出：〈br /〉

输出一：〈font color="red"〉〈%＃ strSingleValue%〉〈/font〉 ；输出二：〈font color="red"〉〈%＃ getdate() %〉〈/font〉

〈br /〉〈br /〉

把文本框属性绑定到标签：〈br/〉〈asp：TextBox ID="TextBox3" runat="server" AutoPostBack="True"〉〈/asp：TextBox〉

绑定再显示：〈asp：Label ID="Label3" runat="server" Text="〈%＃ this. TextBox3. Text %〉"

ForeColor="Red"〉〈/asp：Label〉〈br /〉

〈/div〉

〈/form〉

（2）后台代码如下：

```
protected float  strSingleValue = 3500.45f;
protected void Page_Load(object sender, EventArgs e)
{
    Page.DataBind();//页面的数据绑定方法，它是把页面中所有子控件都绑定一次。
}
```

```
public string getdate()
{
    string dt = string.Format("今天是:{0:D}", DateTime.Now);
    return dt;
}
```

本例中,在后台定义了一个变量和一个获取日期的函数,把它们绑定到前台页面中。注意在后台要把数据定义为 protected 或者 public,不能是 private。因为前台页面 HTML 标记第一行中,Page 对象的 Inherits 属性定义当前 Web 窗体所继承的代码隐藏类(该类是 System.Web.UI.Page 的派生类),所以前台 ASPX 页面文件是从后台 CS 代码文件的类型继承下来的,如果是私有的话,前台页面将不能访问它。

使用绑定表达式"〈%# 绑定的数据 %〉"把数据绑定到控件或直接嵌入到 HTML 标记中,最后通过 Page_Load 事件,用 Page.DataBind()触发数据的显示。

7.1.2 重复数据绑定

1. 数据绑定形式

除了前面介绍的"〈%# xxx %〉"这个单值数据绑定外,还有其他几种形式。

(1)〈%# xxx %〉:绑定单值数据。

(2)〈%# Eval("xxx","格式字符串") %〉:按特定格式单向绑定重复数据源中的数据项"xxx"。

(3)〈%# Bind("xxx","格式字符串") %〉:按特定格式双向绑定重复数据源中的数据项"xxx"。

(4)〈%$ xxx:yyy %〉:绑定 Web.config 中的节点"xxx"下的子节点"yyy"的值,常用在 SqlDataSource 等数据源控件中引用 Web.config 文件中的连接字符串。

2. 数据绑定函数

下面介绍数据绑定函数 Eval()和 Bind()。

(1) Eval()函数:单向只读方式进行数据绑定,只能取出数据,不能把数据返回服务器端。格式为:

Eval("字段")或 Eval("字段","格式字符串")

如:"Eval("字段","{0:D}")"、"Eval("字段","{0:yyyy/MM/dd}")"。

(2) Bind()函数:双向读/写方式进行数据绑定,不仅能读取出数据,还能与文本框等输入控件结合把数据返回服务器端。与 Eval()函数的使用方法相似。格式为:

Bind("字段")或 Bind("字段","格式字符串")

格式字符串:形如"{A:Bxx}"的格式,其中"A"表示参数列表中的索引序号,"B"表示格式说明符,"xx"表示显示的小数位的宽度等,由于经常用格式字符串控件显示的格式,下面简单介绍一下常用的格式说明符。

常用格式说明符说明:

d 短日期模式,如:"1988-5-1"。

D 长日期模式。如:"2015 年 3 月 4 日"。

{0:yyyy/MM/dd}:如:"1988-05-01",转化日期为:"yyyy-mm-dd",其中"MM"要大写,因为小写"mm"代表分钟,与"d"相比的区别是,这种结果等宽,即使月或日是一位数。

t 短时间模式,如:"7:34",即不含"秒"。

T 长时间模式,如:"7:34:12",即含"秒"。

C 或 c 货币模式,数字显示为表示货币金额的字符串,如:"￥45.79"。

E 或 e 科学计数法(指数)模式,数字转换为"-d.ddd...E+ddd"或"-d.ddd...e+ddd"形式的字符串,其中每个"d"表示一个数字(0~9)。

F 或 f 固定点数值模式,数字显示为"-ddd.ddd..."形式的字符串,其中每个"d"表示一个数字(0~9)。如果该数字为负,则该字符串以减号开头。

P 或 p 百分比模式。

重复数据的绑定一般是通过数据绑定控件来完成的。

7.2 Repeater 控件

Repeater 控件是一个显示重复数据的控件,它通过使用模板显示一个数据源的内容,是完全由模板驱动的,而且开发人员必须自己配置这些模板,如果 Repeater 控件中没有定义模版或者模版中没有绑定数据,那么在运行时该控件不会有任何显示。Repeater 控件不能用可视化的方式来设计,其中数据的显示格式也必须在模板中自己定义,并且用到的 HTML 标记也只能在源视图中手写。

数据绑定控件都支持模板 Template,在数据绑定控件中,可以使用模板来格式化每一个数据的外观和布局。模板中,可以含有 HTML、绑定表达式以及其他控件。通过模板,可以使用数据绑定表达式来显示数据的值。

数据绑定表达式是在控件的 DataBinding 事件触发时才开始计算,当使用声明式将数据绑定控件绑定到 DataSource 数据源控件时,这个事件是自动触发的,如果使用编程式绑定,事件是在调用控件的 DataBind()方法时触发的。

Repeater 控件支持五种模板,用来显示相应的界面信息,这 5 种模板及功能如下所示:

① ItemTemplate:项模板,指定如何在数据绑定控件中显示数据行,此模板行适用于数据源中的每一行数据,但当有 AlternatingItemTemplate 时,仅适用于数据源的奇数行。

② AlternatingItemTemplate:交替项模板,与 ItemTemplate 模板类似,但指定如何在数据绑定控件中显示数据源的偶数行,没有此模板,使用 ItemTemplate 来代替它。

③ HeaderTemplate:头模板,用来建立标题行,如果未定义将不显示标题行。

④ FooterTemplate:脚模板,典型的用途是关闭在 HeaderTemplate 中打开的元素(使用〈/table〉这样的标记),如果头模板中没有相应的开始元素,此模板可以不用。

⑤ SeparatorTemplate:分隔模板,指定数据源中每个数据行之间的分隔符,如果未定义将不显示分隔符。

在上面五种模板中,必须使用的是 ItemTemplate 模板,其他的模板可以选用。5 种模板中前两种模板可以嵌入绑定表达式,后三种模板不能嵌入绑定表达式。

这里说明一下,由于 BookShopOnNet 数据库中,顾客表中字段较少,但数据类型较多,对初步学习本章来说,字段少,类型多,既减少了工作量,又能把各种技能点涵盖,所以本章的例子,主要以 ShopUser 表为举例对象。

【例 7.2】 添加一个网页,用三层架构的业务逻辑类从 ShopUser 数据表中以泛型数组方式读取顾客信息，然后在 Repeater 控件中显示出来。显示时，数据源奇数行加粗显示，性别用"男"、"女"显示，交替行数据用红色显示，出生日期用"××××年××月××日"格式显示，行间加蓝色水平线，效果如图 7.2 所示。

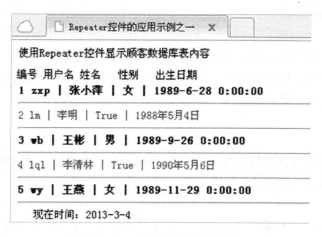

图 7.2 Repeater 控件应用示例之一

（1）添加网页，向网页中添加 Repeater 控件，然后进入源视图，在 Repeater 控件中手工输入 HTML 代码，并嵌入绑定表达式，生成的源代码标记如下：
使用 Repeater 控件显示数据库表内容〈br /〉
〈asp:Repeater ID="Repeater1" runat="server"〉
　　〈HeaderTemplate〉
　　　　编号　用户名　姓名　性别　出生日期　〈br /〉
　　〈/HeaderTemplate〉
　　〈ItemTemplate〉
　　　　〈b〉〈%# Eval("UserId")%〉〈%# Eval("UserName")%〉|〈%# Eval("XingMing")%〉|〈%# GetSex(Eval("sex"))%〉|〈%# Eval("Birthday")%〉〈br /〉〈/b〉
　　〈/ItemTemplate〉
　　〈AlternatingItemTemplate〉
　　　　〈font color="Red"〉〈%# Eval("UserId")%〉〈%# Eval("UserName")%〉|〈%# Eval("XingMing")%〉|〈%# Eval("sex")%〉|〈%# Eval("Birthday","{0:D}")%〉〈br /〉〈/font〉
　　〈/AlternatingItemTemplate〉
　　〈SeparatorTemplate〉
　　　　〈hr style="size:1; color:Blue;" /〉
　　〈/SeparatorTemplate〉
　　〈FooterTemplate〉
　　　　现在时间:〈%# GetDate() %〉
　　〈/FooterTemplate〉
〈/asp:Repeater〉

由于 Repeater 不支持可视化操作，所以上面源视图代码都是手工方式输入的。由于性别在数据库中是逻辑型，所以在后台用函数对性别数据进行了处理，然后在前台绑定该函数。

(2) 页面的 Page_Load 事件中，实例化业务逻辑类，读取数据并设置数据源，代码如下：
```
protected void Page_Load(object sender, EventArgs e)
{
    if (! IsPostBack)
    {
        ShopUserBLL oShopUserBLL = new ShopUserBLL();
        Repeater1.DataSource = oShopUserBLL.User_GetListByWhere("");
        Repeater1.DataBind();
    }
}
```
(3) 下面定义的是性别转换函数和日期格式函数，在前台模板中对这两个函数进行了绑定。
```
protected string GetSex(object obj)
{
    if (! Convert.IsDBNull(obj))   //防止数据库中空数据出现数据转换异常
        return " ";
    else
        if (Convert.ToBoolean(obj) == True)
            return "男";
        else
            return "女";
}
protected string GetDate()
{
    return DateTime.Now.ToShortDateString();
}
```
上面的例子中，Repeater 显示出来的数据不美观，比较凌乱，这是因为没有在 Repeater 控件的模板中对数据项进行布局。

运行这个网页时，查看源文件，可以看到生成的前台 HTML 格式文件，发现 Repeater 生成的数据是流数据，不含有 DIV、表格等框架元素，所以需要我们利用源视图在模板中嵌入 DIV、表格等布局元素。

【例 7.3】 对例 7.2 进一步处理，用三层架构的业务逻辑类从 ShopUser 数据表中以泛型数组方式读取顾客信息，然后在 Repeater 控件中以表格方式显示出来。显示时，对姓名项加超链接，超链接样式是，正常情况及访问过的超链接用蓝色加下划线显示，鼠标悬在链接上方时变红色且下划线消失，点击链接后跳到显示用户详情信息的页面，性别用"男"、"女"显示，增加年龄项，出生日期用"××××年××月××日"格式等宽显示，并且交替行红色显示，效果如图 7.3 所示。

(1) 向网页中添加 Repeater 控件，然后进入源视图，在 Repeater 控件的模板中嵌入相应 HTML 标记和绑定表达式，生成的源代码标记如下：
```
<div>
    使用 Repeater 控件显示顾客数据库表内容<br />
```

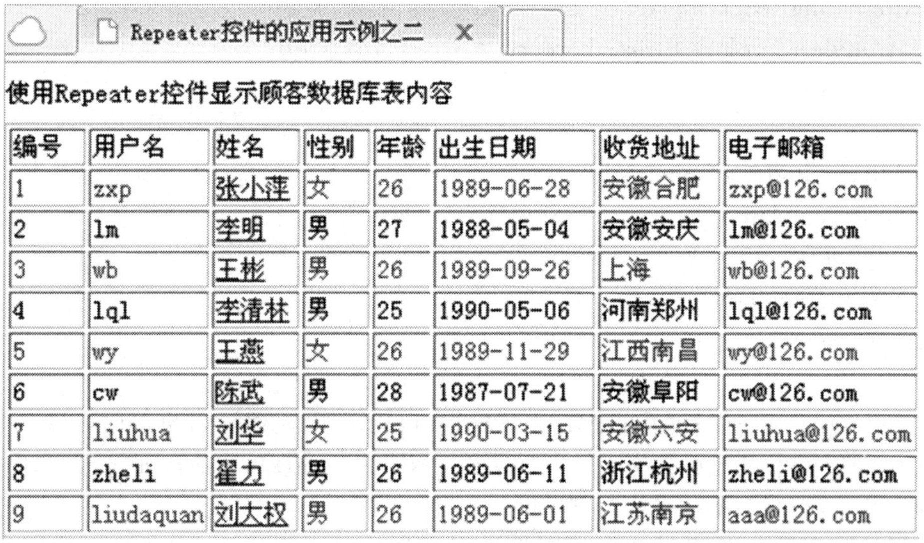

编号	用户名	姓名	性别	年龄	出生日期	收货地址	电子邮箱
1	zxp	张小萍	女	26	1989-06-28	安徽合肥	zxp@126.com
2	lm	李明	男	27	1988-05-04	安徽安庆	lm@126.com
3	wb	王彬	男	26	1989-09-26	上海	wb@126.com
4	lql	李清林	男	25	1990-05-06	河南郑州	lql@126.com
5	wy	王燕	女	26	1989-11-29	江西南昌	wy@126.com
6	cw	陈武	男	28	1987-07-21	安徽阜阳	cw@126.com
7	liuhua	刘华	女	25	1990-03-15	安徽六安	liuhua@126.com
8	zheli	翟力	男	26	1989-06-11	浙江杭州	zheli@126.com
9	liudaquan	刘大权	男	26	1989-06-01	江苏南京	aaa@126.com

图 7.3　Repeater 控件应用示例之二

```
〈asp:Repeater ID="Repeater1" runat="server"〉
  〈HeaderTemplate〉
     〈table border="1" style="width:600px; border: #b1cccc 1px solid; " 〉
       〈tr〉
         〈td〉编号〈/td〉〈td〉用户名〈/td〉
         〈td〉姓名〈/td〉
         〈td〉性别〈/td〉
         〈td〉年龄〈/td〉
         〈td〉出生日期〈/td〉
         〈td〉地址〈/td〉
         〈td〉电子邮箱〈/td〉
       〈/tr〉
  〈/HeaderTemplate〉
  〈ItemTemplate〉
    〈tr style=" color:Red; border: #b1cccc 1px solid;"〉
       〈td〉〈%# Eval("UserId")%〉〈/td〉〈td〉〈%# Eval("UserName")%〉〈/td〉
       〈td〉〈a href="ShowShopUseraById.aspx? UserId=〈%#Eval("UserId")%〉"〉
    〈%# Eval("XingMing") %〉〈/a〉〈/td〉
       〈td〉〈%# GetSex(Eval("Sex"))%〉〈/td〉
       〈td〉〈%#GetAge(Eval("Birthday"))%〉〈/td〉
       〈td〉〈%# Eval("Birthday","{0:yyyy-MM-dd}")%〉〈/td〉
       〈td〉〈%# Eval("Address")%〉〈/td〉
       〈td〉 〈%# Eval("EMail")%〉〈/td〉
   〈/tr〉
  〈/ItemTemplate〉
```

　　　　〈AlternatingItemTemplate〉
　　　　　〈tr style=" color：Black；border：#b1cccc 1px solid;"〉
　　　　　　……
　　　　　〈/tr〉
　　　　〈/AlternatingItemTemplate〉
　　　　〈FooterTemplate〉
　　　　　　〈/table〉
　　　　〈/FooterTemplate〉
　　〈/asp：Repeater〉
〈/div〉

　　上面的源视图，进行布局的 HTML 表格标记，可以手工方式输入，也可以在另一个页面中制作好表格，把表格代码粘贴进去。性别和年龄用函数进行处理后在前台绑定，交替项模板与项模板区别不大，为节省篇幅这里就没有提供。

　　(2) 超链接样式文件设计。为了制作需要的超链接显示样式，在项目中添加样式文件 HyperLinkStyle.css，设计超链接样式如下：
A：link
{
　　color：#0000FF；
}
A：visited
{
　　color：#0000FF；
}
A：hover
{
　　color：#ff0000；
　　text-decoration：none；
}

　　然后在网页文件头 Head 部分，拖入样式文件，文件中自动添加代码："〈link href="HyperLinkStyle.css" rel="stylesheet" type="text/css" /〉"。这样就添加了对外部样式文件的引用，将设定的样式应用到超链接上。以后的例子中都用这种方式进行超链接设计，不再赘述。

　　(3) 后台代码与例 7.2 是完全一样的，这里就不做介绍。

　　Repeat 控件需要一定的 HTML 知识才能显示数据库的相应信息，手写 HTML 代码虽然增加了复杂性，但灵活。Repeat 控件能够按照用户的想法显示不同的样式，让数据显示更加丰富。

　　Repeat 控件常用的事件有 ItemCommand、ItemCreated、ItemDataBound。当创建一个项或者一个项被绑定到数据源时，将触发 ItemCreated 和 ItemDataBound 事件。当控件模板中有按钮被点击时，会触发 ItemCommand 事件。后面的数据控件也有这些事件，使用方法类似，在这里就不详细介绍了。

7.3 DataList 控件

7.3.1 DataList 的模板及属性

DataList 是一个比 Repeat 控件要复杂一点的数据绑定控件，但布局比较灵活。DataList 可以把一条记录二维地显示在多行，一行也能显示多条记录。而且利用它可以删除和修改数据，而 Repeat 一般只是显示数据。与 Repeat 一样，DataList 控件也是使用模板显示数据源的内容，是由模板驱动的，模板的使用方法与 Repeat 类似。与 Repeat 控件模板相比，它增加了"选择项模板"和"编辑项模板"这两种模板，而且还增加了为每种模板设计样式的属性，来定义 DataList 控件的外观。

DataList 控件中的 HeaderTemplate、ItemTemplate、AlternatingItemTemplate、FooterTemplate 和 SeparatorTemplate 这五种模板与 Repeater 控件的模板功能类似，下面只介绍新增的两种模板和模板样式属性。

1. Datalist 控件模板样式

（1）EditItemTemplate：编辑项模板，当在 DataList 中选择一项来编辑（即把 DataList 的 EditItemIndex 属性值设为当前选定项的索引值）时，将启用"编辑"功能，这时该行数据将按 EditItemTemplate 模板显示。

（2）SelectedItemTemplatem：选中项模板，当单击"选择"按钮时，选中行用此模板进行显示，没有定义它，将使用 ItemTemplate 来代替它。

（3）HeaderStyle：头模板样式，用来设计头模板中标题行的样式。

（4）ItemTemplatemStyle：项模板样式，用来设计项模板定义的数据项的样式。

（5）AlternatingItemTemplatemStyle：交替项模板样式，用来设计交替项模板定义的数据项的样式。

其他几个模板样式属性与它们相同，不再叙述。

2. Datalist 控件属性

DataList 的一个特征是可以多列方式显示数据项。通过设置其 RepeatColumns 和 RepeatDirection 属性，可以控制 DataList 列的布局，这两个属性，功能如下：

（1）RepeatColumns：设置 DataList 中要显示的列数。默认是"0"，即按照单行或者单列显示数据。

（2）RepeatDirection：设置 DataList 的显示方式，这个属性是一个枚举值，有 Horizontal 和 Vertical 两个值，分别代表按水平或垂直方向布局。

与 Repeater 控件相同的是，DataList 控件同样也可以手工编写 HTML 代码，但是 DataList 控件还支持可视化方式设计。通过修改 DataList 控件的相应属性以及使用属性生成器，就能够实现复杂的 HTML 样式，DataList 还能自动套用格式进行快速格式化，极大地方便开发人员制作 DataList 控件的界面样式。

【例 7.4】 重写例 7.3，从 ShopUser 数据表中读取顾客信息，然后在 DataList 控件中显示，对姓名项加超链接，链接到用户详情页面，性别用"男"、"女"显示，出生日期用"××××年××月××日"格式显示，标题行加背景色，数据行下方加下划虚线（许多网站的数据行都采用这种效果)，数据行首加黑色圆点，交替数据行首的圆点是淡蓝色的，效果如图 7.4 所示。

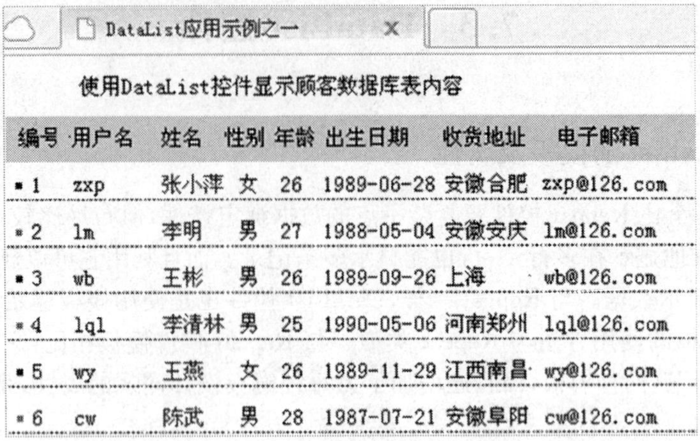

编号	用户名	姓名	性别	年龄	出生日期	收货地址	电子邮箱
▪ 1	zxp	张小萍	女	26	1989-06-28	安徽合肥	zxp@126.com
▪ 2	lm	李明	男	27	1988-05-04	安徽安庆	lm@126.com
▪ 3	wb	王彬	男	26	1989-09-26	上海	wb@126.com
▪ 4	lql	李清林	男	25	1990-05-06	河南郑州	lql@126.com
▪ 5	wy	王燕	女	26	1989-11-29	江西南昌	wy@126.com
▪ 6	cw	陈武	男	28	1987-07-21	安徽阜阳	cw@126.com

图 7.4　DataList 应用示例之一

(1) 行首的圆点可用透明色的圆点图片来实现，数据行下方的下划虚线也同样采用透明色图片作背景来实现。向网页中添加 DataList 控件，进入源视图，在 DataList 控件的模板中嵌入相应 HTML 标记和绑定表达式，生成的源代码标记如下：

```
<div>
<asp:DataList ID="DataList1" runat="server">
  <HeaderTemplate>
   <table cellspacing="0px">
     <tr style="height:24px; background-color:#CDCDCD;">
       <td></td> <td>编号</td> <td>用户名</td>
       <td>姓名</td> <td>性别</td>
       <td>年龄</td> <td>出生日期</td>
       <td>收货地址</td> <td>电子邮箱</td>
     </tr>
  </HeaderTemplate>
  <ItemTemplate>
     <tr style="height:24px;background-image: url(images/linebg.jpg);">
       <td><img src="images/Icon.gif" /></td> <td><%# Eval("UserId")%></td><td>
       <td><%# Eval("UserName")%></td>
       <td><a href="ShowShopUseraById.aspx? UserId=<%#Eval("UserId")%>">
    <%# Eval("XingMing")%></a></td>
       <td><%# Eval("sex").ToString()=="True" ? "男" : "女" %></td>
       <td><%#GetAge(Eval("Birthday"))%></td>
       <td><%# Eval("Birthday","{0: yyyy-MM-dd}")%></td>
       <td><%# Eval("Address")%></td>
       <td><%# Eval("EMail")%></td>
     </tr>
```

```
        </ItemTemplate>
        <AlternatingItemTemplate>
            <tr style="height:24px;background-image: url(images/linebg.jpg);">
                <td><img src="images/Icon1.gif" /></td><td><%# Eval("UserId")%></td>
                <td><%# Eval("UserName")%></td>
                <td><a href="ShowShopUseraById.aspx? UserId=<%# Eval("UserId")%>">
                    <%# Eval("XingMing")%></a></td>
                <td><%# Eval("sex").ToString()=="True" ? "男" : "女" %></td>
                <td><%#GetAge(Eval("Birthday"))%></td>
                <td><%# Eval("Birthday","{0:yyyy-MM-dd}")%></td>
                <td><%# Eval("Address")%></td>
                <td><%# Eval("EMail")%></td>
            </tr>
        </AlternatingItemTemplate>
        <FooterTemplate>
            </table>
        </FooterTemplate>
    </asp:DataList>
</div>
```

上面的源视图,是利用 HTML 表格标记手工输入码的方式进行布局的,要求对 HTML 比较熟练。数据行下划虚线是利用背景图片实现的,行首不同颜色的圆点是用"<img>"标记在不同的模板中插入图片得到的,性别是在前台直接绑定"Eval("sex").ToString()=="True" ? "男" : "女""这个三元运算表达式得到的,而不像例 7.3 是绑定后台函数实现的。由本例可知,为了灵活布局和界面美化,需要熟练地运用 HTML 和 Style 样式等相关知识。

(2) 后台代码:

```
protected void Page_Load(object sender, EventArgs e)
{
    if (! IsPostBack)
    {
        ShopUserBLL oShopUserBLL = new ShopUserBLL();
        DataList1.DataSource = oShopUserBLL.User_GetListByWhere("");
        DataList1.DataBind();
    }
}
protected int GetAge(object obj)
{
    if (Convert.IsDBNull(obj))    //防止空数据出现数据转换异常
        return 0;
    else
        return DateTime.Now.Year - Convert.ToDateTime(obj).Year;
```

}

7.3.2　DataList 的分页

　　Repeater 和 DataList 都没有内置分页功能，使用不方便，当然可以利用手工编程实现分页功能。除此之外，也可以借用 ASP.NET 提供的专门进行分页的类 PagedDataSource 实现 DataList 和 Repeater 控件的数据分页。这样实现比较简单，但它的运行效率比较差，因为这个分页类是把所有查询的数据都从数据库中取出传送过来，然后 PagedDataSource 把其他数据项都抛弃掉，只留下需要的页并显示出来。如果要提高运行效率必须通过手工编程来实现分页。

　　PagedDataSource 类的常用属性如下：
　　（1）DataSource：获取或设置数据源。
　　（2）AllowPaging：获取或设置指示是否启用分页的值。
　　（3）PageSize：获取或设置要在单页上显示的数据项数。
　　（4）CurrentPageIndex：获取或设置当前页的索引。
　　（5）PageCount：获取数据源中所需要的总页数。
　　（6）IsFirstPage：获取一个值，该值指示当前页是否为首页。
　　（7）IsLastPage：获取一个值，该值指示当前页是否为最后一页。

　　PagedDataSource 类的使用思路是，首先设置此对象的数据源，然后对它进行分页方面属性的设置，最后把它绑定到 Repeater 和 DataList 控件，具体使用在后面的例子中介绍。

7.3.3　DataList 的事件

　　首先要理解事件冒泡，才能深入理解数据绑定控件的事件模型。
　　在 ASP.NET 中 Repeater、DataList 和 GridView 都支持事件冒泡。这些控件可以捕获其子控件的事件，当某子控件产生一个事件时，事件就"冒泡"传给包含该子控件的容器控件，并且由容器控件执行一个共享的事件处理程序来处理该事件。
　　如果没有事件冒泡，那么对于 DataList 等内部包含的每一个子控件产生的事件都需要定义一个相应的处理函数，如果包含 100 个子控件呢？需要写多少个事件处理程序。所以有了事件冒泡，不管包含多少个子控件，事件处理程序都不多。当然，某些情况下可以不用事件冒泡，直接写子控件的事件，这在后面的例子中详细介绍。
　　下面介绍 DataList 常用的六个事件：
　　（1）EditCommand 事件：单击 CommandName 属性值为"Edit"的按钮时触发该事件。
　　（2）CancelCommand 事件：单击 CommandName 属性值为"Cancel"的按钮时触发该事件。
　　（3）UpdateCommand 事件：单击 CommandName 属性值为"Update"的按钮时触发该事件。
　　（4）DeleteCommand 事件：单击 CommandName 属性值为"Delete"的按钮时触发该事件。
　　上面这四个事件，按钮的 CommandName 属性值是特定的，不能任性地自定义 CommandName 属性的值，比如子按钮控件 CommandName 属性值为"Edit"，被单击时发生 EditCommand 事件，当把 CommandName 属性值为"Edit1"时，就不会触发 EditCommand 事件。
　　（5）ItemCommand 事件：是 DataList 的默认事件，当数据项中有任何一个按钮被单击时（包括 CommandName 为"Delete/Cancel/Update/Edit"的按钮），首先触发的是 ItemCommand 事件，然后才是（1）、（2）、（3）、（4）相应的事件。这个事件的处理程序通常为多个按钮所共享，在事件中通过 CommandName 的值判断单击的是哪一个按钮。

（6）ItemDataBound 事件：当数据项被绑定到 DataList 控件后，将引发 ItemDataBound 事件。此事件为我们提供了在客户端显示数据项之前处理该数据项的最后机会，它在每一数据项被绑定后但尚未呈现在页面上之前发生。

前面我们讲过多个按钮共享一个事件处理程序，按钮的 CommandArgument 属性与 CommandName 属性配合使用，可以使多个按钮共享同一个事件处理程序。命令名称 CommandName 属性区分单击的是哪个按钮，命令参数 CommandArgument 属性用来传递事件参数。在上面的六个事件中，也需要 CommandArgument 属性与 CommandName 属性配合使用，这两个属性的含义与使用方法与按钮控件 CommandArgument 属性与 CommandName 属性相同。

上述的这几个事件，在它们的事件处理程序中，一般都是对数据库中的记录进行增、删、改、查，而对记录进行处理，一般都要用到记录的主键值。

在 Repeater、DataList 和 GridView 等这样的数据绑定控件中，如何获取控件中显示的数据项的主键值呢？事际上，在这些数据绑定控件的事件中，获取数据项记录行的主键值，可有以下两种方法。

方法一：利用主键值集合 DataKeys。示例代码为"DataList1.DataKeys[e.Item.ItemIndex]"。这里"e.Item.ItemIndex"可以捕捉当前项的序号，使用这种方法的前提是，在为 DataList 控件绑定数据源时，要为其设定主键字段名。

方法二：利用事件的命令参数 CommandArgument。使用这种方法的前提是，要设置模板中按钮的 CommandArgument 属性值，然后在事件中利用"e.CommandArgument"来获取。

下面介绍 DataList 控件中的 DataKeys 集合。

在操作 DataList 中的一个数据项时，通常需要获取这个项的主键值，可以使用 DataKeys 集合来获取。假设要在 DataList1 中显示一个名为 ShopUser 的数据库表，其中包含名为 UserId 的列，并且 UserId 列是主键，当操作 DataList1 中一个数据项时，要提取此项 UserId 列的值，则需要设置 DataList1 控件的 DataKeyField 属性值为"UserId"。

把数据库表主键名 UserId 赋给 DataKeyField 属性，那么当绑定 DataList1 绑定到 ShopUser 数据表时，一个名为 DataKeys 的特殊集合就自动生成了，DataKeys 集合包含 ShopUser 数据库表的所有主键值，表中有 100 条记录，DataKeys 集合就有 100 个元素，获取其值方法为："DataList1.DataKeys[e.Item.ItemIndex]"其中"e.Item.ItemIndex"捕捉当前项序号。

7.4 应用1：DataList 控件的综合应用

7.4.1 应用 DataList 对顾客信息进行分页显示

【例 7.5】 编程从 ShopUser 数据表中读取顾客信息到数据集，然后按如图 7.5 所示布局在 DataList 中显示。图中每个表格中显示的是一个数据项，数据项沿垂直方式进行布局，水平方向布局两个数据项，交替项的前景色是红色。模仿淘宝网，制作光棒效应，鼠标所在的当前项显示淡蓝背景色，每个数据项下方有"抓取并弹出编号"按钮，单击可把当前数据的"编号"以消息框方式弹出（网上购物就是取商品编号），数据采用分页显示，每页四条记录，效果如图 7.5 所示。

（1）向网页中添加 DataList 控件，并在下方添加四个分页按钮和一个标签控件。这次不是

图 7.5　DataList 应用示例之二

在源视图中直接编程进行布局,而是采用可视化方式进行布局。单击 DataList 控件右上方快捷菜单中的"编辑模板",在"ItemTemplate"项模板中,插入表格,合并部分单元格,在表格中插入标签、超链接和按钮等控件,编辑模板界面如图 7.6 左上图所示。

依次单击 DataList 控件的项模板中各控件,选中"编辑 DataBindings",对各控件的相应属性绑定表达式,如图 7.6 右上图所示。

退出模板编辑,单击 DataList 控件右上方快捷菜单中的"属性生成器",出现属性设置对话框,按图 7.6 下部所示设置交替项样式及按两栏方式进行布局(RepeatColumns="2")。

最后生成的主要源代码标记如下:

〈asp:DataList ID="DataList1" runat="server" RepeatColumns="2" style="text-align: center" onitemcommand="DataList1_ItemCommand"〉
　　〈ItemTemplate〉
　　　　〈table border="1" onmouseover="currentcolor=this.style.backgroundColor;this.style.backgroundColor = 'lightBlue'" onmouseout=" this.style.backgroundColor = currentcolor"〉
　　　　　　〈tr〉
　　　　　　　　〈td style="width: 69px" align="center"〉编号〈/td〉
　　　　　　　　〈td〉〈asp:Label ID="Label1" runat="server" Text='〈%# Eval("UserId") %〉'〉
〈/asp:Label〉〈/td〉

第 7 章 ASP.NET 数据绑定技术

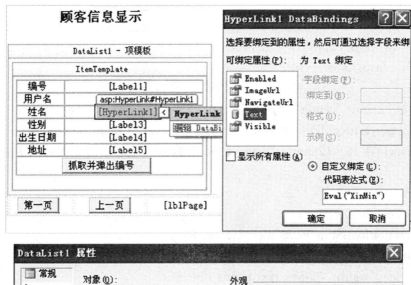

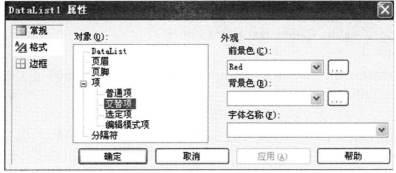

图 7.6 DataList 的可视化设计

〈/tr〉
〈tr〉〈td style="width：69px" align="center"〉用户名〈/td〉
　〈td〉〈asp：Label ID="Label2" runat="server" Text='〈%＃ Eval("UserName") %〉'〉〈/asp：Label〉〈/td〉
〈/tr〉
〈tr〉〈td style="width：69px" align="center"〉姓名〈/td〉
　〈td〉〈asp：HyperLink ID="HyperLink1" runat="server" Text='〈%＃ Eval("XingMing") %〉' NavigateUrl='ShowShopUserById.aspx？UserId=〈%＃ Eval("UserId") %〉'〉〈/asp：HyperLink〉
　〈/td〉
〈/tr〉
〈tr〉〈td align="center" style="width：69px"〉性别〈/td〉
　〈td〉〈asp：Label ID="Label3" runat="server" Text='〈%＃ Eval("Sex").ToString()=="True" ? "男" ："女" %〉'〉〈/asp：Label〉〈/td〉
〈/tr〉
〈tr〉〈td style="width：69px" align="center"〉出生日期〈/td〉
　〈td〉〈asp：Label ID="Label4" runat="server" Text='〈%＃ Eval("Birthday", "{0：yyyy-MM-dd}") %〉'〉〈/asp：Label〉〈/td〉

```
          </tr>
          <tr><td style="width: 69px" align="center">地址</td>
            <td><asp:Label ID="Label5" runat="server" Text='<%# Eval("Address") %>'></asp:Label></td>
          </tr>
          <tr><td align="center" style="height: 23px" colspan="2">
            <asp:Button ID="Button1" runat="server" CommandArgument='<%# Eval("UserId") %>' CommandName="buy" Text="抓取并弹出编号" /></td>
          </tr>
        </table>
      </ItemTemplate>
      <AlternatingItemStyle ForeColor="Red" />
    </asp:DataList>
    <table style="width: 700px; text-align: center">
      <tr> <td>
        <asp:Button ID="btnFirst" runat="server" OnClick="btnFirst_Click" Text="第一页" /></td>
        <td>
          <asp:Button ID="btnPre" runat="server" OnClick="btnPre_Click" Text="上一页" ></td>
        <td><asp:Label ID="lblPage" runat="server"></asp:Label></td>
        <td>
          <asp:Button ID="btnNext" runat="server" OnClick="btnNext_Click" Text="下一页" /></td>
        <td>
          <asp:Button ID="btnLast" runat="server" OnClick="btnLast_Click" Text="最后页" /></td>
      </tr>
    </table>
```

上述代码第四行的"onmouseover="currentcolor=this.style.backgroundColor;this.style.backgroundColor='lightBlue'" onmouseout="this.style.backgroundColor=currentcolor""是两个客户端事件,用于实现光标跟随的光棒效果。

(2) 事件代码编写:

```
protected void Page_Load(object sender, EventArgs e)
{
    if (! Page.IsPostBack)
    {
        ViewState["CurPage"] = 0;  //网页是无状态工作,
        DataBindDataList();         //只有 ViewState 对象能保存状态
    }
```

}

被分离出来的反复调用的方法
```csharp
public void DataBindDataList()
{
    ShopUserBLL oShopUserBLL = new ShopUserBLL();
    PagedDataSource pds = new PagedDataSource();
    pds.DataSource = oShopUserBLL.User_GetListByWhere("");
    //为 PagedDataSource 设置数据源
    pds.AllowPaging = True;//设置允许分页
    pds.PageSize = 4; //每页显示 4 条记录
    pds.CurrentPageIndex = CurPager;//设置当前页号
    ViewState["PageCount"] = pds.PageCount;
    //保存总页数在 ViewState 中,避免无状态
    DataList1.DataKeyField = "UserId";//设置 DataList 的主键字段
    DataList1.DataSource = pds;//再把 PagedDataSource 设置为 DataList 的数据源
    DataList1.DataBind();
    lblPage.Text = "第" + (pds.CurrentPageIndex + 1).ToString() + "页 共" + pds.PageCount.ToString() + "页";
    SetButtonEnable(pds); //设置分页按钮的可用性
}
```

页面中用来反应当前页的自定义属性:
```csharp
private int CurPager   //自定义属性,用来读/写保存在 ViewState 中的当前页
{
    get
    {   return (int)ViewState["CurPage"];   }
    set
    {   ViewState["CurPage"] = value;    }
}
```

设置分页按钮可用性的方法:
```csharp
private void SetButtonEnable(PagedDataSource pds)
{
    this.btnPre.Enabled = True;
    this.btnNext.Enabled = True;
    btnFirst.Enabled = True;
    btnLast.Enabled = True;
    if (pds.IsFirstPage)
    {
        btnPre.Enabled = False;
        btnFirst.Enabled = False;
    }
```

```
        if (pds.IsLastPage)
        {
            btnNext.Enabled = False;
            btnLast.Enabled = False;
        }
    }
```
四个分页按钮的事件代码：
```
protected void btnPre_Click(object sender, EventArgs e)
{   //上一页
    CurPager--;
    DataBindDataList();
}
protected void btnNext_Click(object sender, EventArgs e)
{   //下一页
    CurPager++;
    DataBindDataList();
}
protected void btnFirst_Click(object sender, EventArgs e)
{   //第一页
    CurPager = 0;
    DataBindDataList();
}
protected void btnLast_Click(object sender, EventArgs e)
{   //最后一页
    CurPager = (int)ViewState["PageCount"] - 1;
    DataBindDataList();
}
```
DataList1 的 ItemCommand 事件，捕捉当前单击行记录的编号：
```
protected void DataList1_ItemCommand(object source, DataListCommandEventArgs e)
{   //当数据项中有任何一个按钮被单击时都触发此事件
    string UserId = Convert.ToString(e.CommandArgument);
    //获取主键值的一种方法
    //string UserId = this.DataList1.DataKeys[e.Item.ItemIndex].ToString();
    //获取主键值的另一种方法
    if (e.CommandName == "buy")
    //根据单击按钮的 CommandName 判断单击的是哪个按钮
        Response.Write(string.Format("<script>alert('选择的顾客编号:{0}')</script>",
            UserId));
}
```

7.4.2 应用 DataList 直接对顾客信息进行编辑和删除

我们使用 Datalist 控制可以直接编辑和删除 DataList 中的数据项，删除数据项比较简单，在项模板中添加删除按钮，获取数据项的主键，根据主键就可删除数据项记录。

在 DataList 控件中直接编辑数据表的记录，需要配置 DataList 控件的 EditItemTemplate 模板，在 EditItemTemplate 中放置表单控件，以实现编辑特定的数据记录项。当 DataList 的 EditItemIndex 属性（该属性默认值为"−1"，表示不用 EditItemTemplate 模板显示数据，而是以 ItemTemplate 模板显示数据）的值为 DataList 某一项的索引时，对应项将会以 EditItemTemplate 模板显示。如果要在更新前对数据进行验证，可以在 EditItemTemplate 模板中用验证控件对其中的表单控件进行验证。

当然，如果待更新数据记录的内容太多，用这种方法不太美观，这时可以获取该数据记录项的主键，跳转到另一个网页，在单独的网页中对该记录进行更新。

【例 7.6】 从 ShopUser 数据表中读取顾客信息到泛型数组中，然后在 DataList 控件中显示，在数据项右部添加"编辑"、"修改"和"删除"三个按钮和一个"详情"超链接，如图 7.7 所示，单击"编辑"，可以在行中直接修改数据，其中出生日期文本框以第三方日期控件形式显示，修改电子邮件时要进行数据验证，单击"更新"后写入数据库；单击"修改"，可进入单独的更新页面 ModifyShopUserById.aspx 对本记录进行全面编辑；单击"删除"，弹出删除确认框并进行删除；单击"详情"，进入详细显示本记录页面。

图 7.7 DataList 应用示例之三

（1）向网页中添加 DataList 控件，然后对它的模板进行设计。

首先配置它的头模板，主要是插入表格并录入标题，以设计标题行，如图 7.8 所示。

图 7.8 DataList 控件 HeadTemple 头模板设计

然后配置项模板,用表格进行布局,插入六个标签,三个 LinkButton 型按钮和一个 HyperLink 超链接控件,设计界面如图 7.9 所示。

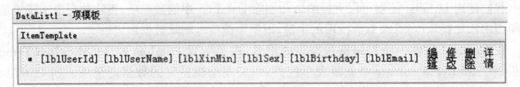

图 7.9　DataList 控件 ItemTemple 项模板设计

单击各控件右上角">",出现"编辑 DataBinding…"快捷菜单,利用它设置标签的绑定表达式和三个按钮的 CommandName 属性和 CommandArgument 属性。其中"编辑"和"删除"按钮的 CommandName 属性值必须分别是"Edit"和"Delete","修改"按钮的 CommandName 属性值自定义即可(为什么?),这里设置为"FullEdit"。同时设置删除按钮的 OnClientClick 属性为"return confirm("确实要删除吗?")",以实现删除确认框。

最后配置编辑项模板,设计界面如图 7.10 所示,用表格进行布局,插入两个标签,三个文本框,一个单选按钮组,四个 LinkButton 型按钮和一个 HyperLink 超链接控件。

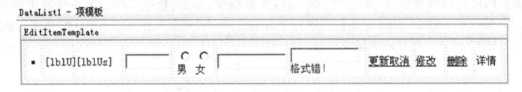

图 7.10　DataList 的编辑模板设计

设计标签和文本框的绑定表达式,为单选按钮组设定"男"、"女"两个静态选项值并绑定表达式,设置三个按钮的 CommandName 属性和 CommandArgument 属性,其中"更新"、"取消"和"删除"按钮的 CommandName 属性值必须分别是"Update"、"Cancel"和"Delete","修改"按钮的 CommandName 属性值是自定义的,这里仍设为"FullEdit"。

出生日期文本框添加"onFocus="WdatePicker()"",配置为第三方控件。使用验证控件为电子邮件控件设置数据验证。最后用自动套用格式快速对其进行格式化。

最后生成的源代码主要标记部分如下:

〈asp:DataList ID="DataList1" runat="server" CellPadding="4" ForeColor="#333333"

　　oncancelcommand="DataList1_CancelCommand"

　　ondeletecommand="DataList1_DeleteCommand" oneditcommand="DataList1_EditCommand" onitemcommand="DataList1_ItemCommand" onupdatecommand="DataList1_UpdateCommand"〉

　　〈ItemTemplate〉

　　〈table style="width:750px;"〉

　　〈tr〉〈td〉

　　　〈asp:Image ID="Image1" runat="server" ImageUrl="~/images/Icon.gif" /〉〈/td〉

　　　〈td〉〈asp:Label ID=" lblUserId" runat="server" Text='〈%# Eval("UserId") %〉

'/〉〈/td〉

```
<td><asp:Label ID="lblSex" runat="server" Text='<%# Eval("Sex").ToString()
=="True" ? "男" : "女" %>'></asp:Label></td>
……
<td><asp:LinkButton ID="lbnEdit" runat="server" CommandName="Edit"
CommandArgument='<%# Eval("UserId") %>'>编辑</asp:LinkButton></td>
<td><asp:LinkButton ID="lbnFullEdit" runat="server" CommandName=
"FullEdit" CommandArgument='<%# Eval("UserId") %>'>修改</asp:LinkButton>
</td>
<td><asp:LinkButton ID="lbnDelete" runat="server" CommandName="Delete"
CommandArgument='<%# Eval("UserId") %>' OnClientClick='return confirm
("确实要删除吗?")'>删除</asp:LinkButton></td>
<td><asp:HyperLink ID="HyperLink2" runat="server" NavigateUrl='<%# Eval
("UserId", "ShowShopUserById.aspx?UserId={0}") %>'>详情</asp:HyperLink>
</td>
</tr>
</table>
</ItemTemplate>
<EditItemTemplate>
<table style="width:750px;">
<tr><td>
<asp:Image ID="Image1" runat="server" ImageUrl="~/images/Icon.gif" />
</td>
<td><asp:Label ID="lblUserId2" runat="server" Text='<%# Eval("UserId")
%>' /></td>
<td><asp:TextBox ID="txtXingMing" runat="server" Text='<%# Bind
("XingMing")
%>' /></td>
<td><asp:RadioButtonList ID="rblSex" runat="server" RepeatDirection=
"Horizontal" SelectedValue='<%# Bind("Sex") %>'>
    <asp:ListItem Value="True">男</asp:ListItem>
    <asp:ListItem Value="False">女</asp:ListItem>
</asp:RadioButtonList></td>
<td><asp:TextBox ID="txtBirthday" runat="server" Text='<%# Bind
("Birthday") %>' onFocus="WdatePicker()"></asp:TextBox></td>
<td><asp:TextBox ID="txtEmail" runat="server" Text='<%# Bind("Email") %>
' />
    <asp:RegularExpressionValidator ID="rev1" Display="Dynamic" runat=
"server" ControlToValidate="txtEmail" ErrorMessage="格式错误!"
ValidationExpression="\w+([-+.']\w+)*@\w+([-.]\w+)*\.\w+
([-.]\w+)*"></asp:RegularExpressionValidator></td>
```

```
        <td><asp:LinkButton ID="lbnEdit2" runat="server" CommandArgument='<%# Eval("UserId") %>' CommandName="Update">更新</asp:LinkButton>
        <asp:LinkButton ID="lbnCancel2" runat="server" CommandArgument='<%# Eval("UserId") %>' CommandName="Cancel">取消</asp:LinkButton></td>
        <td><asp:LinkButton ID="lbnFullEdit2" runat="server" CommandArgument='<%# Eval("UserId") %>' CommandName="FullEdit">修改</asp:LinkButton></td>
        <td><asp:LinkButton ID="lbnDel2" runat="server" CommandName="Delete" CommandArgument='<%# Eval("UserId") %>' OnClientClick="return confirm(&quot;确实要删除吗?&quot;)">删除</asp:LinkButton></td>
        <td><asp:HyperLink ID="HyperLink4" runat="server" NavigateUrl='<%# Eval("UserId","ShowShopUserById.aspx?UserId={0}") %>'>详情</asp:HyperLink></td>
    </tr>
</table>
</EditItemTemplate>
</asp:DataList>
```

倒数第七行"<%# Eval("UserId","ShowShopUserById.aspx?UserId={0}")%>"中前一项"UserId"是数据项,后面引号内的是格式化字符串,"UserId"的值将替换其中的"{0}"。上面的写法与"ShowShopUserById.aspx?UserId=<%# Eval("UserId")%>"等价,这两种方式都常用。

(2) 事件代码编写。

网页加载事件,实现对 DataList 的数据绑定。

```
protected void Page_Load(object sender, EventArgs e)
{
    if (! Page.IsPostBack)
        DataBindDataList();
}
```

提取数据并绑定对象的方法,它被反复调用。

```
public void DataBindDataList()
{
    ShopUserBLL oShopUserBLL = new ShopUserBLL();
    DataList1.DataKeyField = "UserId";
    //设定主键字段名,DataList1.DataKeys[i]才可使用
    DataList1.DataSource = oShopUserBLL.User_GetListByWhere("");
    DataList1.DataBind();
}
```

DataList1 的 ItemCommand 事件,它通过 CommandName 判断单击对象。

```
protected void DataList1_ItemCommand(object source, DataListCommandEventArgs e)
{
    int UserId = Convert.ToInt32(e.CommandArgument);//获取主键方式二
```

```csharp
        if(e.CommandName=="FullEdit")
            Response.Redirect("ShowShopUserById.aspx? UserId=" + UserId.ToString());
}
```
响应取消按钮的事件,它设置 DataList 的 EditItemIndex 为"-1"来退出编辑状态。
```csharp
protected void DataList1_CancelCommand(object source, DataListCommandEventArgs e)
{
    this.DataList1.EditItemIndex = -1; //退出编辑状态
    DataBindDataList();
}
```
响应删除按钮的事件。
```csharp
protected void DataList1_DeleteCommand(object source, DataListCommandEventArgs e)
{
    int UserId=Convert.ToInt32(this.DataList1.DataKeys[e.Item.ItemIndex].ToString());
    //取主键
    ShopUserBLL oShopUserBLL = new ShopUserBLL();
    oShopUserBLL.User_DeleteById(UserId);
    DataBindDataList();
}
```
响应编辑按钮的事件,设置 DataList 的 EditItemIndex 使进入编辑状态。
```csharp
protected void DataList1_EditCommand(object source, DataListCommandEventArgs e)
{
    this.DataList1.EditItemIndex = e.Item.ItemIndex; //使 ItemIndex 行进入编辑状态
    DataBindDataList();
}
```
响应更新按钮的事件,提取控件中数据对数据库进行更新。
```csharp
protected void DataList1_UpdateCommand(object source, DataListCommandEventArgs e)
{
    int UserId = Convert.ToInt32(e.CommandArgument);
    ShopUserModel oShopUserModel = new ShopUserModel();
    ShopUserBLL oShopUserBLL = new ShopUserBLL();
    oShopUserModel.UserId = UserId;
    oShopUserModel.Xingming = ((TextBox)DataList1.Items[e.Item.ItemIndex].FindControl("txtXingMing")).Text;
    oShopUserModel.Sex = Convert.ToBoolean(((RadioButtonList)DataList1.Items[e.Item.ItemIndex].FindControl("rblSex")).SelectedValue);
    oShopUserModel.EMail = ((TextBox)DataList1.Items[e.Item.ItemIndex].FindControl("txtEmail")).Text;
    oShopUserModel.Birthday = Convert.ToDateTime(((TextBox)DataList1.Items[e.Item.ItemIndex].FindControl("txtBirthday")).Text);
    oShopUserBLL.User_UpdatePartById(oShopUserModel);
```

DataList1.EditItemIndex = -1;
DataBindDataList();;
}

FindControl("控件ID")方法可以通过检索当前项中包含特定ID的控件快速找到对象,返回值类型为Control类型,所以还需要通过as强制将其转换为CheckBox类型。

上述的四个响应按钮的事件,都是根据按钮的CommandName属性值由不同的事件来响应的。实际上,也可以不写这四个事件,而把它们合并到DataList1_ItemCommand这一个事件中,根据CommandName属性值用Switch分支语句进行处理,请自行练习。

7.5 GridView 控件

GridView是ASP.NET中功能非常丰富的控件之一,它以表格的形式显示数据库的内容。GridView内置提供了选择、排序、分页、编辑、更新和删除等功能,若不使用数据源控件,就需要手动编写相关的事件处理程序来实现这几种功能。

本节主要介绍使用编程的方式设定GridView数据源来显示和操作数据。GridView控件还能够在没有任何数据时自定义无数据时的UI样式。

7.5.1 GridView 的列

在一般情况下,为GridView设定数据源后,就可以直接显示数据,因为它的AutoGenerateColumns属性默认为"True",GridView会使用反射来处理所有字段并按发现的次序自动生成列,自动生成列的标题是表中的字段名,使用默认的控件及格式。这种自动生成列的功能对快速创建页面非常有效,但缺乏灵活性。

如果希望隐藏某些列,或改变显示顺序,或以自定义格式显示,须设置AutoGenerateColumns属性为"False",关闭自动生成列,手动控制列字段的设计。

GridView提供了七种类型列字段显示不同类型的数据,各种列字段及其功能如下:

(1) BoundField:以文本形式显示数据的普通绑定列,以DataField属性设定数据从数据源哪个字段取数,用DataFormatString属性来设置显示格式。

(2) CheckBoxField:以复选框形式显示数据,绑定到此种列的数据应该是布尔型的,用DataField属性设置数据从数据源的哪个字段中取数。

(3) HyperLinkField:用超链接形式的显示数据,利用此列的DataNavigateUrlFields和DataNavigateUrlFormatString两个属性,配合构建超链接的URL,用DataTextField属性来设置超链接显示的文本。

(4) ImageField:以Image图像形式显示数据,列的ImageUrl属性指出图片源。

(5) ButtonField:自定义按钮列,默认以Button按钮形式显示,通过设置它的ButtonType属性,可以以链接按钮或图像按钮形式显示,其功能灵活,比如购物系统中的"购买"按钮,图书借阅系统中的"借出"等都是这种自定义按钮。当然"购买"按钮显示为图像按钮可能更美观。在GridView中添加的所有的ButtonField自定义按钮列,其事件响应都必须写在GridView的RowCommand事件中,以CommandName来区别是哪个按钮的响应。

(6) CommandField:系统内置的一些数据操作按钮,有"编辑"、"更新"、"取消"、"选择"和

"删除"五个按钮,它们都是链接按钮(LinkButton),它们的 CommandName 属性值是固定的,含义和功能与在 DataList 相同。

(7) TemplateField:它实现自定义数据显示,以任意想要的 HTML 控件或者 Web 服务器控件形式显示数据,这是最灵活的处理方式。比如以文本框形式显示数据表中的姓名,前六种列都无法做到,只能用模板列,在模板中用文本框实现。再比如把性别显示为单选列表框形式,也只能用它实现。

添加和编辑上面七种列的方法:单击右上角快捷菜单,选"编辑列…"(如图 7.11 左侧所示),弹出"字段"对话框,如图 7.11 右侧所示,取消"自动生成字段"复选框,从可用字段中选取列,添加到选定的字段中。在右侧的属性窗格中,可以配置列的属性和样式。对于 TemplateField 列有两种添加方式,一种是直接添加,另一种是把现有列转换为模板列,转换的方法:选中该列,单击"将此字段转换为 TemplateField"即可。

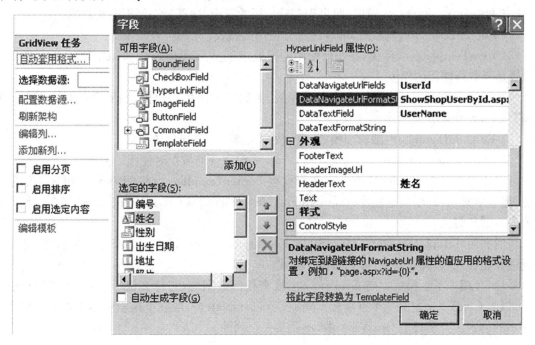

图 7.11　设计 GridView 的项模板、编辑模板和头模板

GridView 控件的列字段大都有 HeaderText 这个属性,这个属性是用来设置数据的表头标题的,如果我们不设置的话,默认都是以数据库的相应字段名作为表头标题。

还有 DataField 和 DataTextFormatString 属性,DataField 属性用来设置要绑定显示的数据列名,DataTextFormatString 属性用来对 DataField 属性的显示进行格式化。

例如,我们想在 GridView 显示 ShopUser 表中的出生日期,应当先添加一个 BoundField,然后设置此列的 DataField 属性为"Birthday",DataTextFormatString 属性为"{0:yyyy-MM-DD}",HeaderText 属性为"出生日期",则出生日期以等宽短日期格式显示,列的标题是"出生日期"。

对于 HyperLinkField 列,还有 DataNavigateUrlFields 和 DataNavigateUrlFormatString 两个属性,它们配合构建超链接的 URL。比如:设置 DataNavigateUrlFields 的属性值为"UserId",而 DataNavigateUrlFormatString 属性的值为"ShowUserDetail.aspx?UserId={0}",则显示各记录数据的时候都会用该记录对应的"UserId"字段的值替换"{0}",其功能类似于"string.Format

("ShowUser.aspx?UserId={0}","UserId")"这样构建字符串。

GridView 控件的列还有 ReadOnly 属性,设置该列是否只读;Visible 属性,设置该列的可见性,SortExpress 属性,设置该列的排序关键字。

此外,在上面的字段设置对话框中,还可以设置各字段显示时的样式,如利用 HeadStyle、FootStyle、ItemStyle、ControlStyle 等属性,分别设置列的标题样式、页脚样式、行样式和控件样式等。

7.5.2 GridView 的模板

GridView 控件也支持模板,通过 TemplateField 可以为 GridView 中每一列定义一个定制的模板。可以在模板中加入 HTML 元素或者控件并绑定表达式,能按照自己的想法来布置。

GridView 支持六种不同类型的模板,含义与 DataList 中类似,分别如下:

(1) HeaderTemplate:头模板,即表头部分使用的模板,这部分一般不绑定数据。

(2) FooterTemplate:脚模板,即脚注部分使用的模板。

(3) ItemTemplate:项模板,普通行使用的模板,若定义了 AlternatingItemTemplate,则这里的设置是奇数行使用的模板。

(4) AlternatingItemTemplate:交替项模板,偶数行中使用的模板,如果没有此模板则按照 ItemTemplate 中的设置显示。

(5) EditItemTemplate:编辑项模板,数据处于编辑状态时使用的模板。

(6) EmptyDataTemplate:空模板,GridView 中没有任何数据时使用的模板。

可以通过头模板 HeaderTemplate 和脚模板 FooterTemplate 为 GridView 定制表头标题和脚注,但这不常用,常用的是使用 TemplateField 的 HeaderText 和 FooterText 这两个属性来设置表头标题和脚注。

最后利用 TemplateField 的 HeadStyle、FootStyle、ItemStyle、ControlStyle 等属性,分别设置列的标题样式、页脚样式、行样式和控件样式。

最后,介绍一下空模板。当 GridView 中没有任何数据时,它什么也不显示,为了体现友好性,可以为 GridView 定义一个空模板 EmptyDataTemplate,一般在空模板中写上没有任何数据时显示的内容。空模板是 GridView 的,不是某一个列的。

7.5.3 GridView 的分页与排序

1. GridView 的分页

GridView 已经内置了分页组件 PageDataSource,所以实现分页很简单。首先设置它允许分页属性 AllowPaging 为"True",然后设置每页显示的记录数 PageSize。通过编程方式为 GridView 设定数据源,设定这两个分页属性后,还要为分页事件 PageIndexChanging 编写代码,代码内容是设置当前要显示的页索引并重新绑定数据。

另一个与分页有关的事件 PageIndexChanged,该事件是在分页完成后触发的。GridView 涉及分页的主要属性有:

(1) AllowPaging 属性:设置是否启用分页功能。

(2) PageCount 属性:获取分页后的总页数。

(3) PageIndex 属性:获取或设置当前显示页的索引。

(4) PagerSetting 属性:设置分页显示的模式,分页按钮显示的文本样式。

(5) PageSize 属性：设置 GridView 每页显示的记录数。

2. GridView 的排序

用编程方式为 GridView 设置数据源，设定 GridView 的布局后，要启用排序。首先，设置其 AllowSorting 为"True"，然后设置排序列的 SortExpression 属性，它是数据源中的相应字段名，预览后，该列就以 LinkButton 的方式显示。但现在还不能排序，因为没有设置排序事件。

在排序事件中，主要是设置排序关键字和排序方向，即相当于 Select 命令的"Order by 排序字段 ASC|DESC"中的后两个参数。排序可以借助 ADO.NET 中的 DataView 对象完成。DataView 对象与 DataTable 相比，它提供了排序功能，而 DataTable 没有排序功能。只要通过 DataView 的 Sort 属性指出了 DataView 的排序表达式和排序方向，就可以自动完成排序。涉及排序的属性有：

(1) AllowSorting 属性：设置是否启用排序功能。

(2) SortExpress 属性：通过它设置作为排序列的排序关键字，它是列的属性，不是 GridView 的属性。当把某列的 SortExpress 属性设好后，该列标题就以链接按钮 LinkButton 形式呈现，如果某列的 SortExpress 属性值为空，此列将没有排序功能。

(3) AutoGenerateColumns 属性：设置是否自动创建绑定字段，默认为"True"，实际开发中很少自动创建绑定列。

(4) Columns 属性：GridView 控件中列字段的集合。

(5) Rows 属性：GridView 控件所有行记录的集合。

(6) DataKeyNames 属性：设置 GridView 控件的主键字段名数组，与 DataList 控件一样，设置过它以后，从 DataKeys[]主键集合中就可以取出数据记录行的主键值了。要注意，DataList 的主键字段可以直接设置，如"DataList1.DataKeyField = "UserId""，但 GridView 必须把主键字段做成数组后赋给其 DataKeyNames 属性，如"string[] UserKey = { "UserId" }; GridView1.DataKeyNames = UserKey;"。这样更强大，因为表的主键不一定都是单字段，如果是多个字段怎么办？所以数组方式设置主键比较好。

(7) DataKeys 属性：主键值集合，从中可以取出主键值，前提是要设置 DataKeyNames 属性。

(8) EditIndex 属性：当它的值为某数据行索引时，该行进入编辑状态，当它的值为"-1"时，退出编辑状态。

7.5.4 GridView 的常用事件

GridView 支持多个事件，对 GridView 进行排序、选择、创建行、绑定行、单击按钮等都会引发事件，GridView 控件常用的事件有以下几种。我们注意到，很多事件以"ed"和"ing"结尾，以"ing"结尾的事件通常在操作之前发生，以"ed"结尾的事件通常在操作之后发生，一般进行更新、删除记录的操作，写在"ing"结尾的事件之中。

(1) PageIndexChanging / PageIndexChanged：这两个事件分别在改变当前页索引之前/之后发生，在分页中使用它们。

(2) SelectedIndexChanging / SelectedIndexChanged：这两个事件分别在单击某行的选择按钮(其 CommandName 属性值为"Select"的按钮)之前/之后发生，在选择功能中使用。

(3) Sorting / Sorted：这两个事件分别在单击列的标题行排序列的超链接后，在进行排序操作之前/之后发生，在排序功能中使用。

(4) RowCreated：在 GridView 控件中创建每个新行时发生，此事件通常用于在创建某个行时修改该行的布局或外观。

(5) RowDataBound：它是在 GridView 绑定每一行数据时触发，所以数据源有多少条记录，它就可能触发多少次。

说明：在创建 GridView 控件时，必须先为 GridView 的每一行创建一个 GridViewRow 对象，创建每一行时，将引发一个 RowCreated 事件，当行创建完毕，每一行 GridViewRow 就要绑定数据源中的数据，当绑定完成后，将引发 RowDataBound 事件。

(6) RowCommand：在 GridView 中单击按钮时就会发生，所以其中包含的多个按钮都会触发此事件，在这个事件中会通过按钮的 CommandName 属性确定单击的是哪个按钮。

(7) RowDeleting / RowDeleted：单击某行的删除按钮（其 CommandName 属性值为"Delete"的按钮）时，在从数据源删除记录之前/之后发生，在删除功能中使用。

(8) RowEditing：在单击某行的编辑按钮（其 CommandName 属性值为"Edit"的按钮）时发生，使行进入编辑模式。

(9) RowCancelingEdit：在单击某行的取消按钮（其 CommandName 属性值为"Cancel"的按钮）时发生，使行退出编辑模式。

(10) RowUpdating / RowUpdated：单击某行的更新按钮（其 CommandName 属性值为"Update"的按钮）后，在更新数据源记录之前/之后发生，在更新功能中使用。

上述事件中以 Row 开头的七个事件，与 DataList 的 ItemCommand、EditCommand、CancelCommand、DeleteCommand、UpdateCommand 事件的发生机制和功能类似，都会借助于按钮的 CommandName 属性和 CommandArguement 属性。

7.6 应用2：GridView 控件的综合应用

7.6.1 应用 GridView 对顾客信息进行分页显示与排序

【例 7.7】 从 ShopUser 数据表中读取顾客信息到数据视图 DataView 中，然后在 GridView 控件中显示，显示效果如图 7.12 所示，其中姓名是超链接，可以跳到用户详情页，电子邮件也是超链接，单击它自动利用 Outlook 发送邮件。当鼠标在行间移动时，出现光棒效应，单击"编号"、"姓名"、"性别"、"出生日期"四个字段的标题，可以按相应字段排序。启用了分页功能，每页显示六行，单击"编辑"可跳到 ModifyShopUserById.aspx 网页，对当前记录进行全面编辑。

(1) 向网页中添加 GridView 控件，在后台为它绑定数据源，选中它进行属性设置。利用 HeadStyle 和 RowStyle 中的 Height，设置行高为 30px，自动套用格式为"简明型"。由于要按照编号、姓名、性别、出生日期等进行排序，所以设置 GridView 的 AllowSorting 属性值为"True"。设置 AllowPaging 为"True"及 PageSize 为"6"进行分页。根据需要，利用 PageStyle 的子属性调整页样式，设置页样式行的背景色、前景色和对齐方式等。最后设置 GridView 的 GridLine 为"Both"，使单元格的垂直水平方向都有网格线。

单击右上方"编辑列"快捷菜单，利用 BoundField 添加编号、用户名、出生日期和民族四个列，设置它们的 HeaderText、DataField、SortExpression 属性值，没有设置 SortExpression 属性的列不启用排序。利用 ItemStyle 设定它们的水平对齐方式 HorizontalAlign 和宽度 Width，编辑列的设计界面如图 7.13 所示。

编号	用户名	姓名	性别	出生日期	年龄	民族	电子邮件	收货地址	
1	zxp	张小萍	女	1989-06-07	26	汉族	zxp@126.com	安徽合肥	编辑
2	lm	李明	男	1988-05-04	27	藏族	lm@126.com	安徽安庆	编辑
3	wb	王彬	男	1989-09-26	26	汉族	wb@126.com	上海	编辑
4	lql	李清林	男	1990-05-06	25	满族	lql@126.com	河南郑州	编辑
5	wy	王燕	女	1989-11-29	26	壮族	wy@126.com	江西南昌	编辑
6	cw	陈武	男	1987-07-21	28	苗族	cw@126.com	安徽阜阳	编辑
1 2									

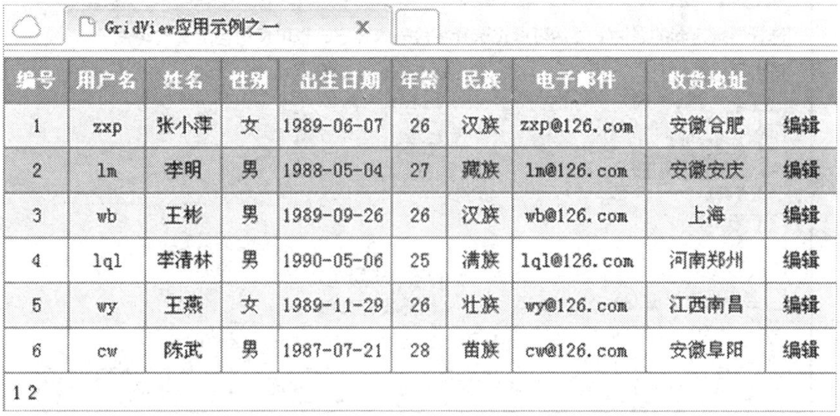

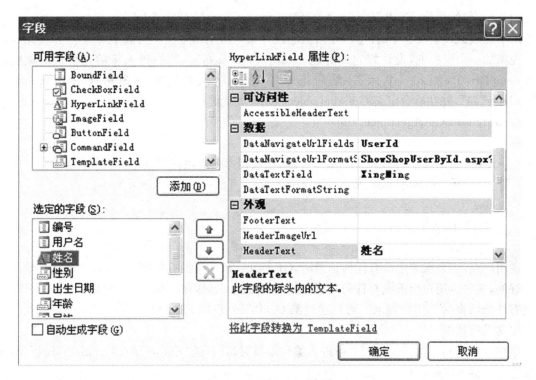

图 7.12　GridView 控件显示数据并排序

图 7.13　编辑列设计界面

利用 HyperLinkField 添加姓名、电子邮件、常浏览网址并对其进行相应的编辑，设置它们的 HeaderText、DataTextField、DataNavigateUrlField、DataNavigateUrlFormat、Target 及 ItemStyle 属性下的宽度和水平对齐等属性。运行后发现姓名、常浏览网址和编辑的超链接正常，但电子邮件不是超链接，不能利用 Outlook 发送邮件，为此把电子邮件列转换为模板列，进行自定义处理，即添加“mailto:”，实现超链接效果，设计界面如图 7.14 所示。

由于性别在数据表中是布尔型，现在要显示为“男”、“女”，所以利用模板列来设计，先添加一个模板列 TemplateField，然后设计它的 HeaderText、SortExpression 及 ItemStyle 下的宽度和水平对齐等属性，最后进入“编辑模板”，在性别列的 ItemTemplate 项模板中，添加一个标签，设

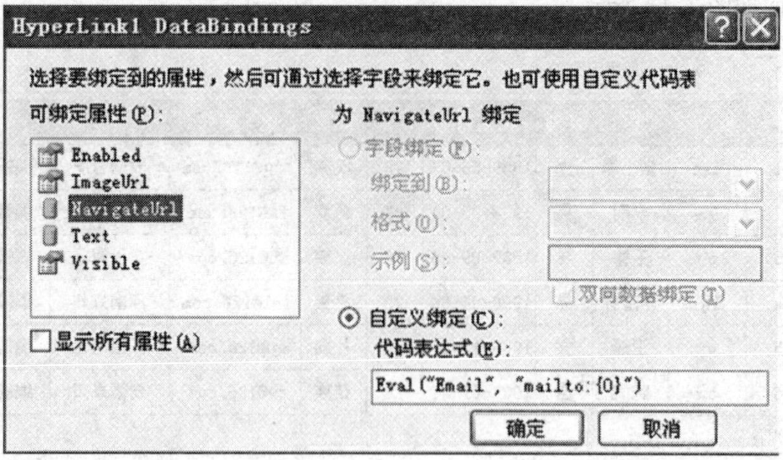

图 7.14 超链接列转为模板列后属性设计界面

计它的 Text 属性值为"Eval("Sex").ToString()=="True"?"男":"女""。

由于在数据表中没有年龄字段，年龄列的设计只能借助出生日期构造年龄列，所以使用模板列。先添加一个模板列，设计好它的标题 HeaderText 及列宽，然后进入年龄列模板的项模板 ItemTemplate 中，加入一个标签，然后把标签的 Text 属性绑定到表达式"GetAge(Eval("Birthday"))"，并在后台定义 GetAge(object obj)，其代码如下：

```
protected int GetAge(object obj)
{
    if(! Convert. IsDBNull(obj))   //防止数据库中空数据出现数据转换异常
        return DateTime. Now. Year - Convert. ToDateTime(obj). Year;
    else
        return 0;
}
```

说明一点，当数据源中没有任何记录时，GridView 默认是没有任何显示的，出现这种情况是不友好的，应告诉用户当前没有任何数据。我们可以给 GridView 添加一种效果，即当 GridView 中没有任何数据时给用户提示。可以通过给 GridView 添加 EmptyDataTemplate 模板，在空模板中定义没有数据时显示的内容。

添加方法是利用"编辑模板"菜单进入编辑模板对话框，选"EmptyDataTemplate"模板项，在模板中直接输入文字。

最后生成的源代码主要标记部分如下：

```
<asp:GridView ID="GridView1" runat="server" AllowPaging="True" PageSize="6"
onpageindexchanging="GridView1_PageIndexChanging" AllowSorting="True" onsorting=
"GridView1_Sorting" onrowdatabound="GridView1_RowDataBound">
<Columns>
    <asp:BoundField DataField="UserId" HeaderText="编号" SortExpression=
"UserId">
        <ItemStyle HorizontalAlign="Center" Width="40px" />
    </asp:BoundField>
```

```
            <asp:BoundField DataField="UserName" HeaderText="用户名">
                <ItemStyle HorizontalAlign="Center" Width="60px" />
            </asp:BoundField>
            <asp:HyperLinkField DataNavigateUrlFields="UserId"
                DataNavigateUrlFormatString=" ShowShopUserById.aspx?UserId={0}"
DataTextField="XingMing" HeaderText="姓名" SortExpression="XingMing">
            </asp:HyperLinkField>
            <asp:TemplateField HeaderText="性别" SortExpression="Sex">
                <ItemTemplate>
                    <asp:Label ID="Label1" runat="server" Text='<%# Eval("Sex").ToString()=="True"?"男":"女" %>'></asp:Label>
                </ItemTemplate>
            </asp:TemplateField>
            <asp:HyperLinkField DataNavigateUrlFields="UserId" DataNavigateUrlFormatString
="ModifyShopUserById.aspx?UserId={0}" Text="编辑">
            </asp:HyperLinkField>
            <asp:BoundField DataField="Birthday" DataFormatString="{0:yyyy-MM-dd}"
HeaderText="出生日期" SortExpression="Birthday">
            </asp:BoundField>
            <asp:TemplateField HeaderText="年龄">
                <ItemTemplate>
                    <asp:Label ID="Label2" runat="server" Text='<%# GetAge(Eval("Birthday")) %>'/>
                </ItemTemplate>
            </asp:TemplateField>
            <asp:TemplateField HeaderText="电子邮件">
                <ItemTemplate>
                    <asp:HyperLink ID="HyperLink1" runat="server" NavigateUrl='<%# Eval("Email", "mailto:{0}") %>' Text='<%# Eval("Email") %>'></asp:HyperLink>
                </ItemTemplate>
            </asp:TemplateField>
        </Columns>
        <EmptyDataTemplate>
            温馨提示:当前没有任何记录哦!
        </EmptyDataTemplate>
    </asp:GridView>
```

(2) 事件的编写。

网页加载事件,实现对 DataList 的数据绑定:

```
private ShopUserBLL oShopUserBLL = new ShopUserBLL();
```

```csharp
protected void Page_Load(object sender, EventArgs e)
{
    if (! IsPostBack)
    {  DataBindToGridView();  }
}
```

被反复调用的代码:
```csharp
private void DataBindToGridView()
{
    string[] UserKey = { "UserId" };//GridView 主键必须是数组
    this.GridView1.DataSource = oShopUserBLL.User_GetViewByWhere("");
    this.GridView1.DataKeyNames=UserKey;
    //设置 GridView 主键名,便于从主键集获取主键
    this.GridView1.DataBind();
}
```

GridView 的 RowDataBound 事件,用于设定光棒效应:
```csharp
protected void GridView1_RowDataBound(object sender, GridViewRowEventArgs e)
{
    if (e.Row.RowType == DataControlRowType.DataRow)
    //判断当前是否是数据行
    {
        e.Row.Attributes.Add("onmouseover", "c=this.style.backgroundColor;this.style.backgroundColor = 'LightBlue';");
        e.Row.Attributes.Add("onmouseout", "this.style.backgroundColor=c;");
    }
}
```

RowType 是枚举类型 DataControlRowType 中的一个值。RowType 可以取的值包括 DataRow、Footer、Header、EmptyDataRow、Pager、Separator 等,通过 RowType 确定 GridView 中行的类型,这里只有数据行才有光棒效应,其他行没有。

排序事件,为了克服 Web 应用程序的无状态,用 ViewState 对象保存数据。ADO.NET 中 DataView 具有排序功能,只需指定排序关键字和方向即可,DataTable 没有排序功能。

```csharp
protected void GridView1_Sorting(object sender, GridViewSortEventArgs e)
{
    if (ViewState["SortDirection"] == null)
        ViewState["SortDirection"] = "ASC";
    else
    {
        if (ViewState["SortDirection"].ToString() == "ASC")
            ViewState["SortDirection"] = "DESC";
        else
            ViewState["SortDirection"] = "ASC";
```

}
```
    ViewState["SortKey"] = e.SortExpression;
    DataView dv = oShopUserBLL.User_GetViewByWhere("");
    dv.Sort = ViewState["SortKey"].ToString() + " " + ViewState["SortDirection"].ToString();
    this.GridView1.DataSource = dv;
    this.GridView1.DataBind();
}
```

由于是用代码方式而不是用数据源控件为 GridView 设定数据源，故分页、排序、编辑、删除等很多事件要编写代码。

下面是分页事件的代码：

```
protected void GridView1_PageIndexChanging(object sender, GridViewPageEventArgs e)
{
    GridView1.PageIndex = e.NewPageIndex;
    DataBindToGridView();
}
```

7.6.2 应用 GridView 实现顾客信息编辑与删除

要启用 GridView 的编辑与删除，有多种方法可以实现。

可以在"编辑列"对话框中，添加"CommandField"中的删除命令，该命令的 CommandName 默认为"Delete"。也可以在编辑列中，用 ButtonField 来添加一个按钮列，然后设置它的 CommandName 为"Delete"。

只要按钮的 CommandName 为"Delete"，与 DataList 类似，单击它，就会触发 RowDeleting 或 RowDeleted 事件，它们一个是在删除前触发，一个在删除后触发。删除时，找到主键值即可，根据它即可删除。找主键值，可以根据设定的 DataKeyNames 属性，用 DataKeys[]集合来找，也可以用命令参数 CommandArgument 来提取。

启用编辑有两种方式，一是用超链接的方式，跳转到单独的编辑页面，同时带一个主键过去，在编辑页根据主键值，将特定记录读取到页面中，再全面编辑。二是设计每个列的编辑模板，直接在行中进行基于单元格的更新，但这种情况，数据量不能多。

如果用基于单元格的更新，必须使更新的行处于编辑模式，这就需要设计列的编辑模板。在"编辑列"对话框中，添加"CommnadField"中的"编辑"、"更新"、"取消"按钮组，这时添加的按钮"CommandName"属性值分别是"Edit"、"Update"、"Cancel"，它们分别响应 GridView 的 RowEditing、RowUpdating 和 RowCancelingEdit 事件。然后把这个复合按钮组转换成模板，把其他列也转换为模块，再配置每个列的编辑模板 EditItemTemplate，实现行内基于单元格的更新。最后为 GridView 编写"编辑"、"更新"、"取消"按钮对应的三个事件代码，实现编辑、更新和取消功能。

编辑事件的代码中，主要使用"this.GridView1.EditIndex = e.NewEditIndex;"使行进入编辑状态。取消事件的代码中，主要使用"this.GridView1.EditIndex = -1;"使行取消编辑状态。更新事件，主要是查找控件取得相应的值，构建 SQL 命令并命令。

【例 7.8】 从 ShopUser 数据表中读取顾客信息到泛型数组，然后在 GridView 控件中显示。

在此页面中,单击"编辑"按钮,可以在行内对"姓名"、"性别"、"出生日期"、"电子邮件"四个字段进行更新,其中"电子邮件"的数据要进行验证,"编号"和"用户名"不能更新。单击"更新"后,把修改后的信息提交到服务器,单击"取消"则修改作废。在进行删除时,弹出确认框,单击"确定"才真正删除。设计效果如图 7.15 所示。

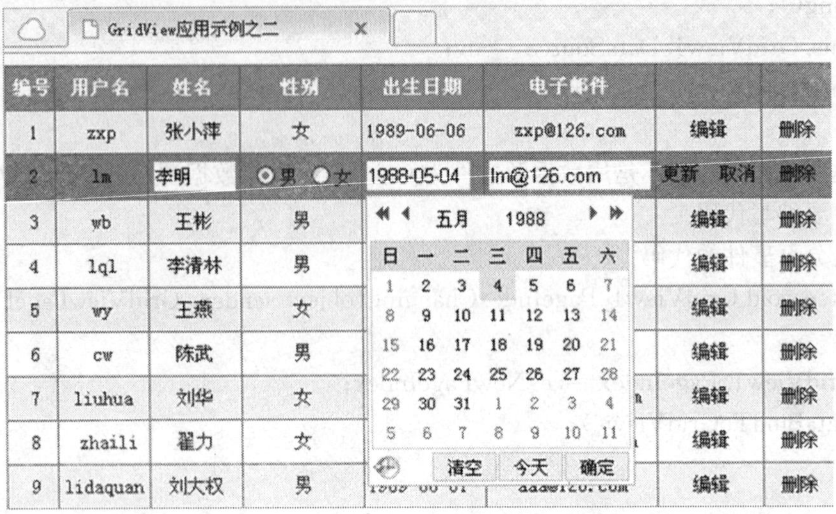

图 7.15 GridView 控件实现在行内进行更新

(1)向网页中添加 GridView 控件,在后台为它绑定数据源,选中 GridView,设置行高、网络线等属性,并自动套用格式。

单击右上方"编辑列"快捷菜单,利用 BoundField,添加编号、用户名、性别和出生日期四个列,利用 HyperLinkField,添加姓名、电子邮件两个列,与例 7.7 类似设置它们的属性。最后添加"CommandField"里面的"编辑"、"更新"、"取消"和"删除"按钮。

如果只配置到此就编写相关事件,则进入编辑状态时,所有的 BoundField 将以标签显示,所有超链接仍是超链接,因为默认情况下就是这样的。为了实现按自己的要求显示数据,必须要用模板列 TemplateField。为此把所有的列都转换成模板列,其中编辑和删除命令按钮也要转换,因为只有转换后才能为"删除"按钮添加确认对话框,为"更新"和"删除"按钮设置命令参数 CommandArgument。设置"更新"和"删除"按钮的 CommandArgument 为"Eval("UserId")",并为"删除"按钮配置弹出确认框的 JS 代码:"return confirm('确定要删除吗?')"。

接着进入模板编辑,由于编号和用户名两列只读,所以进入这两列的模板中,把 EditItemTemplate 中内容删空,因为没有定义 EditItemTemplate 列时,在编辑状态时会使用 ItemTemplate 中定义的控件来显示。

分别进入姓名、出生日期、电子邮件这三列的模板,在它们的编辑模板中,分别插入文本框,单击文本框右上角,选"编辑 DataBindgins",在弹出的绑定设置对话框中,把文本框的 Text 属性绑定到相应的表达式中。

如图 7.16 所示就是姓名列的模板项设计,在模板项中,是一个超链接控件,在编辑模板中,是一个文本框,这就表示,在正常情况下,姓名列是一个超链接,单击"编辑"进入编辑状态后,姓名列变成文本框显示,在文本框中可以编辑姓名。

不过,电子邮件数据列在编辑时,要进行数据验证,于是在其编辑模板中,插入了一个正则表达式验证控件,设置好相关属性,对其进行数据验证。

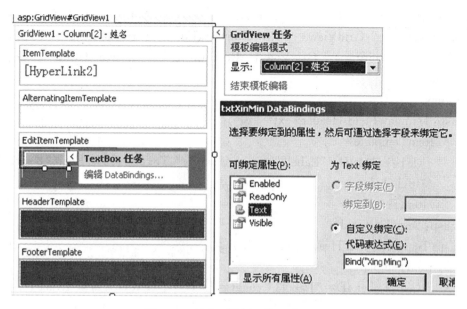

图 7.16 姓名列模板项的设计界面

最后进入性别列的模板,在它的编辑模板中,插入一个单选按钮组控件,如图 7.17 所示。单击它的"编辑项"快捷菜单,静态绑定"男"、"女"两个选项,设置好每个选项的 Text 和 Value 值,如图 7.17 右下方所示,并把单选按钮组的 SelectedValue 属性绑定到表达式"Bind("Sex")"上,如图 7.17 右上方所示,设计结束,退出编辑模板。

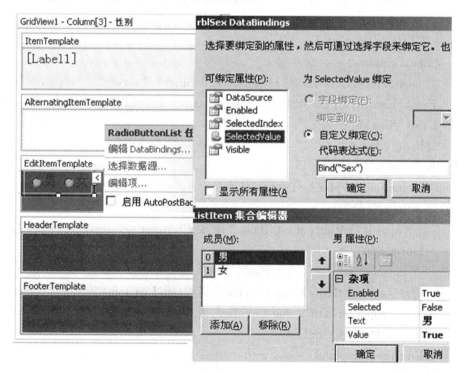

图 7.17 性别列模板项的设计界面

最后生成的源代码主要标记部分如下:

```
<asp:GridView ID="GridView1" runat="server" AutoGenerateColumns="False"
    onrowcancelingedit="GridView1_RowCancelingEdit" onrowdeleting="GridView1_RowDeleting"
    onrowediting="GridView1_RowEditing" onrowupdating="GridView1_RowUpdating">
    <Columns>
        <asp:TemplateField HeaderText="编号">
            <ItemTemplate>
                <asp:Label ID="Label2" runat="server" Text='<%# Eval("UserId") %>'>
                </asp:Label>
            </ItemTemplate>
        </asp:TemplateField>
        <asp:TemplateField HeaderText="用户名">
            <ItemTemplate>
                <asp:Label ID="Label3" runat="server" Text='<%# Eval("UserName") %>'/>
            </ItemTemplate>
        </asp:TemplateField>
        <asp:TemplateField HeaderText="姓名">
            <EditItemTemplate>
                <asp:TextBox ID="txtXingMing" runat="server" Text='<%# Bind("XingMing") %>'/>
            </EditItemTemplate>
            <ItemTemplate>
                <asp:HyperLink ID="HyperLink2" runat="server" NavigateUrl='<%# Eval("UserId", "ShowShopUserById.aspx?UserId={0}") %>' Text='<%# Eval("XingMing") %>'/>
            </ItemTemplate>
        </asp:TemplateField>
        <asp:TemplateField HeaderText="性别">
            <EditItemTemplate>
                <asp:RadioButtonList ID="rblSex" runat="server" RepeatDirection="Horizontal"
                    SelectedValue='<%# Bind("Sex") %>'>
                    <asp:ListItem Value="True">男</asp:ListItem>
                    <asp:ListItem Value="False">女</asp:ListItem>
                </asp:RadioButtonList>
            </EditItemTemplate>
            <ItemTemplate>
                <asp:Label runat="server" Text='<%# Eval("Sex").ToString()=="True"?"男":"女" %>'/>
```

```
        </ItemTemplate>
        ……
</asp:GridView>
```

(2) 事件的编写。

网页加载事件,在首次加载时实现对 GridView 的数据绑定。

```
private ShopUserBLL oShopUserBLL = new ShopUserBLL();
protected void Page_Load(object sender, EventArgs e)
{
    if (! IsPostBack)
    {
        DataBindToGridView();
    }
}
```

被反复调用的绑定代码:

```
private void DataBindToGridView()
{
    string[] UserKey = { "UserId" };
    //GridView 设置主键,主键必须是数组,与 Datalist 不同
    this.GridView1.DataSource = oShopUserBLL.User_GetListByWhere("");
    this.GridView1.DataKeyNames=UserKey;
    //设置 GridView 主键名,便于从主键集中获取主键
    this.GridView1.DataBind();
}
```

GridView"编辑"按钮的事件,用于进入编辑状态。

```
protected void GridView1_RowEditing(object sender, GridViewEditEventArgs e)
{
    this.GridView1.EditIndex = e.NewEditIndex;//设置编辑行索引就进入编辑状态了
    DataBindToGridView();
}
```

GridView"取消"按钮的事件,用于退出编辑状态。

```
protected void GridView1 _ RowCancelingEdit ( object sender, GridViewCancelEdit EventArgs e)
{
    this.GridView1.EditIndex = -1;//设编辑索引为-1就退出编辑状态了
    DataBindToGridView();
}
```

GridView"删除"按钮的事件,关键是取出主键,按主键删除。

```
protected void GridView1_RowDeleting(object sender, GridViewDeleteEventArgs e)
{
    //int UserId = Convert.ToInt32(this.GridView1.DataKeys[e.RowIndex].Value);
```

```csharp
    int UserId = Convert.ToInt32(((LinkButton)(this.GridView1.Rows[e.RowIndex].FindControl("lbnDelete"))).CommandArgument);
    //上面这两行选哪一种都可以取出主键 UserId
    int result = oShopUserBLL.User_DeleteById(UserId);
    if (result > 0)
        Response.Write("<script>alert('删除成功!')</script>");
    else
        Response.Write("<script>alert('删除失败!')</script>");
    DataBindToGridView();
}
```

GridView"更新"按钮的事件,关键是用查找方式找到行中各子控件并取值。

```csharp
protected void GridView1_RowUpdating(object sender, GridViewUpdateEventArgs e)
{
    ShopUserModel objUser = new ShopUserModel();
    objUser.UserId = Convert.ToInt32(((Label)GridView1.Rows[e.RowIndex].FindControl("lblUserId")).Text);
    //objUser.UserId = Convert.ToInt32(this.GridView1.DataKeys[e.RowIndex].Value);
    //objUser.UserId = Convert.ToInt32(((LinkButton)(this.GridView1.Rows[e.RowIndex].FindControl("lbnDelete"))).CommandArgument);
    //上面这三行选哪一种都可以取出主键 UserId
    objUser.XingMing = ((TextBox)GridView1.Rows[e.RowIndex].FindControl("txtXingMing")).Text;
    objUser.Sex = Convert.ToBoolean((GridView1.Rows[e.RowIndex].FindControl("rblSex") as RadioButtonList).SelectedValue);   //as 是控件的类型转换
    objUser.Birthday = Convert.ToDateTime((GridView1.Rows[e.RowIndex].FindControl("txtBirthday") as TextBox).Text);
    objUser.Email = (GridView1.Rows[e.RowIndex].FindControl("txtEmail") as TextBox).Text;
    oShopUserBLL.User_UpdatePartById(objUser);
    this.GridView1.EditIndex = -1;  //更新完成后退出编辑状态
    DataBindToGridView();
}
```

上面代码中获取主键值,如果主键是单字段,可以用"this.GridView1.DataKeys[e.RowIndex].Value"获取当前行的主键值,如果主键是由多字段构成的,需要怎么处理呢?

假如由学号(Sno)、课程号(Cno)构成主键的,分别获取当前行主键中的学号和课程号部分,相关代码是这样的:

```csharp
this.GridView1.DataKeyNames = new string[] { "Sno","Cno" };  //设置主键的代码
DataKey datakey = GridView1.DataKeys[e.RowIndex];  //获取当前行主键字段
string Sno = datakey["Sno"].ToString();  //取这个主键中的学号部分
```

string Cno = datakey["Cno"].ToString(); //取这个主键中的课程号部分
后两行也可用如下等价形式：
string Sno = this.GridView1.DataKeys[e.RowIndex].Values["Sno"].ToString();
string Cno = this.GridView1.DataKeys[e.RowIndex].Values["Cno"].ToString();

7.6.3 应用 GridView 实现顾客信息多选批量删除

GridView 是由多个行组成的，它的每个行都是 GridViewRow 对象，所有的行构成 GridViewRowCollection 对象。而 GridViewRow 是由一个个单元格组成的，GridView 中单元格的类型是 TableCell，GridView 的所有单元格，构成 TableCellCollection 对象。

GridView 的 GridViewRow 是一个集合，可以通过 GridView1.Rows[index] 获得一个 GridViewRow 对象。同样，GridViewRow 中的单元格也是一个集合，可以通过 GridViewRow.Cell[index].Text() 的方法获取指定单元格的值。

【例 7.9】 从 ShopUser 数据表中读取顾客信息到泛型数组中，然后在 GridView 控件中显示，并带有光棒效应，效果如图 7.18 所示。性别为"女"的全部红色显示。单击标题行左侧的"全选"可以选中数据行中所有的复选框，单击下方的"删除"，确认后，可以把当前页中所有选中的数据行记录删除。出生日期以文本框形式显示，可以直接修改，修改后不论是否选中前面的复选框，单击"保存"都可以把修改过的出生日期写入数据库中。

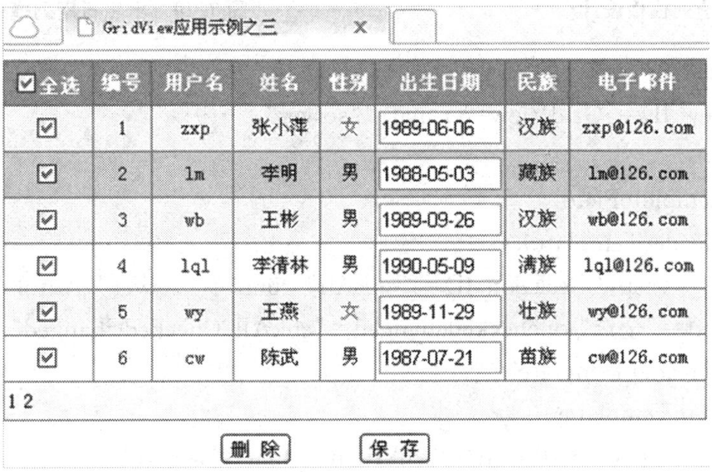

图 7.18 GridView 应用示例之三

设计步骤：

（1）向网页中添加 GridView 控件，在后台为它绑定数据源，除全选和出生日期列之外其他的列的设计与例 7.7 类似，不再叙述，仅阐述这两列的设计。

全选列的设计：首先利用"编辑列"菜单，添加一个空白模板列，进入此列的模板，在其头模板 HeaderTemplate 中，插入一个 CheckBox 控件，并设定它的 AutoPostBack 属性为"True"，然后为这个"全选"按钮编写单击事件。在其项模板 ItemTemplate 中，也插入一个 CheckBox 控件，分别设定它们的 ID，如图 7.19 所示。

出生日期列的设计：首先利用"编辑列"菜单，添加一个空白模板列，设定其标题 HeadText，进入此列的模板，在其项模板中，也插入一个文本框控件，命名其 ID 为"txtBirthday"，并双向绑定数据为"Bind("Birthday", "{0:yyyy-MM-dd}")"，之所以在绑定数据上加格式字符串，是设定此列以该格式等宽显示，如图7.20所示。

图7.19　全选列模板设计

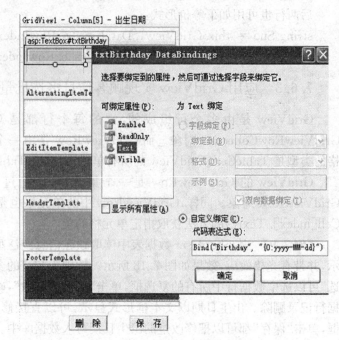
图7.20　出生日期列模板设计

涉及"全选"和"出生日期"的源代码主要标记部分如下：
〈asp:GridView ID="GridView1" runat="server" ……〉
　　〈Columns〉
　　　　〈asp:TemplateField〉
　　　　　　〈HeaderTemplate〉
　　　　　　　　〈asp:CheckBox ID="chkAll" runat="server" AutoPostBack="True" Text="全选" oncheckedchanged="chkAll_CheckedChanged" /〉
　　　　　　〈/HeaderTemplate〉
　　　　　　〈ItemTemplate〉
　　　　　　　　〈asp:CheckBox ID="chkItem" runat="server" /〉
　　　　　　〈/ItemTemplate〉
　　　　〈/asp:TemplateField〉
　　　　〈asp:TemplateField HeaderText="出生日期"〉
　　　　　　〈ItemTemplate〉
　　　　　　　　〈asp:TextBox ID="txtBirthday" runat="server" Text='〈%# Bind("Birthday", "{0:yyyy-MM-dd}") %〉' Width="80px" onFocus="WdatePicker()"〉〈/asp:TextBox〉
　　　　　　〈/ItemTemplate〉
　　　　〈/asp:TemplateField〉
　　　　……
　　〈/Columns〉

```
</asp:GridView>
```
(2) 事件的编写。

网页加载事件 Page_Load,实现对 GridView 的数据绑定,代码如下:
```
private ShopUserBLL oShopUserBLL = new ShopUserBLL();
protected void Page_Load(object sender, EventArgs e)
{
    if (! IsPostBack)
    {
        DataBindToGridView();
    }
}
```

被反复调用的绑定代码如下:
```
private void DataBindToGridView()
{
    this.GridView1.DataSource = oShopUserBLL.User_GetListByWhere("");
    this.GridView1.DataKeyNames=new string[]{"UserId"};//设置 GridView 主键名
    this.GridView1.DataBind();
}
```

GridView 的 RowDataBound 事件,它在绑定每一行数据时都发生,这个事件中,为各数据行设置光棒效果,并把性别"女"显示为红色。
```
protected void GridView1_RowDataBound(object sender, GridViewRowEventArgs e)
{
    if (e.Row.RowType == DataControlRowType.DataRow)
    {
        e.Row.Attributes.Add("onmouseover", "c=this.style.backgroundColor;this.style.backgroundColor = 'LightBlue';");
        e.Row.Attributes.Add("onmouseout", "this.style.backgroundColor=c;");
        string strSex = (e.Row.FindControl("lblSex") as Label).Text;
        Label sex = e.Row.FindControl("lblSex") as Label;    //查找性别标签
        if (sex.Text == "女")
        {
            sex.ForeColor = System.Drawing.Color.Red;
            //把性别为女的前景色改为红色
        }
    }
}
```

"全选"按钮事件,已经设置为自动回传,事件能得到立即响应。
```
protected void chkAll_CheckedChanged(object sender, EventArgs e)
{
    CheckBox chkSelectAll = (CheckBox)(GridView1.HeaderRow.FindControl("chkAll"));
```

```csharp
for (int i = 0; i <= GridView1.Rows.Count - 1; i++)
{
    CheckBox cbox = (CheckBox)(GridView1.Rows[i].FindControl("chkItem"));
    if (chkSelectAll.Checked == True)
        cbox.Checked = True;
    else
        cbox.Checked = False;
}
```

"删除"按钮事件,能实现批量删除。
```csharp
protected void btnDeleteAll_Click(object sender, EventArgs e)
{
    System.Text.StringBuilder query = new System.Text.StringBuilder();
    for (int i = 0; i <= GridView1.Rows.Count - 1; i++)
    {
        CheckBox cbox = (CheckBox)GridView1.Rows[i].FindControl("chkItem");
        if (cbox.Checked == True)
        {
            string UserId = GridView1.DataKeys[i].Value.ToString();
            query.Append("delete from ShopUser where UserId=" + UserId);
            query.Append(";");   //SQL Server中用分号把一行中的若干命令分隔。
        }
    }
    int result = oShopUserBLL.User_ExecCommandsByTran(sqltexts.ToString());
    if (result > 0)
    {
        Response.Write("<script>alert('删除成功!')</script>");
        DataBindToGridView();
    }
}
```

看过以上代码中的"for"后,可能会认为当单击"全选"时,除了当前页被全选外,其他页中的记录是否也被全选,这样,不就太多的记录被删除,用户就控制不了吗?不用担心,看不见的页中内容不会在服务器与客户端来回传输,是选不中的。

以下是"保存"按钮事件,能实现批量保存。这里批量修改出生日期意义不大,但在学生成绩管理系统中,教师录入成绩就需要采用批量录入后保存。
```csharp
protected void btnSaveAll_Click(object sender, EventArgs e)
{
    System.Text.StringBuilder query = new System.Text.StringBuilder();
    foreach (GridViewRow gvr in GridView1.Rows)
    {
```

```
        string UserId = gvr.Cells[1].Text;
        string birthday = ((TextBox)gvr.FindControl("txtBirthday")).Text;
        query.Append("update ShopUser set Birthday='"+birthday+"' where UserId
='"+UserId);
        query.Append(";");
    }
    int result = oShopUserBLL.User_ExecCommandsByTran(sqltexts.ToString());
    if(result>0)
    {
        Response.Write("<script>alert('更新成功！')</script>");
        DataBindToGridView();
    }
}
```

7.6.4 应用 GridView 带有跳转页号的顾客信息分页显示

【例 7.10】 从 ShopUser 数据表中读取顾客信息到泛型数组中，然后在 GridView 控件中显示，效果如图 7.21 所示。其中姓名列是超链接，单击姓名跳转到用户信息详情页面，并通过 URL 带入 UserId 参数，实现了分页显示，每页显示八条记录，但这些页面跳转按钮，是在 GridView 控件下方，用按钮和下拉列表框实现的，还有一个显示当前页及总页数的标签，不使用 GridView 控件自身的页号。

图 7.21 GridView 带有跳转页号的信息展示页面

设计说明：

（1）本例与 7.10 在很多地方都类似，所以设计的细节这里就不详细叙述了，只对不同部分进行说明。

首先，仍然通过设置 AllowPaging 属性值为"True"，PageSize 属性值为"8"来启用分页。不显示 GridView 控件自带的页号，只需设置 PagerSettings 属性的子属性 Visible 为"False"即可。另外，不再需要为 GridView 控件编写 PageIndexChanging 事件，因为这个事件是针对 GridView 自带的页号跳转按钮的。

(2) 事件代码的编写。

页面的 Page_Load 事件代码:

```csharp
private ShopUserBLL oShopUserBLL = new ShopUserBLL();
protected void Page_Load(object sender, EventArgs e)
{
    if (!IsPostBack)
    {
        DataBindToGridView();
    }
}
```

公共数据绑定方法 DataBindToGridView()。

```csharp
private void DataBindToGridView()
{
    GridView1.DataSource = oShopUserBLL.User_GetListByWhere("");
    GridView1.DataKeyNames = new string[]{ "UserId" };
    GridView1.DataBind();
    ddlPage.Items.Clear();//重新绑定时清除下拉列表框中数据
    for (int i = 1; i <= this.GridView1.PageCount; i++)
    {
        this.ddlPage.Items.Add(i.ToString());
    }
    ddlPage.SelectedIndex = this.GridView1.PageIndex;
    lblCurPage.Text = string.Format("第{0}页/共{1}页", GridView1.PageIndex+1, GridView1.PageCount);
    lbnFrist.Enabled = True;
    lbnLast.Enabled = True;
    lbnPre.Enabled = True;
    lbnNext.Enabled = True;
    if (GridView1.PageIndex==0)
    {
        lbnFrist.Enabled = False;
        lbnPre.Enabled = False;
    }
    if (GridView1.PageIndex==GridView1.PageCount-1)
    {
        lbnLast.Enabled = False;
        lbnNext.Enabled = False;
    }
}
```

"首页"、"上一页"、"下一页"、"尾页"事件代码如下:

```
protected void lbnFrist_Click(object sender, EventArgs e)
{
    GridView1.PageIndex = 0;
    DataBindToGridView();
}
protected void lbnPre_Click(object sender, EventArgs e)
{
    GridView1.PageIndex--;
    DataBindToGridView();
}
protected void lbnNext_Click(object sender, EventArgs e)
{
    GridView1.PageIndex++;
    DataBindToGridView();
}
protected void lbnLast_Click(object sender, EventArgs e)
{
    GridView1.PageIndex = this.GridView1.PageCount-1;
    DataBindToGridView();
}
```
下拉列表框选页跳页事件代码：
```
protected void ddlPage_SelectedIndexChanged(object sender, EventArgs e)
{
    GridView1.PageIndex = this.ddlPage.SelectedIndex;
    DataBindToGridView();
}
```

最后把 GridView、DataList 和 Repeater 小结如下：

(1) GridView 自身功能强大，带有丰富的数据绑定列，有许多功能丰富的内置事件。GridView 内置了分页、排序功能，开发效率高。

(2) DataList 的模板没有 GridView 丰富，它以表格的形式呈现数据，通过 DataList 可以使用不同的布局显示数据记录，但它本身没有分页和排序功能。

(3) Repeater 控件未提供任何布局，它不会生成任何 HTML 代码，数据是流式结构，所以需要用户通过模板实现布局功能。

在使用便捷性上来说，GridView 因为内置了表格呈现样式及分页和排序等方面的功能，所以较容易操作，DataList 次之，Repeater 完全依靠使用者编写代码来呈现数据，所以使用较难。

思 考 练 习

1. 什么是数据绑定，实现控件的属性与数据进行绑定的基本格式是什么？如何实现单值数据的绑定？如何实现对数据源中数据的绑定？数据绑定函数 Eval()和 Bind()有何区别？分别设计页面进行测试，并浏览绑定后的效果，掌握常用格式说明符的功能。

2. Repeater 控件支持哪几种模板，各模板的功能是什么？设计页面，用 Repeater 控件显示图书表 Book 中的图书编号 BookID、图书名称 BookName、作者 Author、书号 ISBN、译者 Translator、出版社 Publisher、出版日期 PublishDate、价格 Price、折扣 Discount、库存量 Amount、是否有货 Status 等字段，要求有头模板、脚模板和交替项模板，并对图书名称列建立超链接，日期要进行格式化处理。

3. DataList 控件控件支持哪几种模板？各模板的功能是什么？用 DataList 控件，改写第 2 题，实现相同的效果。

4. 对第 2 题进一步改造，添加分页功能，要求每页显示 25 条记录。

5. 从 ShopUser 表中读取顾客信息，然后按下面的要求在 DataList 中显示。模仿淘宝网，制作光棒效应，每个数据项下方有"抓取并弹出编号"按钮，单击可把当前数据的编号以消息框方式弹出（网上购物时读取商品编号），数据采用分页显示，每页 4 条记录。

6. 利用 DataList 控件设计一个图书显示页面，如图 7.22 所示，把 Book 图书表中图书信息显示出来，要求分页显示，每页显示 6 条记录，其中图书封面图片和图书名称是超链接，单击后跳转到 ShowBookDetailByBookId.aspx 页面，并通过 URL 传入参数"BookID"。单击"购买"按钮能捕捉图书编号，并把图书号以消息框的形式弹出。

图 7.22　使用 DataList 设计图书展示信息

7. GridView 控件控件支持哪几种模板，各模板的功能是什么？用 GridView 控件实现第 2 题中效果。

8. 用 GridView 控件设计如图 7.23 显示的页面，其中图书名称是超链接列，单击图书名称跳转到显示图书信息的详情页面；单击"编辑"按钮，跳转到 ModifyBookByBookId.aspx 页面，在这个页面，使用了第三方控件 FCKEditor 对图书信息进行修改。

图书名称	作者	ISBN	出版社	出版日期	价格	
第一行代码 — Android	郭霖	9787115362865	人民邮电出版社	2014-07-24	￥77.00	编辑
Android技术内幕	杨丰盛	9787111337270	机械工业出版社	2014-02-10	￥69.00	编辑
Android应用开发揭秘	杨丰盛	7113067913	机械工业出版社	2010-02-10	￥69.00	编辑
C#2005数据库编程经典教程	卡尔	978711515894	人民邮电出版社	2010-11-09	￥45.00	编辑
XML网页设计应用基础教程	黄泳瑜	7113067913	中国铁道出版社	2008-06-05	￥36.00	编辑
大学生英语学习词典	黄兴永	7811020939	东北大学出版社	2008-09-09	￥25.00	编辑
全国大学生英语竞赛真题集	蔺华国	7111140680	机械工业出版社	2010-06-08	￥34.00	编辑
信息论与编码技术	冯桂等	97873021465	清华大学出版社	2007-06-04	￥43.00	编辑

1 2 3 4

图 7.23　图书信息列表

第8章 网上购物系统其他页面实例设计

前面章节讲解了 ASP.NET 中主要的知识点,并结合项目对这些知识点进行了灵活的应用。但网上购物系统的开发,还有很多关键页面没有讲到,只有把这些页面都阐述清楚,才能把所学知识融会贯通,进行综合应用,并通过对具体应用系统的研读,最终学会 Web 应用系统的开发。

8.1 前台购物子系统部分网页设计

8.1.1 前台子系统首页设计

前台子系统首页 default.aspx,是利用前台系统的母版 MasterPage.master 创建的,在这个页面的可编辑区域,用 DIV 布局了三个分块,上方分块中添加了"ID="dltNewBook""的 DataList 控件,用来显示最新书籍,最新书籍中显示了图书封面、书名、简介、定价和折扣等信息。下方的分块显示特价书,特价书中显示了书名、定价和实售价等信息。布局后的页面效果如图 8.1 所示。

对显示最新书籍的 DataList 控件进行设计,进入编辑模板,添加三行二列的表格,将第一列三个单元格合并,在单元格中添加图片框控件、超链接控件和三个标签,设计界面如图 8.2 所示。显示最新图书的 DataList 控件设计完成后,产生的主要 HTML 代码如下:

```
<asp:DataList ID="dltNewBook" runat="server" Font-Size="13px" RepeatColumns="2">
    <ItemTemplate>
        <table style="width:100%; font-size:13px;">
            <tr><td rowspan="3" style="width:78px">
                <a href="ShowBookDetail.aspx?BookId=<%# Eval("BookId") %>" target="_self">
                    <asp:Image ID="Image3" runat="server" Height="117px" ImageUrl='<%# Eval("Cover","~/Upload/{0}") %>' Width="95px" />
                </a>
            </td>
            <td style="text-align: left;" colspan="2">
                <asp:HyperLink ID="HyperLink3" runat="server" NavigateUrl='<%# Eval("BookId","ShowBookDetail.aspx?BookId={0}") %>' Text='<%# Eval("BookName") %>'></asp:HyperLink>
            </td>
```

第 8 章 网上购物系统其他页面实例设计

图 8.1 前台首页界面

图 8.2 最新图书 DataList 项模板设计界面

　　〈/tr〉
　　〈tr〉
　　　　〈td style="text-align：left；line-height:160％;" colspan="2"〉

```
            <asp:Label ID=" Label1" runat=" server" Text='<%#
    LeftPartOfBookDescription(Eval("Description")) %>'></asp:Label>
        </td>
    </tr>
    <tr>
        <td style="text-align: left; line-height: 160%;">定价:<asp:Label ID="lblPrice"
    runat="server" ForeColor="#FF3300" Text='<%# Eval("Price","{0:c}")
    %>'></asp:Label>
        </td>
        <td style=" text-align: left; line-height: 160%;">折扣:<asp:Label ID="
    lblDiscount" runat=" server" ForeColor=" # FF3300" Text= '<% # Eval
    ("Discount") %>'></asp:Label>
        </td>
    </tr>
    </table>
</ItemTemplate>
</asp:DataList>
```

关于特价书的设计,与最新图书显示的设计类似,不再赘述。

页面的后台代码,调用图书数据访问类的相应方法,传入相应的参数,提取图书信息并显示在 DataList 控件中,代码如下:

```
protected void Page_Load(object sender, EventArgs e)
{
    if (! IsPostBack)
    {
        BookBLL obookBLL = new BookBLL();
        dltNewBook.DataSource = obookBLL.Book_GetTopNListByOrder(10,
" PublishDate DESC ");
        dltNewBook.DataBind();
        dltDiscountBook.DataSource = obookBLL.Book_GetTopNListByOrder(9,
"Discount ASC ");
        dltDiscountBook.DataBind();
    }
}
```

8.1.2 分类商品信息展示页面设计

在网上购物系统站点前台子系统中,利用前台系统的母版 MasterPage.master 创建网页 BookListByTypeId.aspx,在页面上添加一个 DataList 控件,两个标题为"上一页"和"下一页"的按钮,一个显示当前页信息的标签,布局后的页面效果如图 8.3 所示。该页面通过 URL 后的"? TypeId=x"把参数 TypeId 的值 x 带入页面,如"···/BookListByTypeId.aspx? TypeId=1"。在页面加载事件中,根据 URL 传入参数 TypeId 的值 x 访问数据库,把此类图书信息读取并显示到 DataList 控件中。书名和图书封面图片都是超链接，点击可以跳入 ShowBookDetail.aspx 图书信息详情显示页面，单击"加入购物车"，可以实现购物，当然是在有货的情况下。下方的跳页按钮可以翻页。

图 8.3　分类商品信息展示

设计步骤如下：
1. 界面设计说明

利用母版产生页面 BookListByTypeId.aspx，在页面中添加一个 DataList 控件，并在其下方添加一行三列的表格，在表格中添加"上一页"和"下一页"两个按钮和一个显示当前页信息的标签。

接着选中 DataList 控件，单击右上角的"编辑模板"，选择"项模板"，进入项模板编辑状态。在这个项模板中，添加一个五行三列的表格，并合并部分单元格，再添加一个图片框控件、七个标签、一个加入购物车的 ImageButton 按钮和一个水平线，设计效果如图 8.4 所示。然后单击各控件右上方"编辑 DataBinding…"菜单，设置各控件的数据绑定。为各标签设置属性的数据绑定 DataBindings。如价格标签控件的 Text 属性的数据绑定设为"Eval("Price", "{0:C}")"；出版

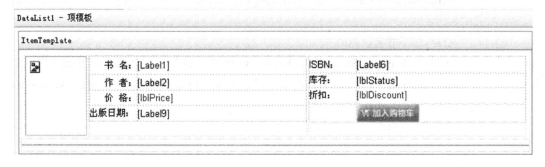

图 8.4　DataList 项模板设计

日期标签控件的 Text 属性的数据绑定设为"Eval("PublishDate", "{0:yyyy-MM-dd}")";折扣标签控件的 Text 属性的数据绑定设为"Eval("Discount", "{0:f2}")";把库存标签控件的 Text 属性的数据源绑定为函数"kuchun(Eval("Amount"))",这个函数的功能是根据库存量是否大于 0,在界面上显示"有货"、"缺货",代码如下:

```
protected string kuchun(object amount)
{
    if (Convert.ToInt32(amount) > 0)   return "有货"; else   return "缺货";
}
```

设置加入购物车图片按钮的 CommandName 为"Buy",ImageUrl 属性值为"~/Images/buy.jpg"。

因为数据库表 Book 中 Cover 字段只保存了图书封面图片文件的文件名,必须把文件名拼接上路径,才能用图片框控件把封面显示出来,所以把图片框控件的 ImageUrl 属性的数据绑定 DataBindings 设置为函数,函数名为 coverurl(Eval("Cover")),内容为:

```
protected string coverurl(object cover)    //拼接字符串返回图书封面路径的函数
{
    return "~/Upload/" + cover.ToString();
}
```

仿照天猫,为项模板中表格添加光棒效应,代码为:

〈table onmouseover="bcolor=this.style.borderColor; this.style.borderColor='Red'" onmouseout="this.style.borderColor=bcolor"〉

最后得到的主要 HTML 标记如下:

〈asp:DataList ID="DataList1" runat="server" BackColor="White" OnItemCommand="DataList1_ItemCommand"〉
　〈ItemTemplate〉
　　〈table onmouseover="bcolor=this.style.borderColor; this.style.borderColor='Red'" onmouseout="this.style.borderColor=bcolor"〉
　　〈tr〉〈td〉
　　〈a href="BookDetail.aspx?BookId=〈%# Eval("BookId") %〉"〉〈asp:Image ID="Image1" ImageUrl='〈%# coverurl(Eval("Cover")) %〉' /〉〈/a〉〈/td〉
　　〈td style="vertical-align: top; width: 320px;"〉
　　〈table style="width: 310px; height: 90px;" cellpadding="0" cellspacing="0"〉
　　　〈tr〉〈td〉书名:〈/td〉
　　　〈td〉〈a href="ShowBookDetail.aspx?BookId=〈%# Eval("BookId") %〉"〉
〈asp:Label ID="Label1" runat="server" Text='〈%# Eval("BookName") %〉'〉〈/asp:Label〉
　　　〈/a〉〈/td〉
　　〈/tr〉
　　〈tr〉
　　　〈td 作者:〈/td〉〈td〉〈asp:Label ID="Label2" runat="server" Text='〈%#

                Eval("Author") %>'></asp:Label></td>
            </tr><tr>
                <td>价格:</td>
                <td><asp:Label ID="lblPrice" runat="server" Text='<%# Eval("Price",
"{0:C}") %>' ForeColor="#CC0000"></asp:Label></td>
              </tr>
            <tr>
                <td>出版日期:</td>
                <td><asp:Label ID="Label9" runat="server" Text='<%# Eval("PublishDate",
"{0:yyyy-MM-dd}") %>'></asp:Label>
                </td></tr>
            </table>
        </td>
        <td><table><tr><td>ISBN:</td>
            <td style><asp:Label ID="Label6" runat="server" Text='<%# Eval("ISBN")
%>'></asp:Label></td>
        </tr>
        <tr><td>库存:</td>
            <td><asp:Label ID="lblStatus" runat="server" Text='<%# kuchun(Eval
("Amount")) %>'></asp:Label></td></tr>
        <tr><td>折扣:</td>
            <td><asp:Label ID="lblDiscount" runat="server" Text='<%# Eval
("Discount","{0:f2}") %>' ForeColor="#CC0000"></asp:Label>
            </td>
          </tr>
            <tr><td> </td>
            <td><asp:Button ID="btnBuy" runat="server" CommandName="Buy" Height
="20px"
                Text="加入购物车" Width="77px" />
            </td>
        </tr>
    </table>
  </td>
</tr></table>
<hr />
</ItemTemplate>
</asp:DataList>

2. 网页加载事件的编写

网页加载事件 Page_Load 中,把图书类别和当前页号都保存在 ViewState。ViewState 是 ASP.NET 用来恢复 Web 控件回传时状态值的一种机制,它将数据存入页面隐藏控件中,并在客户端和服务器间来回传送,从而克服了因 Web 应用程序无状态无法记住控件原值的问题。

```csharp
if (!Page.IsPostBack)
{
    ViewState["BookTypeId"] = Convert.ToInt32(Request.QueryString["TypeId"]);
    ViewState["CurPage"] = 0;
    Databind();
}
private void Databind() // Databind()函数内容
{
    BookBLL oBookBLL = new BookBLL();
    PagedDataSource pdsBooks = new PagedDataSource();
    //对 PagedDataSource 对象的相关属性赋值
    int bookTypeId = Convert.ToInt32(ViewState["BookTypeId"]);
    List<BookModel> lists = oBookBLL.Book_GetListByWhere("BookTypeId = " + bookTypeId.ToString());
    if (lists != null)
    {
        pdsBooks.DataSource = lists;
        pdsBooks.AllowPaging = True;
        pdsBooks.PageSize = 5;
        pdsBooks.CurrentPageIndex = Pager;
        lblCurpage.Text = "第 " + (pdsBooks.CurrentPageIndex + 1).ToString() + " 页 共 " + pdsBooks.PageCount.ToString() + " 页";
        SetEnable(pdsBooks);
        DataList1.DataSource = pdsBooks;
        //把 PagedDataSource 对象赋给 DataList 控件
        DataList1.DataKeyField = "BookId";//DataKeyField 设定主键字段是哪一个字段
        DataList1.DataBind();
    }
    else
    {
        //DataList 控件数据源没有数据时,会出现空引用异常,所以下面这样处理
        btnPrepage.Visible = False;
        btnNextpage.Visible = False;
        lblCurpage.Text = "<div style='color:red;'>当前类别没有对应的数据!</div>";
    }
}
```

3. 控制按钮是否有生效函数和当前页属性的编写

```csharp
private void SetEnable(PagedDataSource pds) //使翻页的两个按钮生效或失效的方法
```

```csharp
{
    btnPrepage.Enabled = True;
    btnNextpage.Enabled = True;
    if (pds.IsFirstPage)
        btnPrepage.Enabled = False;
    if (pds.IsLastPage)
        btnNextpage.Enabled = False;
}
private int Pager // 当前页属性,真正保存当前页码值用 ViewState["CurPage"]
{
    get
        return (int)ViewState["CurPage"];
    set
        ViewState["CurPage"] = value;
}
```

4. "加入购物车"按钮的单击事件

在 DataList 中任何按钮被单击时都会触发 ItemCommand,所以在这个事件中,通过按钮命令名称"e.CommandName == "Buy""来确定是否是单击了"加入购物车",代码如下:

```csharp
protected void DataList1_ItemCommand(object source, DataListCommandEventArgs e)
{
    string status = ((Label)DataList1.Items[e.Item.ItemIndex].FindControl("lblStatus")).Text;
    if (status == "缺货")
    {
        Page.ClientScript.RegisterClientScriptBlock(this.GetType(), "aa", "alert('此书暂缺,暂不能购买!');", True);
        return;
    }
    else
    {
        if (e.CommandName == "Buy")
        {
            if (Session["userModel"] == null)
            {
                Page.ClientScript.RegisterClientScriptBlock(this.GetType(), "aa", "alert('请登录系统,然后才能购买!');window.location='Default.aspx';", True);
            }
            else
            {
                ShopUserModel oUserModel = (ShopUserModel)Session["userModel"];
```

```
            int userId = oUserModel.UserId;
            int bookId = Convert.ToInt32(this.DataList1.DataKeys[e.Item.ItemIndex].ToString());
            ShoppingCartBLL oShoppingCartBLL = new ShoppingCartBLL();
            Decimal Price = Convert.ToDecimal(((Label)this.DataList1.Items[e.Item.ItemIndex].FindControl("lblPrice")).Text.Substring(1));
            //Substring(1)的功能是去掉"￥"
            Decimal Discount = Convert.ToDecimal(((Label)this.DataList1.Items[e.Item.ItemIndex].FindControl("lblDiscount")).Text);
            Decimal BuyPrice = Price * Discount;
            int result = oShoppingCartBLL.ShoppingCart_Add(userId, bookId, 1, BuyPrice);
            if (result > 0)
            {
                Page.ClientScript.RegisterClientScriptBlock(this.GetType(),"ff", "alert('购物成功！');",True);
            }
        }
    }
}
```

在上述代码中,原来我们弹出消息框,使用的代码为:

Response.Write("<script>alert('购物成功！');</script>");

现在,我们弹出消息框,使用的代码为:

Page.ClientScript.RegisterClientScriptBlock(this.GetType(),"ff", "alert('购物成功！');",True);

这是因为如果使用前者弹出消息框后,页面中的字体大小会发生变化,页面变形,为此,采用后面的代码。

5. "上下翻页"按钮的单击事件

```
protected void btnPrepage_Click(object sender, EventArgs e)
{
    Pager--;
    Databind();
}
protected void btnNextpage_Click(object sender, EventArgs e)
{
    Pager++;
    Databind();
}
```

6. 数据访问层加入购物车方法的编写

这个方法的功能是把点选的商品加入购物车，有一点要注意，如果这个商品已在购物车，则购物车表不新增记录，只是修改所购商品的数量，如果购物车中没有这个商品，则是在购物车表中新增一条记录，对应的 SQL 语句是通过拼接字符串产生的，代码如下：

```
// 购物车添加购物记录，若购物车中已有此图书，只需修改数量，否则新增记录
public int ShoppingCart_Add(int UserId, int BookId, int Quantity, Decimal BuyPrice)
{
    StringBuilder sqlText = new StringBuilder();
    sqlText.Append("Declare @sum int");
    //定义变量，以接收此用户购物车中是否已有此图书
    sqlText.Append("Select @sum = Count(BookId) From ShoppingCart Where BookId = @BookId And ShopUserId = @ShopUserId");
    sqlText.Append("If @sum > 0 "); //若有，修改商品数量即可
    sqlText.Append("Update ShoppingCart Set Quantity = (@Quantity+Quantity) ");
    sqlText.Append("Where BookID=@BookId And ShopUserId=@ShopUserId ");
    sqlText.Append("Else "); //若没有，添加新记录
    sqlText.Append("Insert Into ShoppingCart(ShopUserId,BookId,BuyPrice,Quantity,ShopingDate) ");
    sqlText.Append("Values (@ShopUserId,@BookId,@BuyPrice,@Quantity,@ShopingDate)");
    SqlParameter[] paras = new SqlParameter[]
    {
        new SqlParameter("@ShopUserId",UserId),
        new SqlParameter("@BookId",BookId),
        new SqlParameter("@Quantity",Quantity),
        new SqlParameter("@BuyPrice",BuyPrice),
        new SqlParameter("@ShopingDate",DateTime.Now)
    };
    return SqlDBHelper.ExecuteNonQueryCommand(sqlText.ToString(), paras);
}
```

8.1.3 购物车页面设计

用户登录网上购物系统后，浏览商品，点击"加入购物车"就可以实现购物。本系统中购物车是用数据库中的表 ShoppingCart 来实现的，点击"加入购物车"就是在购物车表中添加或修改记录。利用数据库表实现购物车，可以实现购物记录较长时间的保留而不会丢失。在页面 ShoppingCart.aspx 中，用户可以查看自己的"购物车"，当前用户的所有购物内容都会显示出来，如图 8.5 所示。

这个页面中，除了把当前用户购物车内容显示出来，同时还提供购买数量的修改、购物车记录的删除、购物车总金额的计算以及购物车内容清空等功能。设计步骤如下：

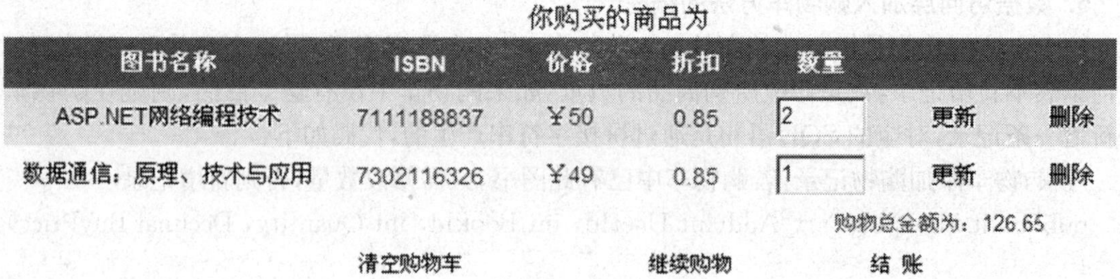

图 8.5 购物车内容显示

1. 页面控件设计

使用 GridView 控件实现显示购物车内容,其中的各列数据采用 TemplateField 模板列设计,以提高灵活性。对于价格列和折扣列,采用自定义格式化处理;对数量列用文本框显示,用验证控件进行验证,确保是正整数;对"删除"按钮,提供弹出式确认框,在用户确定后,删除。

图书名称模板列设计界面如图 8.6 左上方所示,其中添加的是超链接控件,单击右上"DataBindings…"菜单,在"可绑定属性"中,用自定义绑定方式分别设置 Text 属性和 NavigageUrl 属性值,代码表达式如图中所示。

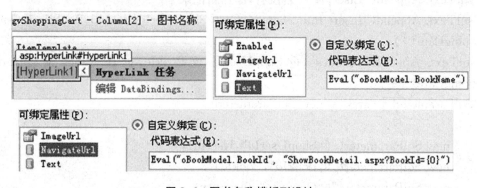

图 8.6 图书名称模板列设计

设计细节不再详述,产生的 HTML 代码如下:

```
<asp:GridView ID="gvShoppingCart" runat="server" AllowSorting="True" CellPadding="4"
    AutoGenerateColumns="False" DataKeyNames="ShopingCartRecordId"
    ForeColor="#333333" onrowdeleting="gvShoppingCart_RowDeleting"
    onrowupdating="gvShoppingCart_RowUpdating">
<Columns>
    <asp:BoundField DataField="ShoppingCartRecordId" Visible="False" />
    <asp:TemplateField HeaderText="图书编号" Visible="False">
        <ItemTemplate>
            <asp:Label ID="lblBookId" runat="server" Text='<%# Eval("oBookModel.BookId") %>'></asp:Label>
        </ItemTemplate>
    </asp:TemplateField>
```

```
<asp:TemplateField HeaderText="图书名称">
    <ItemTemplate>
        <asp:HyperLink ID="HyperLink1" runat="server" NavigateUrl='<%# Eval("oBookModel.BookId", "ShowBookDetail.aspx?BookId={0}") %>' Target="_self" Text='<%# Eval("oBookModel.BookName") %>'></asp:HyperLink>
    </ItemTemplate>
</asp:TemplateField>
<asp:TemplateField HeaderText="ISBN">
    <ItemTemplate>
        <asp:Label ID="Label1" runat="server" Text='<%# Eval("oBookModel.ISBN") %>'></asp:Label>
    </ItemTemplate>
</asp:TemplateField>
<asp:TemplateField HeaderText="价格">
    <ItemTemplate>
        <asp:Label ID="Label7" runat="server" Text='<%# Eval("oBookModel.Price","{0:c0}") %>'></asp:Label>
    </ItemTemplate>
</asp:TemplateField>
<asp:TemplateField HeaderText="折扣">
    <ItemTemplate>
        <asp:Label ID="Label8" runat="server" Text='<%# Eval("oBookModel.Discount", "{0:f2}") %>'></asp:Label>
    </ItemTemplate>
</asp:TemplateField>
<asp:TemplateField HeaderText="数量">
    <ItemTemplate>
        <asp:TextBox ID="txtQuantity" runat="server" Height="19px" Text='<%# Bind("Quantity") %>' Width="50px"></asp:TextBox>
        <asp:CompareValidator ID="CompareValidator1" runat="server" ControlToValidate="txtQuantity" Display="Dynamic" ErrorMessage="整数" Operator="GreaterThan" Type="Integer" ValueToCompare="0"></asp:CompareValidator>
    </ItemTemplate>
</asp:TemplateField>
<asp:TemplateField ShowHeader="False">
    <ItemTemplate>
        <asp:LinkButton ID="LinkButton1" runat="server" CausesValidation="True" CommandName="Update" Text="更新"></asp:LinkButton>
    </ItemTemplate>
</asp:TemplateField>
```

```
                <asp:TemplateField ShowHeader="False">
                    <ItemTemplate>
                        <asp:LinkButton ID="LinkButton4" runat="server" CausesValidation="False"
CommandName="Delete" onclientclick="return confirm(&quot;确定要删除吗?
&quot;)" Text="删除"></asp:LinkButton>
                    </ItemTemplate>
                </asp:TemplateField>
            </Columns>
</asp:GridView>
<div style="text-align:right; font-size:13px; color:Red ; padding-right:120px;">
    购物总金额:<asp:Label ID="lblSumMoney" runat="server" Text="Label" >
    </asp:Label>
</div>
<div style="text-align:center; font-size:13px;">
    <table style="width: 450px">
        <tr><td><asp:LinkButton ID="lblClearShoppingCart" runat="server" onclick=
"lblClearShoppingCart_Click">清空购物车</asp:LinkButton>
        </td>
        <td><asp:LinkButton ID="lbnContinueShop" runat="server" onclick=
"lbnContinueShop_Click">继续购物</asp:LinkButton>
        </td>
        <td><asp:LinkButton ID="lbnCheckout" runat="server" onclick="lbnCheckout_
Click">结账</asp:LinkButton>
        </td></tr>
    </table>
</div>
```

由于获取某用户购物车信息、更新购物数量、删除购物记录、清空购物车、计算购物车总金额、结账等方法,在数据访问层 ShoppingCartDAL 数据访问类中已经设计好,所以网页中只需调用即可,下面是后台代码。

2. 页面加载事件的编写

页面的 Page_Load 事件,它用来在首次加载页面时显示购物车记录。

```
protected void Page_Load(object sender, EventArgs e)
{
    if (! IsPostBack)
    {
        DisplayShoppingCartList();
    }
}
```

公共方法 DisplayShoppingCartList() 的内容如下:

```
private void DisplayShoppingCartList()
```

```csharp
{
    if (Session["userModel"] == null)
    {
        Page.ClientScript.RegisterClientScriptBlock(this.GetType(), "kk", "alert('你尚未登录系统,请先登录系统!');window.location='Default.aspx';", True);
    }
    else
    {
        UserModel oUserModel = (UserModel)Session["userModel"];
        int userId = oUserModel.UserId;
        ShoppingCartBLL oShoppingCartBLL = new ShoppingCartBLL();
        gvShoppingCart.DataSource = oShoppingCartBLL.ShoppingCart_GetListByShopUserId(userId);
        gvShoppingCart.DataBind();
        lblSumMoney.Text = oShoppingCartBLL.ShoppingCart_TotalMoneyByShopUserId(userId).ToString(); //获取购物车总金额
    }
}
```

3. 更新购物记录事件的编写

更新购物记录数量的事件代码如下:

```csharp
protected void gvShoppingCart_RowUpdating(object sender, GridViewUpdateEventArgs e)
{
    int ShopingCartRecordId = Convert.ToInt32(gvShoppingCart.DataKeys[e.RowIndex].Value);
    int BookId = Convert.ToInt32(((Label)this.gvShoppingCart.Rows[e.RowIndex].FindControl("lblBookId")).Text); //FindControl 是查找控件的比较常用的方法
    int Quantity = Convert.ToInt32(((TextBox)this.gvShoppingCart.Rows[e.RowIndex].FindControl("txtQuantity")).Text);
    BookBLL oBookBLL = new BookBLL();
    int amount = oBookBLL.Book_GetAmountByBookId(BookId);
    if (amount < Quantity)
    {
        gvShoppingCart.EditIndex = -1;
        DisplayShoppingCartList();
        Page.ClientScript.RegisterClientScriptBlock(this.GetType(), "aa", "alert('库存量不足,你不能购买这么多书!');", True);
        return;
    }
    ShoppingCartBLL oShoppingCartBLL = new ShoppingCartBLL();
    int result = oShoppingCartBLL.ShoppingCart_UpdateById(ShopingCartRecordId,
```

```csharp
Quantity);
    if (result > 0)
    {
        Page.ClientScript.RegisterClientScriptBlock(this.GetType(), "aa", "alert('更新成功!');", True);
        gvShoppingCart.EditIndex = -1;
        DisplayShoppingCartList();
    }
}
```

4. 删除购物记录事件的编写

删除购物车记录的事件代码如下:

```csharp
protected void gvShoppingCart_RowDeleting(object sender, GridViewDeleteEventArgs e)
{
    int ShopingCartRecordId = Convert.ToInt32(gvShoppingCart.DataKeys[e.RowIndex].Value);
    ShoppingCartBLL oShoppingCartBLL = new ShoppingCartBLL();
    int result = oShoppingCartBLL.ShoppingCart_DeleteById(ShopingCartRecordId);
    if (result > 0)
    {
        Page.ClientScript.RegisterClientScriptBlock(this.GetType(), "aa", "alert('删除成功!');", True);
        DisplayShoppingCartList();
    }
}
```

5. "清空购物车"按钮事件的编写

"清空购物车"按钮事件代码如下:

```csharp
protected void lblClearShoppingCart_Click(object sender, EventArgs e)
{
    if (Session["userModel"] == null)
    {
        Page.ClientScript.RegisterClientScriptBlock(this.GetType(), "aa", "alert('你尚未登录系统,请先登录系统!');window.location='Default.aspx';", True);
    }
    else
    {
        UserModel oUserModel = (UserModel)Session["userModel"];
        int userId = oUserModel.UserId;
        ShoppingCartBLL oShoppingCartBLL = new ShoppingCartBLL();
        oShoppingCartBLL.ShoppingCart_ClearByShopUserId(userId);
        gvShoppingCart.DataSource = oShoppingCartBLL.ShoppingCart_GetListByShopUserId
```

```
        (userId);
        gvShoppingCart.DataBind();
        lblSumMoney.Text = "0";
    }
}
```

6. "结账"按钮事件的编写

"结账"按钮主要是判断用户有没有购物,有购物则跳转到结账页,没有购物则弹出提示信息。事件代码如下:

```
protected void lbnCheckout_Click(object sender, EventArgs e)
{
    if (Session["userModel"] == null)
    {
        Page.ClientScript.RegisterClientScriptBlock(this.GetType(), "aa", "alert('你尚
          未登录系统,请先登录系统!');window.location='Default.aspx';", True);
    }
    else
    {
        UserModel oUserModel = (UserModel)Session["userModel"];
        int userId = oUserModel.UserId;
        ShoppingCartBLL oShoppingCartBLL = new ShoppingCartBLL();
        float count = oShoppingCartBLL.ShoppingCart_TotalMoneyByShopUserId(userId);
        if (count == 0)
        {
            Page.ClientScript.RegisterClientScriptBlock(this.GetType(), "aa", "alert
              ('你尚未在本站购买任何商品,无须结账!');", True);
        }
        else
        {
            Response.Redirect("Checkout.aspx");
        }
    }
}
```

8.1.4 订单结账页面设计

当用户购物完成后,在购物车页面中,单击"结账",可以跳转到 Checkout.aspx 结账页面,把当前用户的购物信息显示在上方,并根据"Session["userModel"]"保存的用户信息,到顾客表 ShopUser 中把用户的收货地址、姓名和电话读取出来,显示在页面下方,如图 8.7 所示。单击"提交订单",产生订单,并进入付款页面。为了实现系统功能的完整性,在数据库中,设计了 PayAccount 用户资金账户表,虚拟银行付款。

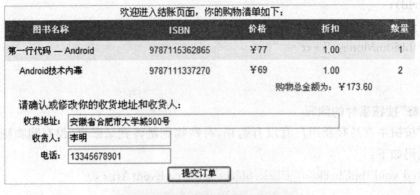

图 8.7 订单产生页面

1. 页面布局设计

这个页面设计比较简单,首先在页面上部,添加一个 GridView 控件,下方是一个四行三列的表格,里面放入三个文本框和一个按钮。

2. 页面加载事件的编写

页面 Page_Load 事件中,首先判断用户是否登录,如果登录,从"Session["userModel"]"保存的用户实体信息中,取出用户号、用户收货地址、姓名、电话,并显示在下方的文本框中。根据用户号,到购物车表 ShoppintCart 中,把当前用户的购物清单和购物总金额取出并显示在 GridView 控件和标签控件中。

```
protected void Page_Load(object sender, EventArgs e)
{
    if (! IsPostBack)
    {
        DisplayInfo();
    }
}
private void DisplayInfo()
{
    if (Session["userModel"] == null)
    {
        Page. ClientScript. RegisterClientScriptBlock(this. GetType(), "aa", "alert(' 你尚未登录系统,请先登录系统!');window. location='Default. aspx';", True);
    }
    else
    {
        ShopUserModel oUserModel = (ShopUserModel)Session["userModel"];
```

```csharp
        int userId = oUserModel.UserId;
        ShoppingCartBLL oShoppingCartBLL = new ShoppingCartBLL();
        gvShoppingCart.DataSource = oShoppingCartBLL.ShoppingCart_GetListByShopUserId(userId);
        gvShoppingCart.DataBind();
        lblSumMoney.Text = string.Format("{0:c}",oShoppingCartBLL.TotalMoneyByShopUserId(userId));
        txtAddress.Text = oUserModel.Address;
        txtXingming.Text = oUserModel.Xingming;
        txtTel.Text = oUserModel.Tel;
    }
}
```

3."提交订单"按钮事件

当单击"提交订单"按钮时，首先确定用户是否处于登录状态，因为用户登录后，可能离开电脑，在系统设计的 Session 过期时间内未操作电脑，Session 过期，视为未登录。若已登录，计算订单金额，产生订单，并更新商品的库存量和销售量，并提示进入付款页面。

"提交订单"按钮的单击事件代码如下：

```csharp
protected void btnSubmitOrder_Click(object sender, EventArgs e)
{
    if (Session["userModel"] == null)
    {
        Page.ClientScript.RegisterClientScriptBlock(this.GetType(), "aa", "alert('你尚未登录系统,请先登录系统！');window.location='Default.aspx';", True);
    }
    else
    {
        UserModel oUserModel = (UserModel)Session["userModel"];
        int userId = oUserModel.UserId;
        ShoppingCartBLL oShoppingCartBLL = new ShoppingCartBLL();
        float sumMoney = oShoppingCartBLL.ShoppingCart_TotalMoneyByShopUserId(userId);
        string address = txtAddress.Text;
        string xingming = txtXingming.Text;
        OrdersBLL oOrdersBLL = new OrdersBLL();
        int ordered = oOrdersBLL.Orders_CreateOrderToOrdersAndOrderDetails(userId, sumMoney, address, xingming);//结账,产生订单
        oShoppingCartBLL.ShoppingCart_UpdateBookAmoutAtCheckout(userId);
        //更新库存量
        if (orderId > 0)
        {
```

```csharp
            string msg = string.Format("alert('订单已产生,下面进入付款页面!');
window.location='PayForOrder.aspx?OrderId={0}';", orderId);
            Page.ClientScript.RegisterClientScriptBlock(this.GetType(), "aa", msg, True);
        }
    }
}
```

这个事件中,产生订单是调用数据访问层提供的产生订单方法来实现的。那么数据访问层提供的产生订单方法如何编写呢?

4. OrdersDAL 数据访问类产生订单方法的编写

产生订单方法是数据访问类 OrdersDAL 的一个方法,其代码如下:

```csharp
// 产生订单,写入订单表和订单详情表,同时删除购物车表中相应购物详情
public int Orders_CreateOrderToOrdersAndOrderDetails(int ShopUserId, decimal SumMoney, string AddressOfDeliverGoods, string GetGoodsPersonName, string Tel)
{
    try
    {
        StringBuilder sqlText = new StringBuilder();
        //声明数据库变量@OrderID,用于保存增加订单记录时自动产生的订单号
        sqlText.Append("Declare @OrderID int;");
        //向订单表增加订单记录,把自动产生的订单号保存到@OrderID
        sqlText.Append("Insert Into Orders(ShopUserId,SumMoney,OrderDate,OrderStatus,AddressOfDeliverGoods,GetGoodsPersonName,Tel) ");
        sqlText.Append("Values(@ShopUserId,@SumMoney,@OrderDate,@OrderStatus,@AddressOfDeliverGoods,@GetGoodsPersonName,@Tel); ");
        sqlText.Append("Select @OrderID=@@Identity; ");
        //@@Identity 返回自增标识列值,这个值是刚生成的订单号,保存到@OrderID 中
        //根据购物车中当前用户的购物清单,向订单详情表批量插入订单详情记录
        sqlText.Append("Insert Into OrderDetails(OrderID,BookID,Quantity,BuyPrice) ");
        sqlText.Append("Select @OrderID,BookId,Quantity,BuyPrice From ShoppingCart Where ShopUserId = @ShopUserId; ");
        // 写入订单详情后,删除购物车中当前用户的购物清单
        sqlText.Append("Delect From ShoppingCart Where ShopUserId = @ShopUserId; ");
        //返回生成的订单号
        sqlText.Append("Select @OrderID ");
        SqlParameter[] paras = new SqlParameter[]
        {
            new SqlParameter("@ShopUserId",ShopUserId),
            new SqlParameter("@SumMoney",SumMoney),
            new SqlParameter("@OrderDate",DateTime.Now),
```

```
            new SqlParameter("@OrderStatus",1),
            new SqlParameter("@AddressOfDeliverGoods",AddressOfDeliverGoods),
            new SqlParameter("@GetGoodsPersonName",GetGoodsPersonName),
            new SqlParameter("@Tel",Tel)
        };
        return Convert.ToInt32(SqlDBHelper.TranExecuteScalarCommand(sqlText.ToString(),
        paras));
    }
    catch (SqlException ex)
    {
        throw ex;
    }
    catch (Exception ex)
    {
        throw ex;
    }
}
```

上面方法中,产生订单时,不仅要向订单插入一条记录,还要根据当前用户的购物清单记录,向订单详情表插入相同记录数的订单情况记录,比如产生订单时购物车清单是两条记录,则向订单详情表也是插入两条记录,这就是 SQL 批量插入记录命令。

SQL 批量插入命令,就是把 Select 命令的查询结果整体插入到一个表中。这里是查询购物车表当前用户购物清单,然后整体插入到订单详情表,代码如下:

Insert Into OrderDetails(OrderID, BookID, Quantity, BuyPrice);
Select @OrderID, BookId, Quantity, BuyPrice From ShoppingCart Where ShopUserId = @ShopUserId;

最后还要删除购物车表中当前用户的购物清单,并返回产生的订单号。订单号是用 SQL 中的全局变量"@@Identity"捕捉到并保存到局部变量"@OrderID"中的。

这些操作,要么同时完成,要么都不执行,所以要使用事务处理功能。这里我们构建好相应的 SQL 命令,然后调用 SqlDBHelper 类的方法 TranExecuteScalarCommand(),通过启动事务来完成。

5. 公共数据访问类 SQLDBHelper 启用事务执行命令的方法

```
// 启用事务功能,执行多条增、删、改命令,返回最后一条查询命令的单值结果
public static int TranExecuteScalarCommand(string sqlTexts, params SqlParameter[] paras)
{
    int result = 0;
    SqlTransaction tran = null;
    SqlConnection Conn = new SqlConnection(connStr);
    try
    {
```

```
            Conn.Open();
            tran = Conn.BeginTransaction();//开始事务
            SqlCommand cmd = new SqlCommand(sqlTexts,Conn);
            cmd.Parameters.AddRange(paras);
            cmd.Transaction = tran;
            result =Convert.ToInt32(cmd.ExecuteScalar());
            tran.Commit();//提交事务
        }
        catch
        {
            tran.Rollback();//回滚事务
        }
        finally
        {
            Conn.Close();
        }
        return result;
}
```

8.1.5 订单付款页面设计

订单产生后,执行跳转命令,通过"PayForOrder.aspx?OrderId=XXX"这个 URL 进入到订单付款页面 PayForOrder.aspx,订单付款页面运行效果如图 8.8 所示。

当付款成功后,表示这个订单中的图书确实已经成交,这时要进行图书的销量和库存量的更新,同时,若库存量减少到 0,还要把图书的状态改为"缺货"。

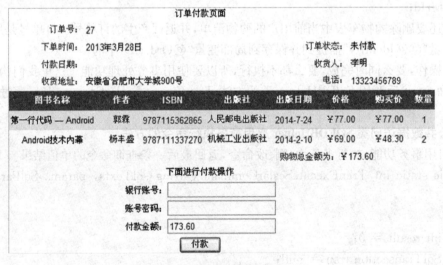

图 8.8 订单付款界面

这里,首先从 URL 中取出参数 OrderId 的值,然后根据这个订单号 OrderId 的值,到订单表 Order 中,把此订单的下单时间、订单状态、收货地址、收货人和电话等信息取出并显示在页面上方的几个标签中,把订单金额显示在中部的标签中。然后到订单详情表 OrderDetail 中,取出此订单号对应的订单详情,显示在 GridView 中。

在页面下部的文本框中,付款金额是页面加载时自动取出来并显示的,不允许修改,输入顾客的银行账号和密码,单击"付款"即开始付款。付款过程也要启用事务处理功能,以保证操作的原子性和确定性。另外,订单付款成功后,要同时修改商品的销售量和库存量,以反应实际商品信息的变化。

设计步骤如下:

1. 订单付款过程中各种支付情况的处理

在付款的过程中,会出现各种可能性,比如:输入的银行账户或密码无效,不能完成付款;或者账户或密码正确,但账户内余额不足;或者由于付款的瞬间发生断电等原因造成支付失败;最好的情况是支付成功。

为了表达出支付过程中可能出现的情况,程序中定义了一个名为 PayResults 的枚举类型,内容如下:

```csharp
public enum PayResults
{
    InvalidAccountAndPwd,   //账号或密码无效
    NoEnoughMoney,          //账号余额不足
    Success,                //支付成功
    UnknownError            //支付失败
}
```

2. 页面加载事件的编写

页面 Page_Load 事件代码如下:

```csharp
protected void Page_Load(object sender, EventArgs e)
{
    if (! IsPostBack)
    {
        ReadOrderData();
    }
}
private void ReadOrderData()
{
    int OrderId = Convert.ToInt32(Request.QueryString["OrderId"]);
    OrdersBLL oOrdersBLL = new OrdersBLL();
    OrdersModel oOrdersModel = oOrdersBLL.Orders_GetModelById(OrderId);
    lblOrderId.Text = OrderId.ToString();
    lblOrderDate.Text = oOrdersModel.OrderDate.ToLongDateString();
    if (oOrdersModel.OrderStatus == 1)
    {
        this.lblOrderStatus.Text = "未付款";
    }
```

```csharp
        else if (oOrdersModel.OrderStatus == 2)
        {
            this.lblOrderStatus.Text = "已付款";
        }
        else if (oOrdersModel.OrderStatus == 3)
        {
            this.lblOrderStatus.Text = "已发货";
        }
        else if (oOrdersModel.OrderStatus == 4)
        {
            this.lblOrderStatus.Text = "已收货";
        }
        else
        {
            this.lblOrderStatus.Text = "已取消";
        }
        lblPaymentDate.Text = oOrdersModel.PaymentDate.Year > 1 ? oOrdersModel.PaymentDate.ToLongDateString() : "";//因日期变量未赋值时，默认为 0001-1-1
        lblGetGoodsPersonName.Text = oOrdersModel.GetGoodsPersonName;
        lblAddressOfDeliverGoods.Text = oOrdersModel.AddressOfDeliverGoods;
        lblTel.Text = oOrdersModel.Tel;
        lblSumMoney.Text = string.Format("{0:c2}", oOrdersModel.SumMoney);
        txtAmount.Text = oOrdersModel.SumMoney.ToString();
        OrderDetailsBLL oOrderDetailsBLL = new OrderDetailsBLL();
        gvOrderDetail.DataSource = oOrderDetailsBLL.OrdersDetails_GetOrderDetailsByOrderId(OrderId);
        gvOrderDetail.DataBind();
}
```

在上面代码中，从 URL 中取出参数 OrderId 的值，到订单表 Order 及 OrderDetail 表中，把此订单的信息取出并显示在页面上。显示订单状态时，根据状态值预设的含义，用文字显示订单当前的状态。

3. "付款"按钮事件的编写

输入银行账号和密码后，即可付款，"付款"按钮的单击事件代码如下：

```csharp
protected void btnPay_Click(object sender, EventArgs e)
{
    float amount = Convert.ToSingle(txtAmount.Text);
    string storeAccountId = "622200001111001";//商家银行账号
    int OrderId = Convert.ToInt32(Request.QueryString["OrderId"]);
    PayAccountDAL oPayAccountDAL = new PayAccountDAL();
    PayResults payresult = oPayAccountDAL.PayForOrder(txtAccountId.Text, txtAccountPwd.
```

Text,amount,storeAccountId,OrderId);//调用数据访问层付款方法
switch(payresult)
{
case PayResults.Success:
    //下一行代码是更新图书销量和库存量,以及图书是否缺货等
    UpdateBookSalesAndAmount();
    Page.ClientScript.RegisterClientScriptBlock(this.GetType(),"aa","alert('支付成功!');",True);
    ReadOrderData();
    break;
case PayResults.InvalidAccountAndPwd:
    Page.ClientScript.RegisterClientScriptBlock(this.GetType(),"aa","alert('账号或密码无效!');",True);
    break;
case PayResults.NoEnoughMoney:
    Page.ClientScript.RegisterClientScriptBlock(this.GetType(),"aa","alert('余额不足!');",True);
    break;
case PayResults.UnknownError:
    Page.ClientScript.RegisterClientScriptBlock(this.GetType(),"aa","alert('支付失败!');",True);
    break;
}
}
```

上面代码中,调用数据访问层 PayAccountDAL 类的 PayForOrder()进行付款,这个方法返回的是枚举值,各枚举值有特定的含义,根据返回的枚举值,在页面上弹出不同的消息框,告诉用户付款的结果。

**4. PayAccountDAL 数据访问类付款方法的编写**

下面介绍 PayAccountDAL 类的 PayForOrder()方法代码的编写。

以下段代码中,首先验证输入的用户名和密码是否有效,如果无效,返回相应的枚举值,否则验证银行账号内余额是否足够;如果不足,返回相应的枚举值,如果余额充足,进行转账处理。在转账处理过程中,启用事务处理,确保操作的原子性和确定性,并根据转账处理结果,返回不同的枚举值。

```
// 为订单付款
public PayResults PayForOrder(string AccountId, string AccountPwd, float Amount, string StoreAccountId, int OrderId)
{
    //验证银行卡号和密码是否有效
    bool loginResult = AccountLogin(AccountId, AccountPwd);
    //假如银行账号或账户密码不正确,返回无效账户或密码信息
```
```

```csharp
        if (loginResult == False)
        {
            return PayResults.InvalidAccountAndPwd;
        }
        //验证银行账号内余额是否足够
        if (GetAmountOfAccountId(AccountId, AccountPwd) < Amount)
        {
            return PayResults.NoEnoughMoney;
        }
        //执行商家和顾客银行账号间的转账处理
        if (ZhuanZhang(AccountId, AccountPwd, StoreAccountId, Amount, OrderId))
        {
            return PayResults.Success; //如果支付成功,返回支付成功
        }
        else
        {
            return PayResults.UnknownError; //如果未支付成功,返回支付失败
        }
}
```

5. 商家和顾客银行账号间的转账处理方法的编写

转账处理的代码主要是构建 SQL 语句,然后调用 SqlDBHelper 公共数据访问类的 TranExecuteNonQueryCommand()方法,执行 SQL 命令,此方法中启用了事务处理功能。

```csharp
// 转账:把一个账户的钱转到另一个账户,启用事务处理
public bool ZhuanZhang(string AccountId, string AccountPwd, string StoreAccountId, float Amount, int OrderId)
{
    try
    {
        string sqlText = "Update PayAccount Set AccountBalance = AccountBalance-@Amount Where AccountId=@AccountId AND AccountPwd=@AccountPwd;";
        sqlText += "Update PayAccount Set AccountBalance = AccountBalance+@Amount Where AccountId=@StoreAccountId;";
        sqlText += "Update Orders Set OrderStatus =@OrderStatus, PaymentDate =@PaymentDate Where OrderId =@OrderId";
        SqlParameter[] paras = new SqlParameter[]
        {
            new SqlParameter("@AccountId", AccountId),
            new SqlParameter("@AccountPwd", AccountPwd),
            new SqlParameter("@Amount", Amount),
            new SqlParameter("@StoreAccountId", StoreAccountId),
```

```
            new SqlParameter("@OrderId",OrderId),
            new SqlParameter("@OrderStatus",2),
            new SqlParameter("@PaymentDate",DateTime.Now)
        };
        int result = SqlDBHelper.TranExecuteNonQueryCommand(sqlText,paras);
        if(result>0)
            return True;
        else
            return False;
    }
    catch(SqlException ex)
    {
        throw ex;
    }
    catch(Exception ex)
    {
        throw ex;
    }
}
```

6. 付款成功后更新图书的销量和库存量

订单付款成功后同时更新图书销量和库存量，并根据库存量更新图书是否缺货，采用的方式是对当前付款订单的图书信息进行遍历，找到相应的图书编号和购买数量，拼接成用逗号或分号隔开的图书编号和销量字符串，传入底层数据访问层，相应的 UpdateBookSalesAndAmount()方法的代码如下：

```
OrdersBLL orderBll = new OrdersBLL();
System.Text.StringBuilder sb = new System.Text.StringBuilder();
foreach(GridViewRow row in gvOrderDetail.Rows)
{
    Label bookid = (Label)row.FindControl("lblBookId");
    Label quantity = (Label)row.FindControl("lblQuantity");
    sb.AppendFormat(";{0},{1}",bookid.Text,quantity.Text);
}
orderBll.UpdateSaleAmountById(sb.ToString().Substring(1));
//Substring(1)的功能是去掉拼接字符串第一个分号字符
```

在数据访问层中，UpdateSaleAmountById()方法将带入的用逗号或分号隔开的图书编号和销量字符串进行处理，放入数组中保存，构建 SQL 语句，对数据库表 Book 中相应图书的销量和库存量进行更新，代码如下：

```
public int UpdateSaleAmountById(string BookIdsAndNums)
{
    try
```

```
        {
            StringBuilder sqlText = new StringBuilder();
            string[] bookid_nums = BookIdsAndNums.Split(';');
            foreach (string bookid_num in bookid_nums)
            {
                string[] booknum = bookid_num.Split(',');
                sqlText.AppendFormat("Update Book Set Sales =Sales+{1},Amount =Amount
                -{1} Where BookId = {0};", booknum[0], booknum[1]);
                sqlText.AppendFormat("Update Book Set Status =2 Where BookId = {0} and
                Amount<=0", booknum[0]);
            }
            return SqlDBHelper.TranExecuteNonQueryCommand(sqlText.ToString());
        }
        catch (SqlException ex)
        {
            throw ex;
        }
        catch (Exception ex)
        {
            throw ex;
        }
    }
```

8.1.6 我的订单页面设计

在网上购物系统中,顾客可以在用户订单汇总页面 ShowUserOrders.aspx 中,查看到自己在网上的以往订单列表信息,可以看到下单日期、付款日期、发货日期和收货日期。在这个页面中,单击"前去付款"对未付款的订单进行付款;对已经收到的商品,可以进行"确认收货"。通过单击"查看",可以进一步查看订单的详细情况,如图 8.9 所示。

你在本站的所有订单如下:							
订单号	下单日期	总金额	订单状态	付款日期	发货日期	收货日期	订单详情
31	2015-3-28	¥53.10	已付款	2015-3-28			查看 等待发货
29	2015-3-28	¥77.00	未付款				查看 前去付款
27	2015-3-28	¥173.60	已发货	2015-3-28	2015-3-29		查看 确认收货
25	2015-2-10	¥103.50	已收货	2015-3-29	2015-3-29	2015-3-29	查看 已经收货

图 8.9 用户订单汇总记录

1. 页面控件的布局与设计

利用前台子系统的母版创建这个页面,页面中只添加了一个 GridView 控件,然后利用

GridView 控件的"编辑列"菜单,向选定的字段中添加若干 BoundField 和订单详情超链接列 HyperLinkField,设定各列字段的 DataFeild 和 HeaderText 属性值等,最后把除"总金额"和"订单详情"之外的其他列字段都转化为模板列。最后,生成的主要的 HTML 代码如下:

```
<asp:GridView ID="gvUserOrders" runat="server" Font-Size="13px" onrowcommand
="gvUserOrders_RowCommand">
    <Columns>
        <asp:TemplateField HeaderText="订单号">
            <ItemTemplate>
                <asp:Label ID="lblOrderId" runat="server" Text='<%# Eval("OrderId") %>'/>
            </ItemTemplate>
        </asp:TemplateField>
        <asp:TemplateField HeaderText="下单日期">
            <ItemTemplate>
                <asp:Label ID="Label2" runat="server" Text='<%# dtformat(Eval("OrderDate", "{0:d}")) %>'/>
            </ItemTemplate>
        </asp:TemplateField>
        <asp:BoundField DataField="SumMoney" DataFormatString="{0:c2}" HeaderText="总金额">
        <asp:TemplateField HeaderText="订单状态">
            <ItemTemplate>
                <asp:Label ID="Label1" runat="server"
                    Text='<%# GetStatus(Eval("OrderStatus")) %>'></asp:Label>
            </ItemTemplate>
        </asp:TemplateField>
        ……
        <asp:HyperLinkField DataNavigateUrlFields="OrderId" HeaderText="订单详情"
            Text="查看" DataNavigateUrlFormatString="ShowOrderDetail.aspx?OrderId={0}">
        </asp:HyperLinkField>
        <asp:TemplateField ShowHeader="False">
            <ItemTemplate>
                <asp:LinkButton ID="lbtOperate" runat="server" CommandName=
                    "Operate" Text='<%# OperName(Eval("OrderStatus")) %>' CommandArgument=
                    '<%# Eval("OrderId") %>'></asp:LinkButton>
            </ItemTemplate>
        </asp:TemplateField>
    </Columns>
</asp:GridView>
```

这个页面设计是比较简单的,稍难的是,在最后一列,如何根据订单当前所处的状态,去执行不同的操作。

2. 页面加载事件的编写

下面介绍其后台代码文件的内容,页面的 Page_Load 事件代码如下:

```
protected void Page_Load(object sender, EventArgs e)
{
    if (! IsPostBack)
    {
        DisplayUserOrdersList();
    }
}
private void DisplayUserOrdersList()
{
    if (Session["userModel"] == null)
    {
        Page.ClientScript.RegisterClientScriptBlock(this.GetType(), "kk", "alert('尚未登录,请先登录系统!');window.location='Default.aspx';", True);
    }
    else
    {
        ShopUserModel oUserModel = (ShopUserModel)Session["userModel"];
        int userId = oUserModel.UserId;
        OrdersBLL oOrdersBLL = new OrdersBLL();
        gvUserOrders.DataSource = oOrdersBLL.Orders_GetListByWhere(" ShopUserId ="+userId.ToString());
        gvUserOrders.DataBind();
    }
}
```

这上面这段代码中,根据保存在"Session["userModel"]"中的用户号,构建查询条件,把当前用户的订单查找并显示出来。

显示订单列表 GridView 控件的最后一个模板列中,添加的是 LinkButton 按钮,其命名为"CommandName="Operate"",命令参数为订单号,即"CommandArgument='<%# Eval("OrderId") %>'"按钮的文本属性"Text='<%# OperName(Eval("OrderStatus")) %>'",相应标记为:

```
<asp:LinkButton ID="lbtOperate" runat="server" CommandName="Operate" Text='<%# OperName(Eval("OrderStatus")) %>' CommandArgument='<%# Eval("OrderId") %>'/>
```

其按钮的文本绑定到 OperName(object obj)函数,这个函数根据订单的状态值,在按钮上显示不同的标题,函数内容为:

```
protected string OperName(object obj)
```

```
{
    if (obj.ToString() == "1")
    {
        return "前去付款";
    }
    else if (obj.ToString() == "2")
    {
        return "等待发货";
    }
    else if (obj.ToString() == "3")
    {
        return "确认收货";
    }
    else if (obj.ToString() == "4")
    {
        return "已经收货";
    }
    else if (obj.ToString() == "5")
    {
        return "交易撤消";
    }
    else
    {
        return "";
    }
}
```

当单击最后一列的按钮时,触发 GridView 控件的 RowCommand 事件,在事件中,根据按钮的 CommandName 属性值,确定单击的是否是 CommandName 为"Operate"的按钮,如果是,根据按钮标题显示的文字,去执行相应的操作,代码如下:

```
protected void gvUserOrders_RowCommand(object sender, GridViewCommandEventArgs e)
{
    if (e.CommandName == "Operate")
    {
        LinkButton lbtOperate = (LinkButton)e.CommandSource;
        string commandText = lbtOperate.Text;//这里可以获得点击行字段 field2 的值
        string OrderId = e.CommandArgument.ToString();
        //这里可以获得点击行字段 field1 的值
        if (commandText == "前去付款")
        {
            Response.Redirect("PayForOrder.aspx?OrderId=" + OrderId);
```

```
            }
            else if (commandText == "确认收货")
            {
                OrdersBLL oOrdersBLL = new OrdersBLL();
                int result = oOrdersBLL.DealOrderStatusForGetGoods(Convert.ToInt32(OrderId));
                if (result > 0)
                {
                    Page.ClientScript.RegisterClientScriptBlock(this.GetType(), "kk", "alert('已确认!');", True);
                    DisplayUserOrdersList();
                }
            }
        }
    }
```

8.2 后台管理子系统部分网页设计

8.2.1 图书列表页面设计

在后台管理子系统,单击左侧"图书管理"菜单下的子菜单"图书列表",在右侧显示系统中图书信息,每页可以显示 15 条记录,如图 8.10 所示,图书列表是用 ID 为"gvBooks"的 GridView 控件显示的。

图书信息列表									
图书名称	作者	出版社	价格	折扣	销量	库存量	状态		
第一行代码——Android	郭霖	人民邮电出版社	77.00	1.00	0	100	有货	编辑	删除
Android技术内幕	杨丰盛	机械工业出版社	69.00	0.70	0	100	有货	编辑	删除
Android应用开发揭秘	杨丰盛	机械工业出版社	69.00	0.80	0	100	有货	编辑	删除
C#2005数据库编程经典教程	卡尔	人民邮电出版社	45.00	0.85	0	5	有货	编辑	删除
XML网页设计应用基础教程	黄泳瑜	中国铁道出版社	36.00	0.85	0	46	有货	编辑	删除
大学生英语学习词典	黄兴永	东北大学出版社	25.00	0.85	0	25	有货	编辑	删除
全国大学生英语竞赛真题集	蔺华国	机械工业出版社	34.00	0.80	80	45	有货	编辑	删除
信息论与编码技术	冯桂等	清华大学出版社	43.00	0.80	0	12	有货	编辑	删除
企业物流成本计算与评价	冯耕中	中国经济出版社	30.00	0.75	68	4	有货	编辑	删除

图 8.10 图书信息列表

需要注意一点,由于数据库中各表之间有参照完整性,所以这里的"删除"是不能物理删除记录的,只是逻辑删除。对应于图书的逻辑删除,在 Book 数据库表中,表示图书状态的字段 Static 有三个值,分别为:"1:正常;2:缺货;3:删除",所以删除图书就是把图书的 Static 字段值改为"3"。

1. 页面的布局与设计

页面制作的详细过程这里就不详述了,生成的部分 HTML 代码如下:

```
<asp:GridView ID="gvBooks" runat="server" AllowPaging="True" Font-Size="13px" PageSize="15" DataKeyNames="BookId" onpageindexchanging="gvBooks_PageIndexChanging" onrowdeleting="gvBooks_RowDeleting">
    <Columns>
        <asp:TemplateField HeaderText="图书名称">
            <ItemTemplate>
                <asp:HyperLink ID="HyperLink1" runat="server" Target="_self" NavigateUrl='<%# Eval("oBookModel.BookId","ShowBookDetail.aspx?BookId={0}") %>' Text='<%# Eval("oBookModel.BookName") %>'></asp:HyperLink>
            </ItemTemplate>
        </asp:TemplateField>
        <asp:BoundField DataField="Publisher" HeaderText="出版社">
        </asp:BoundField>
        <asp:BoundField DataField="Price" HeaderText="价格" SortExpression="Price">
        </asp:BoundField>
        <asp:BoundField DataField="Discount" DataFormatString="{0:f}" HeaderText="折扣" />
        <asp:BoundField DataField="Sales" HeaderText="销量" />
        <asp:BoundField DataField="Amount" HeaderText="库存量" />
        <asp:TemplateField HeaderText="状态">
            <ItemTemplate>
                <asp:Label ID="Label1" runat="server" Text='<%# GetStatus(Eval("Status")) %>'/>
            </ItemTemplate>
        </asp:TemplateField>
        <asp:HyperLinkField DataNavigateUrlFields="BookId" DataNavigateUrlFormatString="BookUpdateByBookId.aspx?BookId={0}" Text="编辑">
        </asp:HyperLinkField>
        <asp:TemplateField ShowHeader="False">
            <ItemTemplate>
                <asp:LinkButton ID="lbnDelete" runat="server" CausesValidation="False" Text="删除" CommandName="Delete" onclientclick="return confirm(&quot;确定要逻辑删除吗?&quot;)" CommandArgument='<%# Eval
```

```
              ("BookId") %>'></asp:LinkButton>
        </ItemTemplate>
      </asp:TemplateField>
    </Columns>
</asp:GridView>
```

2. 页面加载事件设计

由于后台系统，必须是管理员登录后才能管理，所以页面的 Page_Load 事件，首先要判断用户有没有登录，只有登录了，才能获取图书列表并显示在 GridView 控件中。

```
protected void Page_Load(object sender, EventArgs e)
{
    if (! IsPostBack)
    {
        if (Session["manageUserId"] == null)
        {
            Page.ClientScript.RegisterClientScriptBlock(this.GetType(), "kk", "alert('尚未登录,请先登录后台！');window.location='Login.aspx';", True);
        }
        else
        {
            BookBLL oBookBLL = new BookBLL();
            List<BookModel> books = oBookBLL.Book_GetListByWhere("");
            this.gvBooks.DataSource = books;
            this.gvBooks.DataBind();
        }
    }
}
```

3. 分页事件代码设计

启动了自动分页功能，每页显示 15 条记录，页面改变时相应的事件代码为：

```
protected void gvBooks_PageIndexChanging(object sender, GridViewPageEventArgs e)
{
    gvBooks.PageIndex = e.NewPageIndex;
    BookBLL oBookBLL = new BookBLL();
    List<BookModel> books = oBookBLL.Book_GetListByWhere("");
    gvBooks.DataSource = books;
    gvBooks.DataBind();
}
```

4. 图书信息的逻辑删除

逻辑删除就是对图书的状态进行修改，也就是把 Static 的值从"1"改为"3"，代码为：

```
protected void gvBooks_RowDeleting(object sender, GridViewDeleteEventArgs e)
{
```

```
    int BookId = Convert.ToInt32((((LinkButton)(gvBooks.Rows[e.RowIndex].
FindControl("lbnDelete"))).CommandArgument);
    BookBLL oBookBLL = new BookBLL();
    int result = oBookBLL.Book_DeleteById(BookId);
    if(result > 0)
    {
        Page.ClientScript.RegisterClientScriptBlock(this.GetType(), "kk", "alert('逻辑删除成功！');", True);
    }
}
```

具体到数据访问层 BookBLL.Book_DeleteById(BookId)代码的实现，请思考完成。

鼠标在列表中移动时，有光标跟随效果，光标跟随效果是在绑定每一行记录时发生的事件 RowDataBound 中实现的，在下列代码中的 if 语句，判断数据行的类型，如果是数据行，就添加客户端事件 onmouseover 和 onmouseout，实现光标跟随。

```
protected void gvBooks_RowDataBound(object sender, GridViewRowEventArgs e)
{
    if(e.Row.RowType == DataControlRowType.DataRow)
    {
        e.Row.Attributes.Add("onmouseover", "c=this.style.backgroundColor;this.style.backgroundColor='LightBlue';");
        e.Row.Attributes.Add("onmouseout", "this.style.backgroundColor=c;");
    }
}
```

8.2.2 图书信息编辑页面设计

在如图 8.10 所示的图书信息列表中，单击记录行中"编辑"可以通过超链接"BookUpdateByBookId.aspx?BookId=xx"跳转到 BookUpdateByBookId.aspx 页面中，利用参数 BookId，在此页面中对图书信息进行修改。

关于图书信息的编辑更新，已在第 6 章 6.4.2 网上购物后台子系统图书更新页面设计中叙述。

8.2.3 发货列表管理页面设计

在网上购物系统的后台，单击"发货管理"菜单项，进入图书发货列表管理页面，界面如图 8.11所示。在这个页面，可以通过上方的"付款起始日"和"付款结束日"两个日期文本框控件设定日期，点击"筛查"按钮，查找指定日期范围内的已付款订单，缩小待发货记录的范围。

1. 页面布局设计

利用后台母版创建页面 OrderSendOutGoods.aspx，在上方添加一行五列的表格，添加付款起始日期和结束日期两个文本框及一个筛查按钮，把第三方日期控件 My97DatePicker 文件夹下 WdatePicker.js 文件拖入页面上部，通过为这两个文本框添加代码"onFocus="WdatePicker()""，把这两个文本框变成日期控件。

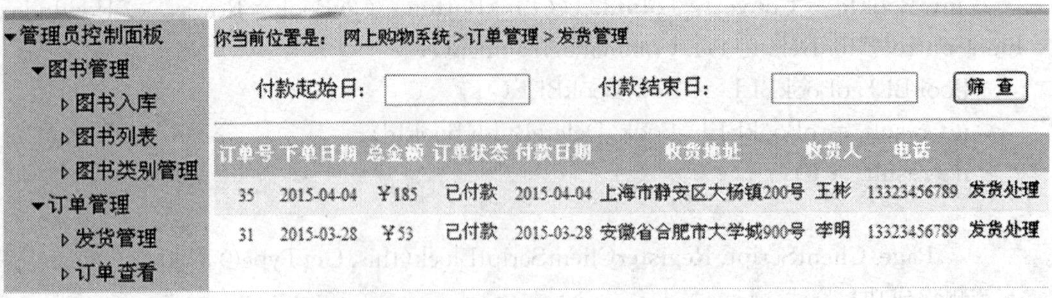

图 8.11 发货列表管理页面

然后在下方添加一个 GridView 控件,用"编辑列"功能,添加若干 BoundField 和一个用于跳转到订单发货处理页面的 HyperLinkField 超链接列。设置这些列的 DataField 和 HeaderText 属性,然后把部分 BoundField 列转换为模板列。

设定 GridView 控件允许分页,设置 PageSize 为"15",以便每页显示 15 条记录。最后生成的 HTML 标记代码如下:

```
<asp:GridView ID="gvOrders" runat="server" AllowPaging="True" DataKeyNames="OrderId" PageSize="15" onpageindexchanging= "gvOrders_PageIndexChanging">
    <Columns>
    <asp:BoundField DataField="OrderId" HeaderText="订单号">
    </asp:BoundField>
    <asp:TemplateField HeaderText="下单日期">
        <ItemTemplate>
            <asp:Label ID="Label2" runat="server" Text='<%# dtformat(Eval("OrderDate", "{0:yyyy-MM-dd}")) %>'></asp:Label>
        </ItemTemplate>
    </asp:TemplateField>
    <asp:BoundField DataField="SumMoney" HeaderText="总金额" DataFormatString="{0:c0}">
    </asp:BoundField>
    <asp:TemplateField HeaderText="订单状态">
        <ItemTemplate>
            <asp:Label ID="Label1" runat="server" Text='<%# GetStatus(Eval("OrderStatus")) %>'></asp:Label>
        </ItemTemplate>
    </asp:TemplateField>
    <asp:TemplateField HeaderText="付款日期">
        <ItemTemplate>
            <asp:Label ID="Label3" runat="server" Text='<%# dtformat(Eval("PaymentDate", "{0:yyyy-MM-dd}")) %>'></asp:Label>
        </ItemTemplate>
    </asp:TemplateField>
```

```
<asp:BoundField DataField="AddressOfDeliverGoods" HeaderText="收货地址">
</asp:BoundField>
<asp:BoundField DataField="GetGoodsPersonName" HeaderText="收货人">
</asp:BoundField>
<asp:BoundField DataField="Tel" HeaderText="电话">
</asp:BoundField>
<asp:HyperLinkField DataNavigateUrlFields="OrderId" DataNavigateUrlFormatString="HandleOrderSendOutGoods.aspx?OrderId={0}" Text="发货处理">
</asp:HyperLinkField>
</Columns>
</asp:GridView>
```

2. 页面加载事件的编写

在页面加载事件中,首先判断用户是否登录,如果登录,就把订单状态为"2"的,即已付款未发货的订单,提取出来并显示在 GridView 中。

```
protected void Page_Load(object sender, EventArgs e)
{
    if (!IsPostBack)
    {
        if (Session["manageUserId"] == null)
        {
            Page.ClientScript.RegisterClientScriptBlock(this.GetType(), "kk", "alert('尚未登录后台系统,请先登录!');window.location='Login.aspx';", True);
        }
        else
        {
            OrdersBLL oOrdersBLL = new OrdersBLL();
            //OrderStatus=2 订单状态为"2"的为已付款未发货的订单
            gvOrders.DataSource = oOrdersBLL.Orders_GetListByWhere(" OrderStatus=2 ");
            gvOrders.DataBind();
        }
    }
}
```

3. GridView 分页事件的编写

```
protected void gvOrders_PageIndexChanging(object sender, GridViewPageEventArgs e)
{
    gvOrders.PageIndex = e.NewPageIndex;
    string strWhere = " OrderStatus=2 ";
    if (txtOrderBeginDate.Text.Trim() != "")
    {
```

```csharp
        strWhere += " And OrderDate >'" + txtOrderBeginDate.Text + "'";
    }
    if (txtOrderEndDate.Text.Trim() != "")
    {
        strWhere += " And OrderDate <'" + txtOrderEndDate.Text + "'";
    }
    OrdersBLL oOrdersBLL = new OrdersBLL();
    gvOrders.DataSource = oOrdersBLL.Orders_GetListByWhere(strWhere);
    gvOrders.DataBind();
}
```

4. "筛查"按钮事件的编写

通过在付款起始日期和结束日期文本框中选择日期,单击"筛查",可以缩小待发货订单的范围,事件代码如下:

```csharp
protected void Button1_Click(object sender, EventArgs e)
{
    string strWhere = " OrderStatus=2 ";
    if (txtOrderBeginDate.Text.Trim() != "")
    {
        strWhere += " And OrderDate >'" + txtOrderBeginDate.Text + "'";
    }
    if (txtOrderEndDate.Text.Trim() != "")
    {
        strWhere += " And OrderDate <'" + txtOrderEndDate.Text + "'";
    }
    OrdersBLL oOrdersBLL = new OrdersBLL();
    gvOrders.DataSource = oOrdersBLL.Orders_GetListByWhere(strWhere);
    gvOrders.DataBind();
}
```

5. 具体某一订单发货处理页面设计

在发货管理页面中,单击某一订单行右边的"发货处理"超链接,通过 URL "HandleOrderSendOutGoods.aspx?OrderId=xx"跳转到某一订单的发货处理页面,如图 8.12 所示。

在这个页面的页面加载事件 Page_Load 中,根据 URL 传入的 OrderId 参数的值,把此订单详细信息显示在页面中,并把此订单所包含的图书名称、购买数量、价格、实买价(等于价格乘以折扣)等信息显示在 GridView 控件中。

按照订单清单中图书的名称和数量配货,根据所显示的订单收货地址和收货人及联系电话,进行发货处理,最后单击"确认发货"。

"确认发货"按钮的单击事件如下:

```csharp
protected void btnbtnHandle_Click(object sender, EventArgs e)
{
```

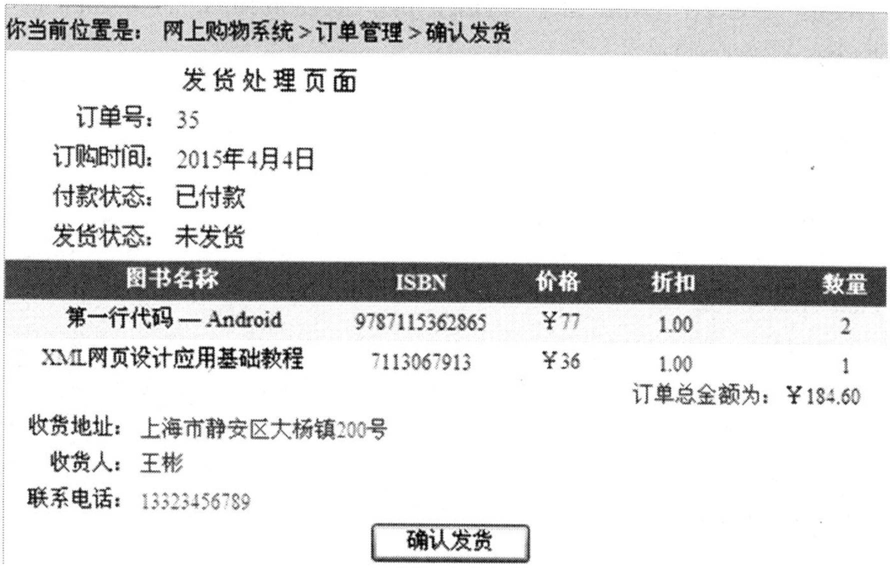

| 你当前位置是： 网上购物系统 > 订单管理 > 确认发货 |

发货处理页面

订单号： 35
订购时间： 2015年4月4日
付款状态： 已付款
发货状态： 未发货

图书名称	ISBN	价格	折扣	数量
第一行代码——Android	9787115362865	￥77	1.00	2
XML网页设计应用基础教程	7113067913	￥36	1.00	1

订单总金额为：￥184.60

收货地址： 上海市静安区大杨镇200号
收货人： 王彬
联系电话： 13323456789

[确认发货]

图 8.12 某一订单的发货处理

```
int OrderId = Convert.ToInt32(Request.QueryString["OrderId"]);
OrdersBLL oOrdersBLL = new OrdersBLL();
int result = oOrdersBLL.Orders_DealOrderStatusForDeliverGoods(OrderId);
if (result > 0)
{
    Page.ClientScript.RegisterClientScriptBlock(this.GetType(), "kk", "alert('订单发货成功！');", True);
}
DisplayInfo();
}
```

这个事件中，调用了数据访问类 OrdersDAL 中处理发货方法。该方法主要代码为：

```
public int Orders_DealOrderStatusForDeliverGoods(int OrderId)
{
  try
  {
    StringBuilder sqlText = new StringBuilder();
    sqlText.Append("Update Orders Set OrderStatus=@OrderStatus,DeliverGoodsDate=@DeliverGoodsDate Where OrderId=@OrderId And OrderStatus=2");
    SqlParameter[] paras = new SqlParameter[]
    {
        new SqlParameter("@OrderId",OrderId),
        new SqlParameter("@OrderStatus",3),
        new SqlParameter("@DeliverGoodsDate",DateTime.Now)
    };
```

```
            return Convert.ToInt32(SqlDBHelper.ExecuteNonQueryCommand(sqlText.
ToString(), paras));
        }
        catch (SqlException ex)
        {
            throw ex;
        }
        catch (Exception ex)
        {
            throw ex;
        }
    }
```

8.2.4 订单管理页面设计

在购物系统的后台，需要对网站上的所有订单进行查询，查看订单的详细情况，包括未付款的、已付款未发货的、已发货的、已确认收货的。

因此，设计了如图 8.13 所示的订单管理与查询页面。在这个页面上部，设计了一个下拉列表框和两个日期选择文本框控件，通过选择订单的状态，以及订单下单的起始日期和结束日期，可以筛选缩小订单的范围。通过"筛查"按钮，把符合条件的订单显示出来，通过"清空"按钮把查询条件清空。

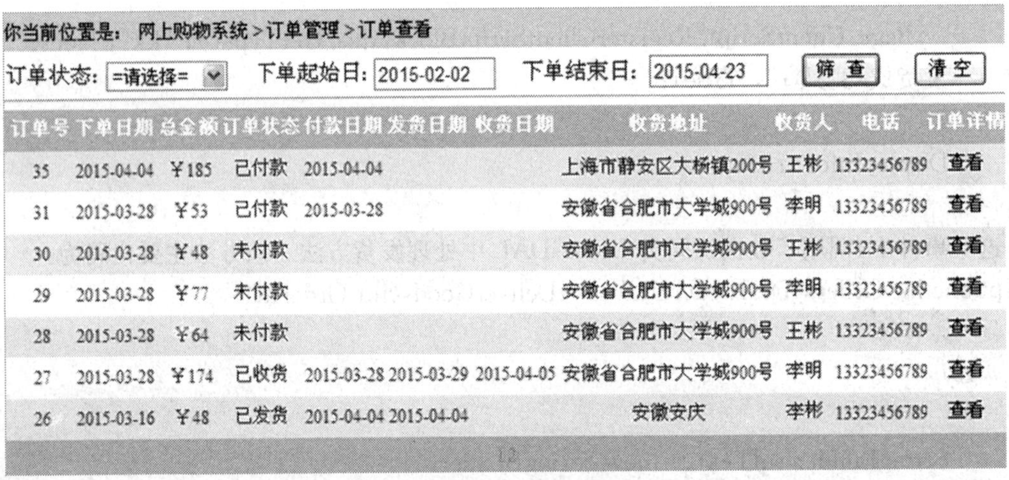

图 8.13 订单查看页面

1. 页面设计与布局

在页面上部，添加一个一行八列的表格，在表格中添加一个下拉列表框，两个文本框和两个按钮，把第三方日期控件 My97DatePicker 文件夹下 WdatePicker.js 文件拖入页面上部，通过为这两个文本框添加代码"onFocus="WdatePicker()""，将它们变成日期控件。

为订单状态下拉列表框设置静态数据源，对应于数据库中订单表 Orders 中订单状态 OrderStatus 字段为 int 型，且订单状态字段的值有"1:下单未付款;2:已付款;3:已发货;4:已收

货;5:已取消"5种情况,故订单状态下拉列表框静态数据源设置为:

⟨asp:DropDownList ID="ddlOrderStatus" runat="server" Width="80px"⟩
 ⟨asp:ListItem Value="0"⟩=请选择=⟨/asp:ListItem⟩
 ⟨asp:ListItem Value="1"⟩未付款⟨/asp:ListItem⟩
 ⟨asp:ListItem Value="2"⟩已付款⟨/asp:ListItem⟩
 ⟨asp:ListItem Value="3"⟩已发货⟨/asp:ListItem⟩
 ⟨asp:ListItem Value="4"⟩已收货⟨/asp:ListItem⟩
 ⟨asp:ListItem Value="5"⟩已取消⟨/asp:ListItem⟩
⟨/asp:DropDownList⟩

在页面下部,添加一个 GridView 控件,用"编辑列"功能,添加若干 BoundField 和一个用于跳转到订单详情查看页面的 HyperLinkField 超链接列。设置这些列的 DataField 和 HeaderText 属性,然后把部分 BoundField 列转换为模板列。设定 GridView 控件允许分页,设置 PageSize 为"15",以便每页显示 15 条记录。

2. 页面的加载事件

在页面的加载事件中,首先判断用户是否登录,如果已登录,用数据访问方法把相应的订单信息显示在 GridView 控件中,代码如下:

```
protected void Page_Load(object sender, EventArgs e)
{
    if (! IsPostBack)
    {
        if (Session["manageUserId"] == null)
        {
            Page.ClientScript.RegisterClientScriptBlock(this.GetType(), "kk", "alert('尚未登录后台系统,请先登录!');window.location='Login.aspx';", True);
        }
        else
        {
            OrdersBLL oOrdersBLL = new OrdersBLL();
            gvOrders.DataSource = oOrdersBLL.Orders_GetListByWhere("");
            gvOrders.DataBind();
        }
    }
}
```

3. 订单状态的显示

在 GridView 控件中,将显示订单状态标签的文本属性绑定到函数 GetStatus()上,即其文本属性的绑定代码为:"Text='⟨%# GetStatus(Eval("OrderStatus")) %⟩'",GetStatus()函数的代码为:

```
protected string GetStatus(object obj)
{
    if (obj.ToString() == "1")
```

```csharp
        {
            return "未付款";
        }
        else if (obj.ToString() == "2")
        {
            return "已付款";
        }
        else if (obj.ToString() == "3")
        {
            return "已发货";
        }
        else if (obj.ToString() == "4")
        {
            return "已收货";
        }
        else
        {
            return "已取消";
        }
}
```

4. "筛查"按钮的事件代码

在筛查条件区中选择条件后，构建条件表达式，并代入数据访问方法中，筛查符合条件的记录并显示出来，事件代码如下：

```csharp
protected void btnSelect_Click(object sender, EventArgs e)
{
    string strWhere = "";
    if (ddlOrderStatus.SelectedValue != "0")
    {
        strWhere = " And OrderStatus ="+ddlOrderStatus.SelectedValue;
    }
    if (txtOrderBeginDate.Text.Trim() != "")
    {
        strWhere += " And OrderDate >'" + txtOrderBeginDate.Text+"'";
    }
    if (txtOrderEndDate.Text.Trim() != "")
    {
        strWhere += " And OrderDate <'" + txtOrderEndDate.Text + "'";
    }
    if (strWhere.Length >=4)  //条件的长度大于等于4时则以"And"开头
    {
```

```
        strWhere = strWhere.Substring(4);
        //考虑到构建的条件可能以"And"开头,故用此 if 语句去除"And"开头部分
    }
    OrdersBLL oOrdersBLL = new OrdersBLL();
    gvOrders.DataSource = oOrdersBLL.Orders_GetListByWhere(strWhere);
    gvOrders.DataBind();
}
```

5. 分页事件代码的编写

由于在 GridView 控件中,已设置了允许分页的功能,并且每页显示记录数设置为 15,所以相应的分页事件代码中,只需要通过"gvOrders.PageIndex = e.NewPageIndex;"设定 GridView 控件的当前页,并重新绑定数据源即可,事件代码如下:

```
protected void gvOrders_PageIndexChanging(object sender, GridViewPageEventArgs e)
{
    gvOrders.PageIndex = e.NewPageIndex;
    string strWhere = "";
    if (ddlOrderStatus.SelectedValue != "0")
    {
        strWhere = " And OrderStatus =" + ddlOrderStatus.SelectedValue;
    }
    if (txtOrderBeginDate.Text.Trim() != "")
    {
        strWhere += " And OrderDate >'" + txtOrderBeginDate.Text + "'";
    }
    if (txtOrderEndDate.Text.Trim() != "")
    {
        strWhere += " And OrderDate <'" + txtOrderEndDate.Text + "'";
    }
    if (strWhere.Length >=4)   //条件的长度大于等于 4 时则以"And"开头
    {
        strWhere = strWhere.Substring(4);
        //考虑到构建的条件可能以"And"开头,故用此 if 语句去除"And"开头部分
    }
    OrdersBLL oOrdersBLL = new OrdersBLL();
    gvOrders.DataSource = oOrdersBLL.Orders_GetListByWhere(strWhere);
    gvOrders.DataBind();
}
```

8.3 网上购物系统的发布

1. 网站的编译

发布 Web 应用程序的服务器须提前安装 IIS(Internet 信息服务器)组件及 .NET Framework。因为本系统是用 VS 2010 开发的,所以应从网上下载并安装对应的版本 .NET Framework 4.0,不需要安装 VS 2010 集成开发环境。

右击"解决方案",选"重新生成解决方案",把解决方案中所有项目和站点都重新编译。

网站发布时,只需要把编译后的站点进行发布即可,不能把系统的源代码发布出去。经过发布后,原来三层架构中的类库项目文件和站点中的扩展名为".cs"的代码文件,都被编译到 bin 文件夹下扩展名为".dll"的程序集之中,所以发布系统中是不含有这些类库项目文件和站点中的扩展名为".cs"的代码文件的。

右击"Web 站点项目",选"发布网站",弹出"发布网站"对话框,如图 8.14 所示,在"目标位置"中设定发布系统的存放位置,如 C:\BookShopOnNetFaBu,选中图中的第一个复选框,单击"确定",即对站点编译并生成用于发布的系统。

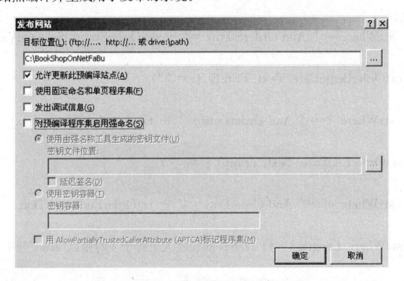

图 8.14 网上购物系统的发布

2. 网站的部署

把 Web 应用程序发布到站点虚拟目录下的方法:先把 Web 应用程序复制到某一文件夹,然后为这个文件夹在站点中创建一个虚拟目录,方法是右击 IIS 中的"默认网站",选择"新建"/"虚拟目录",弹出"虚拟目录创建向导",在这个向导中需要提供三个信息:一个别名、一个目录以及一组权限。

(1) 别名。别名是远程客户端访问虚拟目录中的文件时虚拟目录的名字。例如,别名是 MyApp,而计算机域名是 www.aaa.com,就可以用 http://www.aaa.com/MyApp/Default.aspx 这样的 URL 请求页面 Default.aspx。

(2) 目录。目录是虚拟目录对应的 Web 应用程序存放的物理文件夹名。

(3) 权限。最后,要求为虚拟目录设置权限,一般设置读取、运行脚本权限即可,如图 8.15

所示。

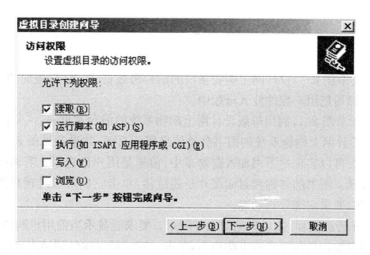

图 8.15　虚拟目录权限的设置

"虚拟目录"选项卡：本地路径文本框映射对应的物理路径，在下方的权限，选中"读取"、"记录访问"和"索引资源"三个权限。

"文档"选项卡：设置网站或者虚拟目录的起始页为"Default.aspx"。

"ASP.NET"选项卡：设置网站或者虚拟目录的 ASP.NET 版本，因为是用 VS 2010 开发的网站，所以这里设置为".NET Framework 4.0"，如图 8.16 所示。

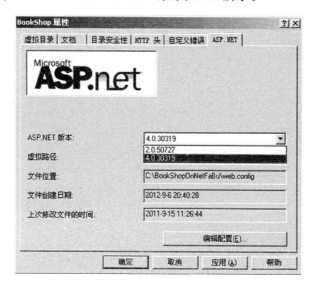

图 8.16　.NET Framework 版本的选择

至此，站点的发布已经完成，如果是在本机上发布，可以用 http://localhost/BookShop/ 来访问此站点。

思 考 练 习

1. 参照第 8.1 节图 8.1，设计网上购物系统的前台母版页，要求：母版面的上部、左部和下部设计成用户控件，然后把用户控件放入母版中。

2. 参照第 8.1 节图 8.1，利用母版设计网上购物系统的前台首页。

3. 利用母版设计网上购物系统的图书分类信息展示页面，效果参见图 8.3，在页面中，单击"加入购物车"按钮，可以实现把图书加入购物车中，前提是用户已登录。若未登录，会弹出消息框，要求用户先登录。图书的名称和封面图片是超链接，单击它们可以跳转到图书信息详情页。由于图书可能很多，要求实现分页功能。

4. 设计购物车管理页面，效果参见图 8.5 所示。要求能显示当前用户购物车中所有商品及总金额，并能更改所购商品数量及清空购物车，单击"结账"可以跳转到结账页。

5. 参照图 8.7 设计结账页，单击结账可以产生订单并写入订单表，同时清空购物车，不要求进行模拟付款。

第 9 章　利用 Ajax 异步技术对页面进行重构

在 Ajax 技术出现之前，Web 应用程序采用的是同步数据传输方式，浏览器与服务器端的交互是以整个页面为单位的，即使浏览器与服务器只需交互页面中一小部分内容，也要以整个页面为单位往返传输，这个过程加大了服务器的工作量，延长了用户的等待时间，提供了糟糕的用户体验。

Ajax 的出现提供了异步数据传输方式，客户端提交请求，在服务器端进行一系列计算，然后把页面中发生变化的部分发送回浏览器端并呈现出来，这种局部刷新使得 Web 应用程序的用户体验得到了极大的改善。

ASP.NET Ajax 是微软公司为 ASP.NET 程序提供的 Ajax 扩充，它包括了许多控件，其中基础控件主要有脚本管理器 ScriptManager、脚本管理器代理 ScriptManagerProxy、Ajax 化的 Panel 控件 UpdatePanel、加载提示控件 UpdateProgress 及定时器 Timer 等。

本章将对这五个基础控件及其属性、方法进行介绍；然后结合实例，利用各基础控件进行网页开发。

9.1　Ajax 概述

Ajax 是一种在无需重新加载整个网页的情况下，能够更新部分网页的技术，它可以减少数据传输量，提高用户体验，采用的是异步传输技术。

Ajax 是 Asynchronous JavaScript And XML（异步的 JavaScript 与 XML）的缩写，它是几种原有技术的新组合，其中 XMLHttpRequest 技术是其核心，Ajax 包含的技术如下：

(1) 使用 HTML／XHTML 和 CSS 进行标准化表示。
(2) 使用 XML 进行数据的交换和处理。
(3) 使用 DOM(Document Object Model)进行动态显示和交互。
(4) 使用 XMLHttpRequest 与服务器进行异步通信。
(5) 使用 JavaScript 处理数据。

Ajax 是一种用于创建快速动态异步网页的技术。通过在后台与服务器进行少量数据交换，Ajax 可以使网页实现异步更新。这意味着在不重新加载整个网页的情况下，对网页的某部分内容进行更新。

使用 Ajax 的网页，采用的是异步的工作方式，是利用 XMLHttpRequest 对象并借助 XML 将数据以异步方式回传并响应服务器处理的结果。它是对浏览器端的 JavaScript、DHTML 和服务器异步通信技术的组合，它可以使 Web 应用程序响应灵敏，提升用户的浏览体验。在 Ajax 中，最重要的就是 XMLHttpRequest 对象，它是 JavaScript 对象，实现了在服务器和浏览器之间的异步通信。

1. Ajax 的工作原理

传统网页的运行模式是如图 9.1 所示的同步工作方式,采用的是"请求—等待—请求—等待"的模式,所以必须重载整个网页面,应速度慢。

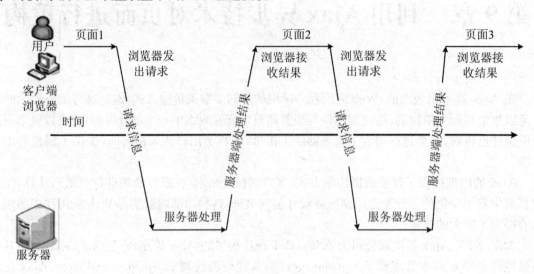

图 9.1　传统网页的同步工作方式

使用 Ajax 的网页异步运行模式如图 9.2 所示,其工作原理相当于在用户和服务器之间加了一个中间层(Ajax 层),Ajax 改变了传统 Web 中客户端和服务器的"请求—等待—请求—等待"的模式,通过使用 Ajax 向服务器异步发送用户的请求和异步接收服务器的响应,从而不会产生页面的整体刷新。同时还把一些由服务器负担的工作转嫁到客户端,利用客户端来进行处理,从而减轻了服务器的工作量,提高了响应速度。

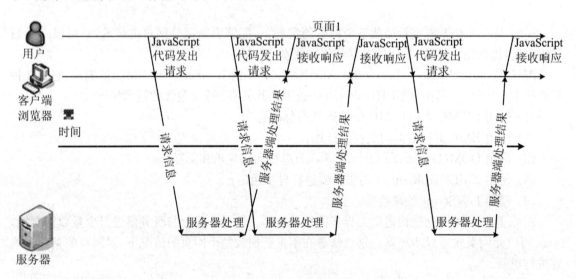

图 9.2　使用 Ajax 技术的网页的异步工作方式

2. Ajax 的实际工作方式

当用户填写表单并提交时,数据先发送给 JavaScript 而不是直接发送给服务器,然后,由 JavaScript 代码通过 Ajax 异步引擎处理表单数据并向服务器发送请求,当服务器处理结束后,服务器发出的响应被 Ajax 引擎接收,调用回调函数操作 DOM 控制页面的输出或更新显示。Ajax 引擎 XMLHttpRequest 是在浏览器中工作的。这种异步工作的结果是用户浏览器网页上的表单不会闪烁、消失或延迟,而是更新特定区域。由于请求是异步发送的,所以用户不用等待服务器的响应,可以继续输入数据、滚动屏幕或进行其他任何操作。这使得数据交互过程变得非常自然,用户甚至不知道浏览器正在与服务器通信,从而使 Web 站点看起来是即时响应的。

Ajax 的应用程序案例中,我们最典型最熟悉的当数 Google Suggest 和 Google Maps 等应用。XMLHttpRequest 是微软公司在 IE5.0 中首先应用的技术,但没有广泛推广应用,直到 2005 年,Google 公司通过其 Google Suggest 和 Google Maps 使 Ajax 流行起来。Ajax 是 Web 2.0 的重要标准之一。图 9.3 就是在 Google 搜索框中输入"飞"后,Google Suggest 的建议列表。

图 9.3 Google Suggest 建议列表

Google Suggest 使用 Ajax 创造出动态性极强的 Web 界面。当我们在谷歌的搜索框输入关键字时,首先会激发文本框事件(HTML DOM 元素事件)的响应,然后该事件会激发 JavaScript 程序执行并访问服务器,JavaScript 本身没有支持和服务器端通信的机制,它需要使用 XMLHttpRequest 对象和服务器端交互。这里 XMLHttpRequest 实际上起了两个作用:一是向服务器端发送用户输入的字符数据;二是从服务器端接收返回数据(以该字符开头的所有关键词)。最后,JavaScript 使用返回数据生成新的文档元素,显示一个搜索建议列表供我们选择,文档元素的显示样式是使用 CSS 技术实现的。无论是服务器端返回的数据,还是发送给服务器端的数据,必定以某种数据格式为载体,XML 就是服务器端和客户端进行交互的数据格式。

在 Google 地图中,用鼠标拖动和滚动,可以放大和缩小地图。这些动作几乎是立即响应的,不用等待页面刷新,因为这些请求和回传都是异步进行的,所以没有延迟。

Ajax Web 应用模型的优点在于无需进行整个页面的回发就能够进行局部的更新,能够尽快响应用户的要求。但是 Ajax 需要用户允许 JavaScript 在浏览器上执行,如果用户不允许 JavaScript 在浏览器上执行,则 Ajax 可能无法运行。目前大多数浏览器都能够支持 Ajax。

3. Ajax 的不足之处

尽管 Ajax 给我们带来了种种好处,但任何事件都有两面性,Ajax 也存在以下几点问题:

(1) 安全性。采用 Ajax 后,有很多服务器端的方法被暴露在客户端,安全性下降。原因是它要使用 JavaScript,而 JavaScript 是暴露在客户端的。

(2) 复杂性。开发 Ajax 代码比编写服务器代码复杂,容易出错,涉及的知识也比较多。而 JavaScript 语法太宽松,是弱数据类型,没有编译器检查语法。

JavaScript 属于解释型语言，也就是每句代码只有在运行时，系统才知道这句代码是否有错。换句话说，由于编译型语言在运行前进行了编译，编译器对所有代码都进行了检查，这样就不会产生一些低级错误，例如使用了不存在的名字，或者使用了错误的名字，或者变量无值。而 JavaScript 就可能会出现这些问题。目前的大部分工具，对 JavaScript 脚本语言的调试支持得都不是很好，这主要是由语言性质决定的。

虽然在编写简单脚本的时候，这并不是什么大问题，但随着 Web 应用不断变化，编写大量脚本是不可避免的，这就需要开发者更细心、更专心地对待这些脚本了，无怪乎很多人说 JavaScript 比 Java 难很多。

好在现在 Ajax 出现了很多框架，开发人员是在 Ajax 框架之上进行开发，复杂性大大降低，比如本章介绍的 ASP.NET Ajax 框架。

(3) 不利于搜索引擎搜索。由于大量的内容是通过 JavaScript 来更新和处理的，这样一来很多页面呈现的内容不能再用"查看源代码"方式来查看，不利于搜索引擎搜索。

(4) 冗余。多数框架都把 JavaScript 方法封装到 JS 文件中，即使用户可能只用到其中一小部分，加载页面时也要一次性下载好，因而加重了下载时的负担，增加了下载的时间。

9.2 ASP.NET Ajax 框架

掌握了 Ajax 的工作原理及其核心，就可以进行异步开发，但是这些代码十分繁琐。幸运的是，随着 Ajax 的发展，现在出现了很多 Ajax 框架，它们均对这些核心代码进行了封装，开发者只需要写一行或几行代码，就可以完成整个请求回调过程。目前，比较流行的 Ajax 框架有 ASP.NET Ajax 框架、jQuery 等。

ASP.NET Ajax 是微软为了简化无刷新技术而推出的一个可视化 Ajax 框架，它整合了 Ajax 相关技术，并与 ASP.NET 无缝对接，借助 VS 开发环境，令开发者不需要太多关注 JavaScript 和 Ajax 相关技术，就可以方便自然地使用 Ajax 突出的特性来改善 Web 应用系统的用户体验和效能。

ASP.NET Ajax 有两个部分，一个部分是客户端框架，另一部分是服务器端框架。客户端框架只处理客户端对服务器端发出的异步通信请求，服务器端框架处理客户端请求。

ASP.NET Ajax 框架包括核心组件、Ajax 控件工具包(AjaxControlsToolkit)、Ajax CTP 增值组件、Ajax Library 类库，如图 9.4 所示。

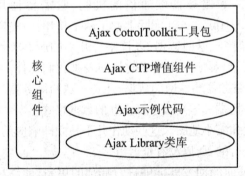

图 9.4　ASP.NET Ajax 框架的组成

1. ASP.NET Ajax 核心组件

ASP.NET Ajax 框架的核心组件是一组服务器端控件，主要有 ScriptManager、ScriptManagerProxy、UpdateProgress、UpdatePanel 和 Timer 这五个服务器端框架控件，通过这些控件，就可以使用 Ajax 技术进行程序设计。核心组件是 ASP.NET Ajax 应用程序的核心，它们提供全局脚本控制、异步获取数据、实现页面的局部刷新，还可以使用定时器实现任务的自动执行。如图 9.5 所示，ASP.NET Ajax 核心组件包括以下几个：

            <asp:Button ID="btnFreshOne" runat="server" onclick="btnFreshOne_Click" Text="刷新" />
        </ContentTemplate>
    </asp:UpdatePanel>
</div>
<div style="margin:15px;border:solid 1px #ccc; padding:10px;width:360px;">
    <asp:UpdatePanel ID="UpdatePanel2" runat="server" UpdateMode="Conditional">
        <ContentTemplate>
            B更新面板当前时间:<asp:Label ID="lblDateTime2" runat="server" Text="Label"></asp:Label>
            <asp:Button ID="btnFreshTwo" runat="server" onclick="btnFreshTwo_Click" Text="刷新" />
        </ContentTemplate>
    </asp:UpdatePanel>
</div>
<div style="margin:15px;border:solid 1px #ccc; padding:10px;width:360px;">
    调整 ScriptManager 的位置或者增加其个数怎么样?
</div>
</div>
</form>
</body>

图 9.6　ScriptManager 使用测试

各事件代码为:
protected void Page_Load(object sender, EventArgs e)
{
    if (! IsPostBack)
    {

```
            lblDateTime1.Text = DateTime.Now.ToString();
            lblDateTime2.Text = DateTime.Now.ToString();
        }
    }
    protected void btnFreshOne_Click(object sender, EventArgs e)
    {
        lblDateTime1.Text = DateTime.Now.ToString();
        lblDateTime2.Text = DateTime.Now.ToString();
    }
    protected void btnFreshTwo_Click(object sender, EventArgs e)
    {
        lblDateTime1.Text = DateTime.Now.ToString();
        lblDateTime2.Text = DateTime.Now.ToString();
    }
```

从这个页面运行效果图上看到后退按钮的颜色是灰色的,单击相应的按钮,相应更新面板内的标签上的日期时间发生更新,而另一个更新面板上的日期时间没有变化,可以知道页面实现的是局部异步刷新。

增加页面上 ScriptManager 的个数,或者把它的位置放到 UpdatePanel 更新面板之后,运行页面,都会出现异常。这里再次强调使用 ScriptManager 时必须注意:
(1)每个页面必须且只能有一个 ScriptManager。
(2)ScriptManager 必须放在其他 Ajax 控件的前面。

如果使用母版创建 ASP.NET 页面,一般是在母版中添加一个 ScriptManager,并且尽量放在母版页面的前部,这个 ScriptManager 可以供所有使用的母版页的内容页使用。利用母版创建的内容页面中,不需要再添加 ScriptManager 控件。

9.4 脚本管理器代理控件(ScriptManagerProxy)

在使用母版页的情况下,如果需要在 Master-Page 和 Content-Page 中引入不同的脚本,或者在用户控件中添加脚本或服务时,就需要使用 ScriptManagerProxy,而不是 ScriptManager,其使用方法与 ScriptManager 控件一样。如果在母版页中使用了 ScriptManager 控件,而在内容窗体中也使用 ScriptManager 控件的话,整合在一起的页面就会出现错误。为了解决这个问题,可以使用另一个脚本管理控件——ScriptManagerProxy 控件。

具体操作就是在母版页中使用 ScriptManager 控件,在 Content-Page 或用户控件中使用 ScriptManagerProxy 控件。需要注意的是,在页面呈现时 ScriptManagerProxy 控件必须在 ScriptManager 中加载,也就是母版页上的 ScriptManager 必须位于 ContentPlaceHolder 控件之前。由于一般的开发中,还用不到这样复杂的异步刷新,这里不再赘述。

9.5 更新面板控件(UpdatePanel)

UpdatePanel 控件是 ASP.NET Ajax 框架实现局部更新的核心控件,局部异步刷新就是以它为单位进行的。利用 UpdatePanel 控件,我们几乎不用编写任何客户端脚本,只要把需要更新的部分放到 UpdatePanel 控件中,就可以实现页面的局部更新。

一个游离在 UpdatePanel 之外的回送控件,会触发页面的整体同步回送刷新。要实现局部异步刷新,只需把 ScriptManager 控件和 UpdatePanel 控件添加到网页中,并把页面控件元素添加到各 UpdatePanel 控件内部即可。下面是一个完整的 UpdatePanel 的结构:

〈asp:ScriptManager ID="ScriptManager1" runat="server" 〉
〈/asp:ScriptManager〉
〈asp:UpdatePanel ID="UpdatePanel1" runat="server" ChildrenAsTriggers="True|False" UpdateMode="Always|Conditional" RenderMode="Block|Inline"〉
　　〈ContentTemplate〉
　　　　可独立刷新区域……
　　〈/ContentTemplate〉
　　〈Triggers〉
　　　　〈asp:AsyncPostBackTrigger /〉
　　　　〈asp:PostBackTrigger /〉
　　〈/Triggers〉
〈/asp:UpdatePanel〉

UpdatePanel 控件是一个容器控件,它在页面上标记出可以独立刷新的区域,触发页面的局部回送操作,更新 UpdatePanel 控件内的页面局部信息。

1. UpdatePanel 重要属性

(1) RenderMode 属性:默认值为"Block"。表示 UpdatePanel 最终呈现的 HTML 元素。Block(默认)表示"〈div〉",Inline 表示"〈span〉"。

(2) ChildrenAsTriggers 属性:默认值为"True"。它指明来自 UpdatePanel 内部的子控件的回送是否引起 UpdatePanel 的刷新。它指明当 UpdateMode 属性为"Conditional"时,UpdatePanel 中的子控件的异步回送是否会引发 UpdatePanel 的更新。当 ChildrenAsTriggers 属性为"True"时,UpdatePanel 控件内的某个控件触发了一个回送,UpdatePanel 控件可以截获这个请求,异步回送,并更新这个 UpdatePanel 控件内的局部页面。

(3) UpdateMode 属性:默认值为"Always"。表示 UpdatePanel 的更新模式,有两个值:Always 和 Conditional,前者表示无条件刷新,后者表示有条件刷新。

Always 模式:表示不管有没有 Trigger,不管有没有回送型子控件,网页中的每次 Ajax 方式的异步 PostBack 回传或者同步方式的 PostBack 回传,都将引起 UpdatePanel 中内容的刷新(页面中所有 Always 模式的 UpdatePanel 中内容都刷新),即任何回传都引起 Always 模式的 UpdatePanel 内容的无条件刷新。

Conditional 模式:表示有触发条件的刷新。触发条件可以是:
① 当前 UpdatePanel 的 Trigger;

② ChildrenAsTriggers 属性为"True"时当前 UpdatePanel 内的控件引发的异步回送；
③ 整页回送(同步回送)；
④ 服务器端调用当前 UpdatePanel 的 Update()方法。
这四种回送才会引发该 UpdatePanel 内的局部刷新。

表 9.1 列出了 UpdateMode 属性值和 ChildrenAsTriggers 属性值的四种可能组合及其含义。

表 9.1 UpdateMode 属性值和 ChildrenAsTriggers 属性值的四种可能组合及其含义

UpdateMode	ChildrenAsTriggers	结　果
Always	False	无效
Always	True	子控件的回送触发 UpdatePanel 刷新
Conditional	False	子控件的回送不能触发 UpdatePanel 刷新
Conditional	True	子控件的回送触发 UpdatePanel 刷新

2. UpdatePanel 控件的方法

UpdatePanel 控件方法只有一个，即 Update()。该方法以程序的方式动态地、实时地更新 UpdatePanel 控件中的内容。它是触发 UpdatePanel 局部更新的另一种方法。

3. "〈ContentTemplate〉"和"〈Triggers〉"子元素

触发页面异步回送的控件存放位置有两种，一种是把触发控件放置在 UpdatePanel 内部的"〈ContentTemplate〉"中；另一种是把触发控件放置在 UpdatePanel 控件之外。

UpdatePanel 控件有"〈ContentTemplate〉"和"〈Triggers〉"两个子元素，需要在异步回送过程中局部更新的所有内容都应放在"〈ContentTemplate〉"部分。默认情况下，"〈ContentTemplate〉"部分内的任何控件触发器(能触发页面回送的控件)都会触发异步页面回送。因为默认情况下，UpdatePanel 控件的 UpdateMode 属性的默认值是"Always"，ChildrenAsTriggers 属性(它指明来自 UpdatePanel 内的子控件的回送是否引起 UpdatePanel 内的刷新)默认值为"True"。

如果把"〈ContentTemplate〉"部分的触发刷新回送的控件放在"〈ContentTemplate〉"部分之外，就必须在控件中包含"〈Triggers〉"元素。使用"〈Triggers〉"元素可以指定触发当前 UpdatePanel 更新面板异步刷新的回送控件为任意位置的回送控件。这里"〈Triggers〉"元素的属性值设置可以使用 UpdatePanel 控件的 Triggers 属性窗口进行可视化设置。

"〈Triggers〉"元素指定 UpdatePanel 的外部触发器，包含两个子元素，即 AsyncPostBackTrigger 和 PostBackTrigger，分别指明了两种回送触发方式。其中 AsyncPostBackTrigger 指定的是异步回送触发方式，而 PostBackTrigger 指定的是同步回送触发方式，即把整个页面全部回送到服务器进行处理。

AsyncPostBackTrigger 元素只有两个属性，即 ControlID 和 EventName。ControlID 属性指定了触发异步回送的触发控件的 ID，EventName 属性进一步指定了触发控件的何种事件触发异步回送。一个游离在 UpdatePanel 之外的回送控件，会触发页面的整体同步回送。若它被用"〈Triggers〉"的 AsyncPostBackTrigger 属性设置为"UpdatePanel"的异步局部刷新回送控件后，它就不会再触发整个页面的整体同步回送了。

PostBackTrigger 元素只有一个属性，即 ControlID。有时候 Web 窗体页要求 UpdatePanel 中的

控件能够把整个页面回送到服务器,要实现这个功能,就要用到 UpdatePanel 的 PostBackTrigger 元素,它指定 UpdatePanel 中的哪个控件能够把整个页面回送到服务器,使用传统的方法实现整个页面的刷新。

4. UpdatePanel 的嵌套使用

UpdatePanel 还可以嵌套使用,即在一个 UpdatePanel 的 ContentTemplate 中还可以放入另一个 UpdatePanel。当最外面的 UpdatePanel 被触发更新时,它里面的子 UpdatePanel 也随着更新,但里面的子 UpdatePanel 触发更新时,仅更新自己,而不会触发外层 UpdatePanel 的更新。

下面通过三个例子,详细说明异步更新及其触发。

【例 9.2】 在页面上放置一个 ScriptManager 控件和三个 DIV,在后两个 DIV 中放置两个 UpdatePanel 控件,分别设置这两个 UpdatePanel 的 UpdateMode 为"Conditional"和"Always",在第一个 DIV 和这两个 UpdatePanel 控件内部再分别放置标签、按钮和文本框,并设置文本框在失去焦点后立即回传服务器,用文本框内输入的字号改变 ID 为"lblFont"的标签的字号,效果如图 9.7 所示,产生的主要 HTML 如下,请分析运行结果及两个按钮和文本框的工作方式。

产生的 HTML 代码如下:

```
<asp:ScriptManager ID="ScriptManager1" runat="server">
</asp:ScriptManager>
<div style="margin:15px;border:solid 1px #ccc; padding:10px;width:450px;">
    <asp:Button ID="Button1" runat="server" onclick="Button1_Click" Text="按钮一" />
    <br />当前时间:
    <asp:Label ID="lblDateTime1" runat="server" Text="Label"></asp:Label>
</div>
<div style="margin:15px;border:solid 1px #ccc; padding:10px;width:450px;">
    <asp:UpdatePanel ID="UpdatePanel1" runat="server" UpdateMode="Conditional">
        <ContentTemplate>
            <asp:TextBox ID="TextBox1" runat="server" AutoPostBack="True" Height="21px" ontextchanged="TextBox1_TextChanged" Width="100px"></asp:TextBox>
            <br />当前时间:
            <asp:Label ID="lblDateTime2" runat="server" Text="Label"></asp:Label>
            <br />
            <asp:Label ID="lblFont" runat="server" Text="输入字号异步改变字符串字体大小"></asp:Label>
        </ContentTemplate>
    </asp:UpdatePanel>
</div>
<div style="margin:15px;border:solid 1px #ccc; padding:10px;width:450px;">
    <asp:UpdatePanel ID="UpdatePanel2" runat="server" UpdateMode="Always">
        <ContentTemplate>
```

```
        <asp:Button ID="Button2" runat="server" onclick="Button2_Click" Text=
    "按钮二" /><br />当前时间:
        <asp:Label ID="lblDateTime3" runat="server" Text="Label"></asp:Label>
      </ContentTemplate>
    </asp:UpdatePanel>
</div>
```

图9.7 同步刷新与异步刷新

后台各事件代码如下:

```
protected void Page_Load(object sender, EventArgs e)
{
    if (! IsPostBack)
    {
        lblDateTime1.Text = DateTime.Now.ToString();
        lblDateTime2.Text = DateTime.Now.ToString();
        lblDateTime3.Text = DateTime.Now.ToString();
    }
}
protected void TextBox1_TextChanged(object sender, EventArgs e)
{
    lblFont.Font.Size = FontUnit.Point(Convert.ToInt16(this.TextBox1.Text));
    lblDateTime1.Text = DateTime.Now.ToString();
    lblDateTime2.Text = DateTime.Now.ToString();
    lblDateTime3.Text = DateTime.Now.ToString();
}
protected void Button1_Click(object sender, EventArgs e)
{
    lblDateTime1.Text = DateTime.Now.ToString();
    lblDateTime2.Text = DateTime.Now.ToString();
```

    lblDateTime3.Text = DateTime.Now.ToString();
}
protected void Button2_Click(object sender, EventArgs e)
{
    lblDateTime1.Text = DateTime.Now.ToString();
    lblDateTime2.Text = DateTime.Now.ToString();
    lblDateTime3.Text = DateTime.Now.ToString();
}

由于文本框设置了AutoPostBack属性为"True"，上述两个按钮及文本框都是回传型控件，即它们触发的事件会立即发送到服务器。

"按钮一"位于UpdatePanel控件之外，所以它会触发整个网页的同步整体刷新，所以它是同步工作方式。

"按钮二"位于第二个UpdatePanel控件的"〈ContentTemplate〉"之内，所以它只会触发第二个UpdatePanel控件内的局部刷新，不会触发网页的同步整体刷新。第一个UpdatePanel的UpdateMode为"Conditional"，"按钮二"不会引用第一个UpdatePanel的异步刷新。

文本框位于第一个UpdatePanel控件的"〈ContentTemplate〉"之内，所以它只会触发其所在的第一个UpdatePanel控件内的局部刷新，但是第二个UpdatePanel控件UpdateMode为"Always"，页面上有任何控件回送时，都会触发其UpdatePanel内的异步刷新。

【例9.3】 在页面上放置一个ScriptManager控件和三个DIV，在前两个DIV中放置两个UpdatePanel控件，分别设置这两个UpdatePanel的UpdateMode为"Conditional"，设置第一个UpdatePanel控件的ChildrenAsTriggers为"False"。在这两个UpdatePanel控件内部再分别放置标签和按钮，在第三个DIV内部放置"外部按钮"，这三个按钮的代码都是为这两个UpdatePanel控件内部的标签文本设置当前日期时间。选中第一个UpdatePanel控件，在属性窗口中选中"Triggers"属性，弹出如图9.8所示更新面板的异步触发器设置界面，单击"添加"，添加一个异步触发器，选择ControlID的值为"Button1"，EventName的值为"Click"。再设置第二个UpdatePanel控件的AsyncPostBackTrigger的ControlID为"btnOne"。设计完成后运行效果如图9.9所示，产生的主要HTML如下，请分析运行结果及三个按钮的工作方式。

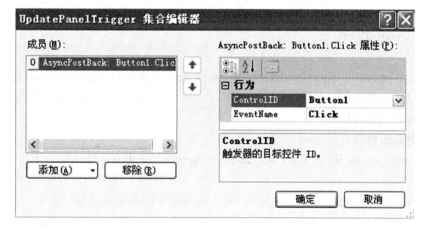

图9.8 更新面板的异步触发器设置

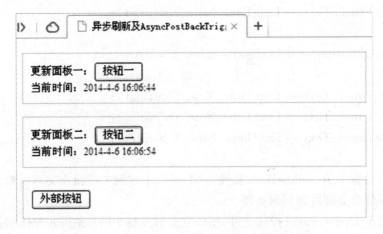

图 9.9　指定异步刷新触发器 AsyncPostBackTrigger

产生的 HTML 代码如下：
〈asp:ScriptManager ID="ScriptManager1" runat="server"〉
〈/asp:ScriptManager〉
〈div style="margin:15px;border:solid 1px #ccc; padding:10px;width:400px;"〉
　〈asp:UpdatePanel ID="UpdatePanel1" runat="server" UpdateMode="Conditional" ChildrenAsTriggers= "False"〉
　　〈ContentTemplate〉
　　　更新面板一：
　　　〈asp:Button ID="btnOne" runat="server" onclick=" btnOne _Click" Text="按钮一" /〉
　　　〈br /〉当前时间：
　　　〈asp:Label ID="Label1" runat="server" Text="Label"〉〈/asp:Label〉
　　〈/ContentTemplate〉
　　〈Triggers〉
　　　〈asp:AsyncPostBackTrigger ControlID="btnThree" EventName="Click" /〉
　　〈/Triggers〉
　〈/asp:UpdatePanel〉
〈/div〉
〈div style="margin:15px;border:solid 1px #ccc; padding:10px;width:400px;"〉
　〈asp:UpdatePanel ID="UpdatePanel2" runat="server" UpdateMode="Conditional"〉
　　〈ContentTemplate〉
　　　更新面板二：
　　　〈asp:Button ID="btnTwo" runat="server" onclick="btnTwo_Click" Text="按钮二"/〉
　　　〈br /〉当前时间：
　　　〈asp:Label ID="Label2" runat="server" Text="Label"〉〈/asp:Label〉
　　〈/ContentTemplate〉
　　〈Triggers〉

```
        <asp:AsyncPostBackTrigger ControlID="btnOne" EventName="Click" />
    </Triggers>
</asp:UpdatePanel>
</div>
<div style="margin:15px;border:solid 1px #ccc; padding:10px;width:400px;">
    <asp:Button ID="btnThree" runat="server" onclick=" btnThree_Click" Text="外部按钮" />
</div>
```

后台各事件代码如下:

```
protected void Page_Load(object sender, EventArgs e)
{
    if (! IsPostBack)
    {
        Label1.Text = DateTime.Now.ToString();
        Label2.Text = DateTime.Now.ToString();
    }
}
protected void btnOne_Click(object sender, EventArgs e)
{
    Label1.Text =  DateTime.Now.ToString();
    Label2.Text = DateTime.Now.ToString();
}
protected void btnTwo_Click(object sender, EventArgs e)
{
    Label1.Text = DateTime.Now.ToString();
    Label2.Text = DateTime.Now.ToString();
}
protected void btnThree_Click(object sender, EventArgs e)
{
    Label1.Text = DateTime.Now.ToString();
    Label2.Text = DateTime.Now.ToString();
}
```

本例中,"按钮二"放置在 UpdatePanel 控件内部,更新面板的 UpdateMode 值为"Conditional",所以,这个按钮只会触发它所在的更新面板内部的局部刷新。

"按钮一"放置在 UpdatePanel 控件内部,其 ChildrenAsTriggers 为"False",更新面板的 UpdateMode 值为"Conditional",所以"按钮一"不会触发其所在更新面板的异步刷新。第二个 UpdatePanel 控件的"〈Triggers〉"子控件中 AsyncPostBackTrigger 为"btnOne",所以,"按钮一"会触发第二个更新面板内部的局部刷新。

本来"外部按钮"放置在 UpdatePanel 控件外,应该会触发页面的整个同步刷新,但通过 UpdatePanel 控件的"〈Triggers〉"子控件中 AsyncPostBackTrigger 元素的设置,使该按钮只能异步触发第一个 UpdatePanel 控件的局部更新。

本例也进一步验证：一个游离在 UpdatePanel 之外的回送控件，会触发页面的整体同步回送。若它被用"〈Triggers〉"的 AsyncPostBackTrigger 属性设置为某 UpdatePanel 的异步刷新的回送控件后，它就不会再触发整个页面的整体同步回送了。

【例 9.4】 设计网页，在页面上放置一个 ScriptManager 控件和两个 UpdatePanel 控件，再在两个 UpdatePanel 控件外添加一个"外部按钮"，在两个 UpdatePanel 控件内各加入一个标签和一个按钮。在第一个 UpdatePanel 控件内部再嵌套一个 UpdatePanel 控件，在嵌套的 UpdatePanel 控件内也添加一个标签和一个按钮，设置第一个 UpdatePanel 控件"〈Triggers〉"子控件中的 AsyncPostBackTrigger 属性为外部按钮。设计完成后运行效果如图 9.10 所示，产生的 HTML 代码如下，分析各按钮及相应的 UpdatePanel 的工作方式。

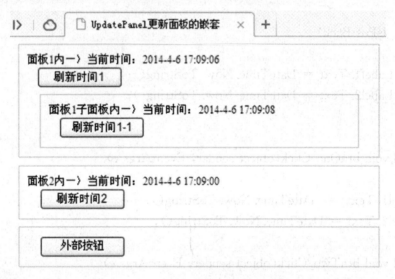

图 9.10　UpdatePanel 更新面板的嵌套

产生的 HTML 代码如下：
〈asp:ScriptManager ID="ScriptManager1" runat="server"〉
〈/asp:ScriptManager〉
〈div style="margin:15px;border:solid 1px #ccc; padding:10px;width:400px;"〉
　〈asp:UpdatePanel ID="UpdatePanel1" UpdateMode="Conditional" runat="server"〉
　〈ContentTemplate〉
　　面板 1 内一〉当前时间:〈asp:Label ID="Label1" runat="server"〉〈/asp:Label〉
　〈br /〉
　〈asp:Button ID="Button1" runat="server" OnClick="Button1_Click" Text="刷新时间 1"/〉
　〈div style="margin:15px;border:solid 1px #ccc; padding:10px;width:350px;"〉
　　〈asp:UpdatePanel ID="UpdatePanel3" runat="server" UpdateMode="Conditional"〉
　　　〈ContentTemplate〉
　　　　面板 1 子面板内一〉当前时间：

```
            <asp:Label ID="Label1_1" runat="server"></asp:Label>
            <br />   
            <asp:Button ID="Button1_1" runat="server" OnClick="Button1_1_Click" Width="100px" Text="刷新时间1-1" />
          </ContentTemplate>
        </asp:UpdatePanel>
      </div>
    </ContentTemplate>
    <Triggers>
      <asp:AsyncPostBackTrigger ControlID="Button4" EventName="Click" />
    </Triggers>
  </asp:UpdatePanel>
</div>
<div style="margin:15px;border:solid 1px #ccc; padding:10px;width:400px;">
  <asp:UpdatePanel ID="UpdatePanel2" UpdateMode="Conditional" runat="server">
    <ContentTemplate>
      面板2内一>当前时间:<asp:Label ID="Label2" runat="server"></asp:Label>
      <br />   
      <asp:Button ID="Button2" runat="server" OnClick="Button2_Click" Text="刷新时间2" Width="100px" />
    </ContentTemplate>
  </asp:UpdatePanel>
</div>
<div style="margin:15px;border:solid 1px #ccc; padding:10px;width:400px;">
  <asp:Button ID="Button4" runat="server" Text="外部按钮" OnClick="Button4_Click"/>
</div>
```

页面的加载事件代码为:

```
protected void Page_Load(object sender, EventArgs e)
{
    if (!IsPostBack)
    {
        Label1.Text = DateTime.Now.ToString();
        Label2.Text = DateTime.Now.ToString();
        Label1_1.Text = DateTime.Now.ToString();
    }
}
```

各按钮的单击事件代码均为:
```
Label1.Text = DateTime.Now.ToString();
Label2.Text = DateTime.Now.ToString();
```

Label1_1. Text = DateTime. Now. ToString();

通过本例,进一步验证了如下结论:

嵌套在 UpdatePanel 内部的 UpdatePanel 刷新时,仅内部的 UpdatePanel 会刷新,外部的 UpdatePanel 面板不受其影响,但外部的 UpdatePanel 面板发生刷新时,内部的 UpdatePanel 面板会跟着进行刷新。外部 UpdatePanel 面板指定的异步触发器触发外部 UpdatePanel 面板刷新时,嵌套在其内部的子 UpdatePanel 面板会跟着刷新。

现在我们希望,在单击"外部按钮"时,弹出如图 9.11 所示的消息框,内容为:"局部更新面板异步刷新成功!",如何实现?

图 9.11　Ajax 环境下弹出消息框

将"外部按钮"的单击事件最后一行加上如下一行代码:

Response. Write("〈script〉alert('局部更新面板异步刷新成功!');〈/script〉");

但这样写后,运行时会发现,它根本弹不出消息框。原因是 Response. Write()方法要在页面整体刷新时才会发送到客户端,现在是局部刷新,它送不到客户端,所以会出问题。

在使用 Ajax 后,可以使用 ScriptManager 类的静态方法 RegisterClientScriptBlock(),在 Web 窗体页上注册脚本块,从而弹出一个对话框。

RegisterClientScriptBlock()方法的格式为:

public static void RegisterClientScriptBlock(
　　Control control,
　　Type type,
　　string key,
　　string script,
　　bool addScriptTags
)

参数说明如下:

(1) Control:正在注册该客户端脚本块的控件。

(2) Type:该客户端脚本块的类型。通常使用 GetType 运算符来指定该参数,以检索正在注册该脚本的控件的类型。

(3) Key:该脚本块的唯一标识符。

(4) Script:脚本内容。

(5) addScriptTags:是否添加"〈script〉"和"〈/script〉"标记括起该脚本块,如脚本内容中已包含"〈script〉"和"〈/script〉"标记,则为 False,否则为 True。

所以"外部按钮"的单击事件最后一行应加上如下一行代码,才能弹出消息框。

ScriptManager. RegisterClientScriptBlock((Button)sender, this. GetType(), "kk", "alert

('局部更新面板异步刷新成功！');",True);

9.6 更新进度控件(UpdateProgress)

客户端和服务器端进行异步数据交互时会有一定的等待时间,如果是一个耗时较多的操作,让用户一直处于等待状态会令其感到厌烦。此时,显示一个动画或者进度条提示用户程序当前的执行状况可以极大地改善用户体验,UpdateProgress控件能实现这一功能。

进度条效果是添加在UpdateProgress控件的"〈ProgressTemplate〉"标记内的,ProgressTemplate标记用于标记等待中的样式。当用户单击按钮进行相应的操作后,如果服务器和客户端之间需要时间等待,则ProgressTemplate标记就会呈现在用户面前,以提示用户应用程序正在运行。

当页面上有多个UpdatePanel时,为了用UpdateProgress控件制作某一个UpdatePanel的进度条,一般是把UpdateProgress放置在UpdatePanel的"〈ContentTemplate〉"中,但仍要用"AssociatedUpdatePanelID="UpdatePanelXXX""指明显示哪一个UpdatePanel,用它来显示此UpdatePanel控件的刷新进度。当然也可以放置在UpdatePanel的外部,通过UpdateProgress的AssociatedUpdatePanelID属性设置关联UpdatePanel的ID,只要该UpdatePanel内容刷新,此UpdateProgress就会显示进度效果。

如果某一个UpdateProgress不设置它的AssociatedUpdatePanelID属性,只要该页面内的任何一个UpdatePanel内容刷新,此UpdateProgress都会显示进度效果,这样就乱了。所以每一个UpdateProgress控件都要用"AssociatedUpdatePanelID="UpdatePanel×××""指明显示哪一个UpdatePanel。

下面的举例具有进度显示功能,为了模拟长时间运行的情况,可以使用"System.Threading.Thread.Sleep(毫秒数)"来延时服务器的响应,"Thread.Sleep(10000)"是让线程延时10秒(10000毫秒)。

【例9.5】 模拟在局部刷新时,某个局部块中用户等待时间较长,页面出现"局部更新正在进行,请等待……"这样的友好提示。

在页面中添加一个ScriptManager和两个UpdatePanel,在两个UpdatePanel中添加UpdateProgress控件,在其内部输入提示文本"局部更新正在进行,请等待……"。通过UpdateProgress控件的AssociatedUpdatePanelID属性与UpdatePanel面板关联。完成后的HTML代码如下：

〈asp:ScriptManager ID="ScriptManager1" runat="server"〉
〈/asp:ScriptManager〉
〈div style="margin:15px;border:solid 1px #ccc; padding:10px;width:400px;"〉
　　〈asp:UpdatePanel ID="UpdatePanel1" runat="server" UpdateMode="Conditional"〉
　　　　〈ContentTemplate〉
　　　　　　当前时间：〈asp:Label ID="Label1" runat="server" Text="Label1"〉〈/asp:Label〉
　　　　　　〈br /〉
　　　　　　〈asp:UpdateProgress ID="UpdateProgress1" runat="server" AssociatedUpdatePanelID="UpdatePanel1"〉

```
        <ProgressTemplate>
            局部更新正在进行,请等待……
        </ProgressTemplate>
    </asp:UpdateProgress>
    <br />
        <asp:Button ID="Button1" runat="server" Text="局部刷新" onclick="Button1_Click" />
    </ContentTemplate>
</asp:UpdatePanel>
</div>
<div style="margin:15px;border:solid 1px #ccc; padding:10px;width:400px;">
    <asp:UpdatePanel ID="UpdatePanel2" runat="server" UpdateMode="Conditional">
    <ContentTemplate>
        当前时间:<asp:Label ID="Label2" runat="server" Text="Label2"></asp:Label>
        <br />
            <asp:UpdateProgress ID="UpdateProgress2" runat="server" AssociatedUpdatePanelID="UpdatePanel2">
        <ProgressTemplate>
            局部更新正在进行,请等待……
        </ProgressTemplate>
    </asp:UpdateProgress>
    <br />
        <asp:Button ID="Bttn2" runat="server" Text="局部刷新" onclick="Button2_Click"/>
    </ContentTemplate>
</asp:UpdatePanel>
</div>
```

上述代码使用了 UpdateProgress 控件,在局部刷新等待期间显示更新进度提示,这里同时创建了 Label 控件和 Button 控件,当用户单击 Button 控件时则会提示"局部更新正在进行,请等待……",按钮的单击事件代码如下:

```
protected void Button1_Click(object sender, EventArgs e)
{
    System.Threading.Thread.Sleep(5000);
    Label1.Text = DateTime.Now.ToString();
}
```

上述代码使用了 System.Threading.Thread.Sleep(5000)方法指定系统线程挂起的时间,其中的 Sleep(5000)是让线程延时 5 秒(5000 毫秒),模拟等待过程,也就是说当用户进行操作后,在这 5 秒的时间内会呈现"局部更新正在进行,请等待……"字样,当 5000 毫秒过后,进度提示消失,运行效果如图 9.12 和图 9.13 所示。

如果服务器和客户端之间的通信需要较长时间,使用 UpdateProgress 控件,会在操作过程中出现等待提示,在大量的数据访问和数据操作中能够提高用户友好度,避免错误的发生。

图 9.12　正在操作中　　　　　　　图 9.13　操作完毕

9.7　定时器控件(Timer)

由于 Web 应用程序是一种无状态的应用程序,一旦服务器响应结束,页面就处于离线状态,不再与服务器发生任何联系,如果服务器上的数据发生了更改,无法主动更新客户端的显示。这就需要一种定时更新机制,来保持与服务器的同步。我们可以通过指定页面的头标记来定时刷新页面,如给页面的 head 区增加代码:"〈meta http-equiv="refresh" content="5"〉",或者通过 JavaScript 的 setTimeout 或 setInterval 来控制刷新。

除了上述方法之外,还可以使用 ASP.NET Ajax 中的 Timer 控件来实现,利用这个控件,我们不用动手编写 JavaScript 代码,就可以方便地完成刷新功能。Timer 的常用属性如下:

(1) Enabled:是否启用 Tick 时间引发。
(2) Interval:设置 Tick 事件之间的间隔时间,单位为毫秒,默认值是"60000",也就是 60 秒。

【例 9.6】　在页面上显示当前时间,每隔一秒刷新一次,页面整体无刷新。

在页面中添加 ScriptManage 控件和 UpdatePanel 控件,在 UpdatePanel 控件外部添加 Timer 控件作为 UpdatePanel 面板局部刷新异步触发器(Timer 控件放在 UpdatePanel 控件内部更简单),通过配置 Timer 控件的 Interval 属性,指定 Time 控件每隔 1 秒时间局部刷新一次,示例代码如下:

```
<body>
<form id="form1" runat="server">
    <div style="margin:15px;border:solid 1px #ccc; padding:10px;width:400px;">
        <asp:ScriptManager ID="ScriptManager1" runat="server">
        </asp:ScriptManager>
        <asp:UpdatePanel ID="UpdatePanel1" runat="server" UpdateMode="Conditional">
            <ContentTemplate>
                当前时间:<asp:Label ID="Label1" runat="server" Text="Label"></asp:
```

            Label>
        </ContentTemplate>
        <Triggers>
            <asp:AsyncPostBackTrigger ControlID="Timer1" EventName="Tick" />
        </Triggers>
    </asp:UpdatePanel>
    <asp:Timer ID="Timer1" runat="server" OnTick="Timer1_Tick" Interval="1000">
    </asp:Timer>
</div>
</form>
</body>

在页面中使用了 UpdatePanel 控件,该控件用于控制页面的局部更新,而不会引发整个页面刷新。在 UpdatePanel 控件中,包括一个 Label 控件,UpdatePanel 控件外部放置一个 Timer 控件,Label 控件用于显示时间,Timer 控件用于每 1000 毫秒执行一次 Timer1_Tick 事件,相关事件代码如下。

```
protected void Page_Load(object sender, EventArgs e)
{
    if (! Page.IsPostBack)
    {
        Label1.Text = DateTime.Now.ToString();
    }
}
protected void Timer1_Tick(object sender, EventArgs e)
{
    Label1.Text = DateTime.Now.ToString();
}
```

上述代码在页面被呈现时,将当前时间传递并呈现到 Label 控件中,Timer 控件用于每隔 1 秒进行一次刷新并将当前时间传递至 Label 控件中呈现,这样就可以即时显示当前时间,如图 9.14 所示。

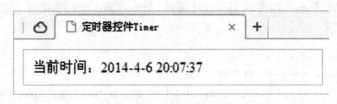

图 9.14 定时刷新显示时间

Timer 控件能够通过简单的方法让开发人员无需复杂的 JavaScript 实现 Timer 控制。但是从另一方面来讲,Timer 控件会占用大量的服务器资源,它不停地进行客户端与服务器的信息通信操作,很容易造成服务器死机,所以建议慎用。

9.8 应用1：利用Ajax异步技术重构前台母版

为了提高系统的响应速度，提升用户访问网站的体验，现在的Web应用系统，都是采用Ajax异步数据传输方式。实际上，在Asp.Net Ajax框架环境下，构建Ajax异步数据传输方式的Web应用系统是非常简单的。

下面结合前面的网上购物系统，使用Asp.Net Ajax框架对原来的系统进行重构。

这里对原来的前台系统母版页面进行Ajax异步重构。根据网上购物系统的功能，我们可以把前台系统的母版页面划分成五个UpdatePanel更新分块，为了直观，这里把各分块更新面板的范围用粗线进行了标注，如图9.15所示。

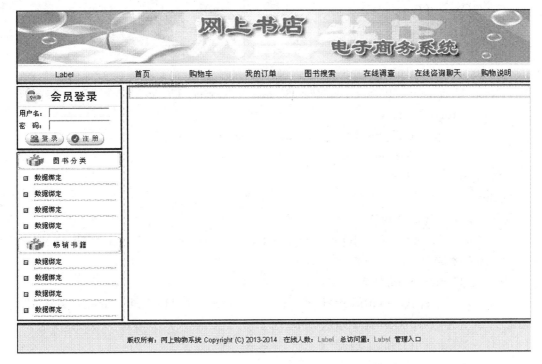

图9.15 网上购物系统前台母版Ajax更新面板分块

首先向母版中加入ScriptManager脚本管理器控件，这样，在使用了此母版页的内容页中，就不需要再添加ScriptManager脚本管理器了。

然后，在原来母版的HTML代码中，添加UpdatePanel更新面板控件，对母版页面进行异步更新，把这些分块的更新方式设置为条件模式，即"UpdateMode="Conditional""，子控件是否作为触发器属性ChildrenAsTriggers采用默认设置，即为"True"。

其他布局及后台代码的写法没变，仍为原来方式，最后产生的HTML代码如下：
〈form id="form1" runat="server"〉
〈asp:ScriptManager ID="ScriptManager1" runat="server"〉
〈/asp:ScriptManager〉
〈div class="father"〉

```
        <asp:UpdatePanel ID="UpdatePanel1" runat="server" UpdateMode=
"Conditional">
            <ContentTemplate>
                <uc1:top ID="top1" runat="server" />
            </ContentTemplate>
        </asp:UpdatePanel>
    </div>
    <div class="father">
      <div class="LeftDiv">
        <asp:UpdatePanel ID="UpdatePanel2" runat="server" UpdateMode="Conditional"
  ChildrenAsTriggers="True">
            <ContentTemplate>
                <uc4:LoginRegist ID="LoginRegist1" runat="server" />
            </ContentTemplate>
        </asp:UpdatePanel>
        <asp:UpdatePanel ID="UpdatePanel3" runat="server" UpdateMode="Conditional">
          <ContentTemplate>
                <uc2:leftType ID="leftType1" runat="server" />
          </ContentTemplate>
        </asp:UpdatePanel>
      </div>
      <div class="RightDiv">
         <asp:UpdatePanel ID="UpdatePanel4" runat="server" UpdateMode=
"Conditional">
            <ContentTemplate>
                <asp:ContentPlaceHolder ID="ContentPlaceHolder1" runat="server">
                </asp:ContentPlaceHolder>
            </ContentTemplate>
        </asp:UpdatePanel>
      </div>
    </div>
    <div class="father" style ="clear:both ;">
        <asp:UpdatePanel ID="UpdatePanel5" runat="server" UpdateMode="Conditional">
            <ContentTemplate>
                <uc3:bottom ID="bottom1" runat="server" />
            </ContentTemplate>
        </asp:UpdatePanel>
    </div>
</form>
```

通过这样简单的添加异步分块处理后,页面的刷新就不再是整体同步刷新了,而是各分块独立异步刷新,从而提高了页面的响应速度。

9.9 应用 2：Ajax 异步环境下顾客信息的注册

利用前面经过 Ajax 改造的母版产生顾客信息注册页面,经过布局后页面的运行效果如图 9.16 所示。在这个注册页面中,采用了 Ajax 局部刷新功能。

1. 页面布局

从运行的效果可以看出,是采用表格布局,把各控件放在表格的单元格中。由于在进行局部刷新更新面板设计时,不允许同一个表格 Table 的各行放置在不同的 UpdatePanel 更新面板中,所以,必须采用三个表格来布局这些页面控件才行。为此,把用户名到民族所在行,放在一个表格中,把省份、地市和县区三行,放在另一个表格中,把剩余部分放在最后一个表格中。各 UpdatePanel 更新面板的更新模式设置为"Condition"。

在页面中设置更新面板 UpdatePanel,并设置其更新模式 UpdateMode 为"Condition"

图 9.16 顾客信息注册

方式,使用户选择省份和地市时,触发控件事件的回传,只引起页面的局部刷新,避免了其他部分不必要的刷新。

最后,得到的 HTML 代码如下：

〈table style="width：97%；border：0px；"〉
　〈tr class="noborder"〉
　　〈td colspan="2" style=" text-align：center；font-size：15px；"〉注册顾客用户信息
　〈/td〉
〈/tr〉
〈tr〉〈td style="width：300px；text-align：right；"〉用户名：〈/td〉
　〈td〉〈asp：TextBox ID="txtUserName" runat="server"〉〈/asp：TextBox〉
　〈asp：Label ID="Label3" runat="server" ForeColor="Red" Text=" * "〉
〈/asp：Label〉
　〈asp：RequiredFieldValidator ID="RequiredFieldValidator4" runat="server" ControlToValidate="txtUserName" Display="Dynamic" ErrorMessage="不能空" /〉

```
            </td></tr>
    <tr><td style="width: 300px; text-align: right;">密码:</td>
        <td style="text-align: left"><asp:TextBox ID="txtUserPwd" runat="server" TextMode="Password"></asp:TextBox>
            <asp:Label ID="Label4" runat="server" ForeColor="Red" Text=" * ">
            </asp:Label>
            <asp:RequiredFieldValidator ID="RequiredFieldValidator5" Display="Dynamic" runat="server" ControlToValidate="txtUserPwd" ErrorMessage="不能空" />
        </td></tr>
    <tr><td style="width: 300px; text-align: right;">姓名:</td>
        <td style="text-align: left">
            <asp:TextBox ID="txtXingMing" runat="server"></asp:TextBox>
        </td></tr>
    <tr><td style="width: 300px; text-align: right;">性别:</td>
        <td style="text-align: left">
            <asp:RadioButtonList ID="rblSex" runat="server" RepeatDirection="Horizontal">
                <asp:ListItem Value="True" Selected="True">男</asp:ListItem>
                <asp:ListItem Value="False">女</asp:ListItem>
            </asp:RadioButtonList>
        </td></tr>
    <tr><td style="width: 300px; text-align: right;">出生日期:</td>
        <td style="text-align: left">
            <asp:TextBox ID="txtBirthday" runat="server" onClick="WdatePicker()"></asp:TextBox>
        </td></tr>
    <tr><td style="width: 300px; text-align: right;">电子邮箱:</td>
        <td style="text-align: left">
            <asp:TextBox ID="txtEmail" runat="server"></asp:TextBox>
            <asp:RegularExpressionValidator ID="RegularExpressionValidator1" runat="server" Display="Dynamic" ErrorMessage="格式错误" ForeColor="Red" ValidationExpression="\w+([-+.']\w+)*@\w+([-.]\w+)*\.\w+([-.]\w+)*" ControlToValidate="txtEmail">
            </asp:RegularExpressionValidator>
        </td></tr>
    <tr><td style="width: 300px; text-align: right;">民族:</td>
        <td style="text-align: left">
            <asp:DropDownList ID="ddlNation" runat="server" Height="25px" Width="155px">
                <asp:ListItem>=请选择=</asp:ListItem><asp:ListItem>汉族</asp:ListItem>
```

```
            <asp:ListItem>藏族</asp:ListItem><asp:ListItem>满族</asp:ListItem>
            <asp:ListItem>蒙古族</asp:ListItem><asp:ListItem>回族</asp:ListItem>
            <asp:ListItem>壮族</asp:ListItem><asp:ListItem>苗族</asp:ListItem>
            ……
        </asp:DropDownList>
    </td>  </tr>
</table>
<asp:UpdatePanel ID="UpdatePanel8" runat="server" UpdateMode="Conditional">
    <ContentTemplate>
        <table style="width:97%; border:0px;">
            <tr><td style="width:300px; text-align:right;">省份:</td>
                <td style="text-align:left">
                    <asp:DropDownList ID="ddlProvince" runat="server" Height="25px"
            onselectedindexchanged="ddlProvince_SelectedIndexChanged" AutoPostBack
            ="True">
                        <asp:ListItem Value="-1">=请选择=</asp:ListItem>
                    </asp:DropDownList>
                </td></tr>
            <tr>
                <td style="width:300px; text-align:right;">地市:</td>
                <td style="text-align:left">
                    <asp:DropDownList ID="ddlCity" runat="server" AutoPostBack=
            "True" onselectedindexchanged="ddlCity_SelectedIndexChanged" >
                        <asp:ListItem Value="-1">=请选择=</asp:ListItem>
                    </asp:DropDownList>
                </td>
            </tr>
            <tr><td style="width:300px; text-align:right;">县区:</td>
                <td style="text-align:left">
                    <asp:DropDownList ID="ddlCounty" runat="server">
                        <asp:ListItem Value="-1">=请选择=</asp:ListItem>
                    </asp:DropDownList>
                </td></tr>
        </table>
    </ContentTemplate>
</asp:UpdatePanel>
<table style="width:97%; border:0px;">
    <tr><td style="width:300px; text-align:right;">地址:</td>
        <td style="text-align:left">
            <asp:TextBox ID="txtAddress" runat="server"></asp:TextBox>
```

```
            </td></tr>
        <tr>
            <td style="width: 300px; text-align: right;">电话:</td>
            <td ><asp:TextBox ID="txtTel" runat="server"></asp:TextBox>
            </td>
        </tr>
        <tr><td style="text-align: center;" colspan="2">
            <asp:Button ID="btnRegist" runat="server" onclick="btnRegist_Click" Text="注册" Width="80px" />
            <asp:Button ID="btnClear" runat="server" onclick="btnClear_Click" Text="清空" Width="80px" CausesValidation="False" />
            </td>
        </tr>
</table>
```

在布局页面时要注意,对清空按钮,要设置它的 CausesValidation 为"False",否则,执行清空操作时,总会显示"用户名和密码不能为空"等信息。因为在默认情况下 CausesValidation 为"True",单击清空按钮,会触发页面上验证控件的验证,因为数据被清空,验证通不过,所以弹出验证错误信息,解决方法是此按钮不触发验证。

2. 页面的加载事件

在页面的加载事件中,只在首次加载页面时,从数据库中读取省份或直辖市数据,并绑定到省份下载列表框中,页面回传加载时,不进行任何数据读取与绑定。

```
protected void Page_Load(object sender, EventArgs e)
{
    if (! IsPostBack)
    {
        this.ddlProvince.Items.Clear();
        XingZengQuHuaBLL oXingZengQuHuaBLL = new XingZengQuHuaBLL();
        List<XingZengQuHuaModel> lists = oXingZengQuHuaBLL.User_GetSubList(0);
        ListItem lt = new ListItem("=请选择=", "-1");
        this.ddlProvince.Items.Add(lt);
        foreach (XingZengQuHuaModel model in lists)
        {
            ListItem Item = new ListItem(model.QuHuaName, model.QuHuaNo.ToString());
            this.ddlProvince.Items.Add(Item);
        }
    }
}
```

3. 省份下拉列表框的选择改变事件

在这个选择改变事件中,根据所选省份,把该省所有地市选取出来,并绑定到地市下拉列表

框中,代码如下:

```csharp
protected void ddlProvince_SelectedIndexChanged(object sender, EventArgs e)
{
    this.ddlCity.Items.Clear();
    XingZengQuHuaBLL oXingZengQuHuaBLL = new XingZengQuHuaBLL();
    int quhucode = Convert.ToInt32(ddlProvince.SelectedValue);
    List<XingZengQuHuaModel> lists = oXingZengQuHuaBLL.User_GetSubList(quhucode);
    ListItem lt = new ListItem("=请选择=", "-1");
    this.ddlCity.Items.Add(lt);
    if (lists != null)
    {
        foreach (XingZengQuHuaModel model in lists)
        {
            ListItem Item = new ListItem(model.QuHuaName, model.QuHuaNo.ToString());
            this.ddlCity.Items.Add(Item);
        }
    }
}
```

4. 地市下拉列表框的选择改变事件

在这个选择改变事件中,根据所选地市,把该地市所有县区选取出来,并绑定到县区下拉列表框中,代码如下:

```csharp
protected void ddlCity_SelectedIndexChanged(object sender, EventArgs e)
{
    this.ddlCounty.Items.Clear();
    XingZengQuHuaBLL oXingZengQuHuaBLL = new XingZengQuHuaBLL();
    int quhucode = Convert.ToInt32(ddlCity.SelectedValue);
    List<XingZengQuHuaModel> lists = oXingZengQuHuaBLL.User_GetSubList(quhucode);
    ListItem lt = new ListItem("=请选择=", "-1");
    this.ddlCounty.Items.Add(lt);
    if (lists != null)
    {
        foreach (XingZengQuHuaModel model in lists)
        {
            ListItem Item = new ListItem(model.QuHuaName, model.QuHuaNo.ToString());
            this.ddlCounty.Items.Add(Item);
        }
    }
}
```

5. "注册"按钮的单击事件

```csharp
protected void btnRegist_Click(object sender, EventArgs e)
{
    ShopUserBLL oShopUserBLL = new ShopUserBLL();
    ShopUserModel model = new ShopUserModel();
    model.UserName = txtUserName.Text;
    model.Passwords = txtUserPwd.Text;
    model.Xingming = txtXingMing.Text;
    model.Sex = Convert.ToBoolean(this.rblSex.SelectedValue);
    if (this.txtBirthday.Text != "")
    {
        model.Birthday = Convert.ToDateTime(this.txtBirthday.Text);
    }
    model.EMail = txtEmail.Text;
    model.Nation = ddlNation.SelectedValue;
    model.Address = this.txtAddress.Text;
    model.Tel = this.txtTel.Text;
    model.Status = True;
    if (ddlProvince.SelectedValue != "-1")
    {
        model.ProvinceID = Convert.ToInt32(ddlProvince.SelectedValue);
    }
    if (ddlCity.SelectedValue != "-1")
    {
        model.CityID = Convert.ToInt32(ddlCity.SelectedValue);
    }
    if (ddlCounty.SelectedValue != "-1")
    {
        model.CountyID = Convert.ToInt32(ddlCounty.SelectedValue);
    }
    int result = oShopUserBLL.User_Add(model);
    if (result > 0)
    {
        ScriptManager.RegisterClientScriptBlock((Button)sender, this.GetType(),
"abc", "alert('注册成功!');", True);//Ajax环境下弹出消息框的格式
    }
    else
    {
        ScriptManager.RegisterClientScriptBlock((Button)sender, this.GetType(),
"abc", "alert('注册失败!');", True);//Ajax环境下弹出消息框的格式
```

    }
}

这里要特别注意：在 Ajax 环境下，弹出消息框的写法具有很大变化，本章第 5 节有详细介绍。

9.10 应用 3：Ajax 异步环境下购物车页面设计

如图 9.17 所示是用母版产生的购物车页面的购物车显示部分。在 Ajax 环境下，页面的布局没多少变化，唯一的变化是把这个内容面放置在一个 UpdatePanel 更新面板中，并设置更新面板的更新模式 UpdateMode 为"Condition"。

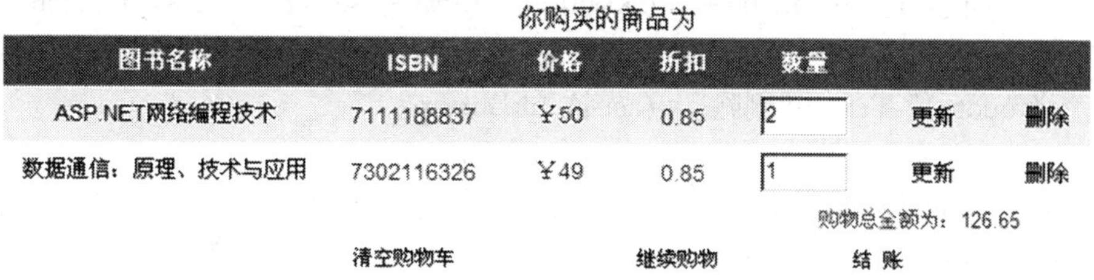

图 9.17 购物车内容显示界面

设计细节不再详述，产生的 HTML 代码如下：

〈asp:UpdatePanel ID="UpdatePanel8" UpdateMode="Conditional" ChildrenAsTriggers="True" runat="server"〉
　　〈ContentTemplate〉
　〈asp:GridView ID="gvShoppingCart" runat="server" AllowSorting="True" CellPadding="4" AutoGenerateColumns="False" DataKeyNames="ShopingCartRecordId" ForeColor="#333333" onrowdeleting="gvShoppingCart_RowDeleting" onrowupdating="gvShoppingCart_RowUpdating"〉
　　〈Columns〉
　　　〈asp:BoundField DataField="ShoppingCartRecordId" Visible="False" /〉
　　　〈asp:TemplateField HeaderText="图书编号" Visible="False"〉
　　　　〈ItemTemplate〉
　　　　　〈asp:Label ID="lblBookId" runat="server" Text='〈%# Eval("oBookModel.BookId") %〉'〉〈/asp:Label〉
　　　　〈/ItemTemplate〉
　　　〈/asp:TemplateField〉
　　　〈asp:TemplateField HeaderText="图书名称"〉
　　　　〈ItemTemplate〉
　　　　　〈asp:HyperLink ID="HyperLink1" runat="server" NavigateUrl='〈%# Eval("oBookModel.BookId", "ShowBookDetail.aspx?BookId={0}") %〉' Target="_self" Text='〈%# Eval("oBookModel.BookName") %〉'〉〈/asp:HyperLink〉

```
            </ItemTemplate>
          </asp:TemplateField>
       ……
          <asp:TemplateField ShowHeader="False">
            <ItemTemplate>
               <asp:LinkButton ID="LinkButton1" runat="server" CausesValidation="True"
                  CommandName="Update" Text="更新"></asp:LinkButton>
            </ItemTemplate>
          </asp:TemplateField>
          <asp:TemplateField ShowHeader="False">
            <ItemTemplate>
               <asp:LinkButton ID="LinkButton4" runat="server" CausesValidation="False"
                  CommandName="Delete" onclientclick="return confirm(&quot;确定要删除吗?
                  &quot;)" Text="删除"></asp:LinkButton>
            </ItemTemplate>
          </asp:TemplateField>
       </Columns>
    </asp:GridView>
    <div style="text-align:right; font-size:13px; color:Red ; padding-right:120px;">
       购物总金额:<asp:Label ID="lblSumMoney" runat="server" Text="Label" >
       </asp:Label>
    </div>
    <div style="text-align:center; font-size:13px;">
       <table style="width: 450px">
         <tr><td><asp:LinkButton ID="lblClearShoppingCart" runat="server"
            onclick="lblClearShoppingCart_Click">清空购物车</asp:LinkButton>
         </td>
         <td><asp:LinkButton ID="lbnContinueShop" runat="server"
            onclick="lbnContinueShop_Click">继续购物</asp:LinkButton>
         </td>
         <td><asp:LinkButton ID="lbnCheckout" runat="server" onclick="lbnCheckout_
            Click">结账</asp:LinkButton>
         </td></tr>
       </table>
    </div>
       </ContentTemplate>
</asp:UpdatePanel>
```

所有的事件,其代码的编写都没有变化,仅仅是弹出消息框部分按 Ajax 环境进行了修改。下面以"清空购物车"按钮事件为例说明。

清空购物车事件代码如下:

```csharp
protected void lblClearShoppingCart_Click(object sender, EventArgs e)
{
    if (Session["userModel"] == null)
    {
        //Page.ClientScript.RegisterClientScriptBlock(this.GetType(), "aa", "alert('尚
        未登录,请先登录系统!');window.location='Default.aspx';", True);
        //上一行是原来的弹出消息框语句,在 Ajax 环境下,改用下一行语句
        ScriptManager.RegisterClientScriptBlock((Button)sender, this.GetType(),
    "abc", "alert('尚未登录,请先登录系统!');window.location='Default.aspx';",
    True);
    }
    else
    {
        UserModel oUserModel = (UserModel)Session["userModel"];
        int userId = oUserModel.UserId;
        ShoppingCartBLL oShoppingCartBLL = new ShoppingCartBLL();
        oShoppingCartBLL.ShoppingCart_ClearByShopUserId(userId);
        gvShoppingCart.DataSource = oShoppingCartBLL.ShoppingCart_GetListByShopUserId
    (userId);
        gvShoppingCart.DataBind();
        lblSumMoney.Text = "0";
    }
}
```

思 考 练 习

1. 简述不采用 Ajax 技术和采用 Ajax 技术时的网页页面的刷新模式。

2. ASP.NET Ajax 核心组件有哪几个,各自的作用是什么?

3. 通过哪个 Ajax 控件,把页面划分为若干个刷新区块? UpdatePanel 更新面板控件的 ChildrenAsTriggers 和 UpdateMode 属性功能是什么? UpdateMode 属性值"Always"和"Conditon" 的作用是什么? UpdateMode 属性值为"Always"时,其他 UpdatePanel 更新面板内回传控件能引起当前更新面板的刷新吗? UpdateMode 属性值为"Conditon"时,怎么设置当前更新面板外部的回传控件为它的更新触发器?

4. UpdatePanel 可以嵌套使用,即在一个 UpdatePanel 的 ContentTemplate 中放入另一个 UpdatePanel 更新面板,当 UpdatePanel 嵌套使用,且它们的 UpdateMode 属性值都为"Conditon"时,外部更新面板中的回传控件能引起内部更新面板的刷新吗? 内部更新面板中的回传控件能引起外部更新面板的刷新吗?

5. 在数据库中有两个表,一个学生信息表 Students 含有学号 Sno(varchar)、密码 pwds (varchar)、姓名 Sname(varchar)、性别 Sex(varchar)、出生日期 Birthday(datetime)、省市编号

图 9.18 学生信息的注册

ProvinceID(int)、地市编号 CityID(int)、家庭地址 Address(varchar)、电话 Tel(varchar);一个行政区划表 District 含有行政区划编号 QuHuaNo(int)、行政区划名称 QuHuaName(varchar)和上级行政区划编号 ParentQuHuaNo(int)三个字段。设计如图 9.18 所示页面,实现学生信息注册功能。要求:学号固定为八个字符,其中第一个为字母,后七位为数字;在省市下拉列表框选择某个省市后,地市列表框中只显示当前省市的地市列表,并且省市变化引起地市变化时,页面其他部分不刷新;单击注册时,页面整体提交;单击"清空",把控件内容清空。请用 Ajax 划分更新区块,实现学生信息的注册功能。